无尽的平行宇宙

多世界解释的起源

乔笑斐◎著

WUJIN DE PINGXING YUZHOU

DUOSHIJIE JIESHI DE QIYUAN

北京师范大学出版集团
BEIJING NORMAL UNIVERSITY PUBLISHING GROUP
北京师范大学出版社

图书在版编目(CIP)数据

无尽的平行宇宙：多世界解释的起源/乔笑斐著. —北京：北京师范大学出版社，2020.6
ISBN 978-7-303-25184-1

Ⅰ. ①无… Ⅱ. ①乔… Ⅲ. ①量子力学 Ⅳ. ①O413.1

中国版本图书馆 CIP 数据核字(2019)第 230508 号

营 销 中 心 电 话	010-58802181　58805532
北师大出版社科技与经管分社	www.jswsbook.com
电 子 信 箱	jswsbook@163.com

出版发行：北京师范大学出版社　www.bnupg.com
　　　　　北京市西城区新街口外大街 12-3 号
　　　　　邮政编码：100088
印　　刷：北京京师印务有限公司
经　　销：全国新华书店
开　　本：787 mm×1092 mm　1/16
印　　张：10.75
字　　数：240 千字
版　　次：2020 年 6 月第 1 版
印　　次：2020 年 6 月第 1 次印刷
定　　价：35.00 元

策划编辑：刘凤娟	责任编辑：刘凤娟
美术编辑：刘　超	装帧设计：刘　超
责任校对：赵非非　黄　华	责任印制：赵非非

本书是国家社会科学基金重大项目"当代量子论和新科学哲学的兴起"（项目编号：16ZDA113）的阶段性成果。

前　言

　　你是否曾经有过这样的幻想，假如时间可以倒流该多好，假如人生可以重来我一定要做一个更好的自己。实际上并不需要时间倒流，你所有的人生梦想，可能都已经在其他的平行宇宙中实现。在某个宇宙中，你可能身居高位，坐拥亿万财富，也可能穷苦潦倒，过着悲惨的生活；在某个宇宙中，可能从来没有发生过世界大战，也没有发生大规模的科学革命，人们的生活仍和几个世纪前一样；在某个宇宙中，希特勒可能已经统治世界，人们生活在专制与独裁中。总之，一切有可能发生的事情在另一个宇宙中都可能实现。你可能感觉到稍许安慰，但是转念一想，在另一个宇宙中生活的"你"还是"你自己"吗？尽管他可能和你在相貌上完全一样，但是你感受不到他的喜悦也感受不到他的痛苦，他实际上和你没有任何关联。仔细思量，你可能已经陷入深深的困惑之中。不过本书的目的并不是将读者引入迷惑之中，而是试图系统地揭示多世界解释在科学中的由来，以及由其衍生出来的哲学问题。在此之前，我们需要首先反思一个问题，那就是我们生存的世界是唯一的吗？

从神话中的世界起源看世界的唯一性

　　在世界上的任何一个神话中都能找到关于世界起源的描述。在基督教的教义看来：上帝是全知全能的，任何问题只要解释不了都可以追溯到上帝那里。在《圣经：创世纪》开篇"起初神创造天地，神说要有光于是就有了光，神看光是好的就把黑暗分开"。传统理性的基础是万物都遵循因果联系，这样上帝就成了一切最终的因，不需要解释。但是上帝或者神又是从何而来？教士会说你没有资格问这个问题，因为人类的认知是无法认识上帝的，上帝是不可认识的。在此，我们不是讨论神学问题，我们以严肃的态度对待这个问题。那么，假设是上帝创造了人类，我们不管他究竟怎样创造，为什么创造，可是为什么只是一个？他为什么不创造更多？他的能力绝不会只限定为创造一个。同样的问题，上帝是唯一的吗？

　　在中国古老的神话中，太古的时侯，太空中飘浮着一个巨星，形状非常像一个鸡蛋，就在那巨星的内部，有一个名叫盘古的巨人，一直在用他的斧头不停地开凿，企图把自己从围困中解救出来。经过一万八千年艰苦的努力，盘古挥出最后一斧，只听一声巨响，巨星分开为两半。盘古头上的一半，化为气体，不断上升。脚下的一半，则变为大地，不断加厚，宇宙开始有了天和地。那么，盘古的蛋外面是什么呢？另一个宇宙？蛋是怎么来的？是唯一的吗？

　　不论是上帝还是宇宙蛋，根本的问题是：既然有一，为什么不能有二？有二为何没有更多？就像《道德经》里讲的："道生一，一生二，二生三，三生万物"。理论上讲，只要有一套创生的规则（虽然我们不知道到底是什么），在规则下可以不断地复制出来，也就会有无数个实体世界创造出来。尽管人类由于认知的局限，一个宇宙已经有太多未知无法想象，更不要说更多的宇宙。但是，从逻辑上讲多个宇宙是完全有可能的。

古典哲学中的多世界论题

康德曾说"上帝真的可能创造了几百万个世界",在哲学中多世界的思想由来已久,并不是什么新鲜事物。对于这个世界的本质和起源,古希腊的先哲们几乎想到了所有的可能,从日心说到无限空间再到时间的开端。在前苏格拉底时期留基波和他的学生德谟克利特提出了原子论,他们认为一切物体都是由一种不可分的最小的基元——原子堆积在一起而组成的。在此基础上,他们提出了最早的多个世界存在的构想:

"物质在空无中运动,存在不计其数、大小各异的世界;有些世界中既无太阳也无月亮,而另一些世界中太阳和月亮都很大。各个世界间的距离也不一样,忽大忽小。一部分世界正在增长,一部分世界行将消失,此处成形,彼处消亡。有的世界没有生物,没有植物,没有水分,另一些则生活着无法想象的怪兽。"[①]

17世纪启蒙运动时期,著名的思想家布莱斯·帕斯卡就曾想象众多的宇宙的存在。著名数学家约瑟夫·拉夫森也认为,不仅可能存在众多的世界,而且可能存在丰富多彩的现象和形形色色的生物法则。斯宾诺莎更是大胆宣称所有可能的一切都完完全全、真实地存在着。

在哲学中多世界的构想都是可能性的猜测,并没有任何证据可以证明,也给不出理论来支撑。重要的不仅仅是正确的思想,还要有充分的理由。不过,多世界的构想经历了漫长岁月,终于在今天得到了理论的支持,而且是在量子力学、宇宙学、弦论等多个领域。

膨胀宇宙模型下的平行宇宙

最近几十年,随着各种大型太空探测望远镜的发射升空,宇宙学取得了极大的发展。如今,微波背景辐射已经证实我们的宇宙开始于大爆炸并处于加速膨胀中。但是,是什么引起了膨胀?是什么力量在不断抵抗引力使宇宙膨胀的?大爆炸理论认为宇宙是从一个极小的奇点开始的,然后不断膨胀成现在的样子。这个机理理论上讲是可以重复的,只要满足一定的条件。一小片宇宙可能发生突然膨胀,从而形成一个婴儿宇宙,这样就可以不断地派生出新的宇宙来。就像吹肥皂泡,肥皂泡会不停地分成两半,产生新的泡泡。这样宇宙就可以不断地重复这个过程创生出新的宇宙,我们的宇宙就不是唯一的,一个更大的母宇宙就像海洋,更小的宇宙就像孤岛一样密密麻麻地分布在其中,我们的宇宙也可能是从一个更大的宇宙中派生出的。不同的宇宙,由于初始的边界条件不同,必然会拥有完全不同的粒子构成和力,生成完全不同的实在。几乎任何可能的存在就都有可能,无穷无尽。首次提出膨胀宇宙假设的艾伦·古思说"膨胀理论几乎强迫我必须接受多元宇宙"。

暗物质暗示的平行宇宙

1962年,天文学家维拉·鲁宾发现了奇怪的银河运动问题。通常,行星距离太阳越远运动得越慢,离得越近运动得越快。而在她分析银河系中的蓝星时发现:这些星星以同样的速率绕着星系旋转,不管离星系中心有多远。这违背了牛顿力学的基本规律,而银河系旋转得如此之快,按理说早就已经解体,但经历了100多亿年,银河系依然非常稳定。

---

① 托比阿斯·胡阿特,马克斯·劳纳. 多重宇宙:一个世界太少了[M]. 车云,译. 北京:生活·读书·新知三联书店,2011:14.

为了保持星系的稳定，它必须比科学家当前计算的质量大 10 倍，那 90% 的质量跑到哪里去了呢？她又考察了几十个星系，发现几乎所有的星系都有类似的反常行为。天文界终于信服了暗物质的存在。后来，天文学家又进一步证实，光线会因暗物质的吸引而产生弯曲。[①]

对于暗物质的构成，科学家进行了激烈的讨论。有的人认为是由普通物质构成的，只不过非常暗淡比如黑洞、中子星等。另一些人认为暗物质是一些非常热的非重子物质如中微子，但是中微子运动得太快不能解释大量暗物质的存在。还有一种说法暗物质就是平行宇宙。

膜理论中的平行世界

"上帝理论"弦论的出现引起了人们广泛的关注，每年数以万计的关于弦论的文章发表，几乎每个大学都有人在研究弦论，拼命地想要认识它。比较奇怪的是，弦论至今都没有得到实验的确证，依然持续地引起大量的物理学家和数学家的兴趣。它几乎是一个"万能理论"，可以统一解释四种基本力和所有粒子的构成规律。

传统的粒子物理将物质看作点粒子并对亚原子层面的几百种粒子根据不同的标准进行了划分，由于粒子众多，区分起来很困难，十分混乱，这与物理学追求简单优美的目标不一致。在弦论中则把粒子看作振动的弦，就像音乐中的音符。弦通过不同的频率的振动组成了不同的粒子。

对于空间的维度，在弦理论中，至少需要九维。多维空间中有无数种方式来卷起附加的维，从而就有了无数可能，每一种可能都有一个单独的附加理论，具有不同的基本粒子和作用力，因此理论上讲每个解都可以构成一个独立的宇宙，每个宇宙都可能真实的存在，我们的宇宙不过是众多宇宙中的一个。这样就从理论上解释了宇宙构成的根本规则，平行世界作为理论的推论而得到证明。

人择原理推论下的多元世界

强的人择原理认为，物理学常数是经过精细设计和调节的，不是意外而是存在着某种设计。要想存在生命，必须毫无偏差的符合很多精细的结构。比如要想演化出生命，地球必须经过几亿年的稳定；从原子结构看，质子的质量略低于中子，只要质子的质量偏差百分之一，原子核就无法稳定，原子也不会形成，那样的话我们的宇宙只有一堆散乱的电子和质子，物质根本无法形成，生命更不可能。这种种的"意外"太多了，几乎是完全不可能的。天文学家休·罗斯说："就如同龙卷风在袭击废旧车场时碰巧装配了一架波音 747 飞机"，简直太不可思议了。

有人据此认为这是上帝存在的一个证明，这一切都是为了我们能得以生存而设计好的，甚至动物、植物都是设计来保证人类生存的。这种论证是无可辩驳的，但是前提是默认了只有我们这一个宇宙存在。如果用平行宇宙的眼光看，这种上帝论证和巧合就不存在了，因为宇宙本身有无限可能，人类只是碰巧在一个特殊的宇宙中出现，代价是更多混乱

① 加来道雄. 平行宇宙——穿越创始、高维空间和宇宙未来之旅[M]. 伍义生，包新周，译. 重庆：重庆出版社，2008.

的宇宙。如果我们将所有宇宙考虑为一个大的系统。

实在的困惑

以上列举了当下流行的几种多世界解释理论的背景和内容，它们在完全不同的背景下都得出了多世界的推论，尽管理论的基础语境都不相同。不过多世界这个术语主要在量子多世界解释中用，而宇宙学中通常用平行宇宙。

宇宙学中讨论的平行宇宙是同我们真实生活的宇宙空间，本体上和传统的本体观念相符合，只是将我们对宇宙的认识范围在时间和空间上做了扩展，不再局限于我们通常理解的唯一的宇宙。理论上讲只要发现其他平行宇宙的证据就可以证实，不过限于当前的技术条件，暂时是无法验证的。在弦论中，从理论上给出了所有宇宙结构存在和构成的基本原则，但是目前弦论的研究更多的是数学技巧上的研究，实验上暂时无法给出可靠的验证。而在人择原理中多世界仅仅给出了一个可能性的解释，不是必然的，而人择原理本身并不能称为理论。

最抽象的恐怕就是量子力学中埃弗雷特给出的多世界解释了，在量子多世界解释中，世界在每一次测量后都发生一次分裂，这就意味着仅仅一次在亚原子水平的测量就会凭空地创造出一个世界。这个在常理上非常的令人费解，仅一次测量便可创造世界，那难道测量可比上帝？那创造也太简单了。另外，也有人质疑，多世界的方式造成了本体论上极大的浪费，从这个角度看，似乎完全没有必要采用这个解释。

另外，在多世界解释的语境下，潜能（potentia）这个亚里士多德哲学中的古老概念又该如何理解？在多世界解释中，叠加态最后分裂，在不同的世界中都得到了实现，那就意味着"潜在"即"实在"，只要有倾向便必然能实现，只不过实现在了别的世界中。这样，世界每时每刻都分裂成无数个世界，拥有无限可能，无限的本体。无限本体最终便消解了本体，就像一个计算机程序，像电影黑客帝国中展示的，人们生活在计算机模拟出来的世界中，而一个世界之外的终极观测者审视着一切。消解了本体就消解了实在，这是人们都不愿意看到的。

对此，以戴维·多伊奇为代表的多世界解释的支持者表示："只有承认存在尚未观察到的物体，并承认他们具有一定性质的时候，我们所观察到的物体的行为才能得到恰当的解释。理解平行宇宙是我们尽力理解真实世界的前提"。① 他认为，真实的世界远比它显示出来的要大，而且它的大部分都不可见。而对于"存在"，按照埃弗雷特的解释，就如同相对论中运动和静止不是绝对的，事物的状态也不是绝对的，只有相对于另一个状态而言才有意义。任何结果都不具有特殊的地位。

另外，多世界的支持者认为：当前的理论看似很离奇，那都是我们的主观印象，谁也无法揣测上帝。多世界解释展示给我们的是"关于一个非凡、违反直觉的真实世界唯一站得住脚的解释"，理论本身已经蕴含了它的解释，如果薛定谔的波动理论是正确的，那么多世界解释的形式就是正确的，无须任何预言。

---

① 戴维·多伊奇. 真实世界的脉络[M]. 梁焰，黄雄，译. 南宁：广西师范大学出版社，2014.

  著名科普作家格林的新著《隐藏的现实》[①]一书中，罗列了多达 9 种平行宇宙的不同版本，涉及宇宙学、量子力学、弦论、计算机等领域。可以看出，多世界解释展示给我们一副全新的世界图景，而且是理性和严肃的。他们的共同特点是很难被实验证实，这在传统的逻辑经验主义看来是很成问题的。要么改变理论，要么改变我们的科学哲学，如何在两者之间找到恰当的解决方法，是科学和哲学必须正视的问题。

  本书将对量子力学的多世界解释的起源和发展进行系统地阐述，如果读者只是抱着猎奇的心理阅读本书，恐怕会令你们失望，本书所讨论的多世界完全是在严肃的科学哲学意义上讨论的。但是假如你可以认真读完本书，相信你会对当代科学的哲学讨论方式有更深刻地理解。

高策

山西大学科学技术史研究所

2020 年 2 月

---

① 格林. 隐藏的现实：平行宇宙是什么[M]. 李剑龙，权伟龙，田苗，译. 北京：人民邮电出版社，2013：79.

目　录

第1章　量子力学多世界解释发展纵览 ················· 1

1.1　被"误解"的多世界解释 ······················· 3

1.2　追本朔源 ································· 7

1.3　为多世界解释"正名" ························· 9

第2章　多世界解释之父——埃弗雷特 ··············· 10

2.1　天才的诞生及当时的量子力学诠释 ··············· 10

2.2　多世界解释的提出 ························· 12

2.3　新的生涯 ······························· 15

2.4　重获承认 ······························· 17

2.5　伟人的逝去 ····························· 19

第3章　多世界解释的最初发展 ··················· 21

3.1　量子力学发展的社会背景 ····················· 21

3.2　正统解释的困境 ·························· 22

3.3　相对态解释的提出 ························· 24

3.4　埃弗雷特对正统解释的质疑 ··················· 26

3.5　埃弗雷特对正统解释的评价 ··················· 29

第4章　薛定谔的猫与测量问题 ··················· 33

4.1　令人费解的猫 ···························· 33

4.2　测量问题的求解 ·························· 37

4.3　多世界解释对薛定谔猫的求解 ················· 42

第5章　相对态与分支中的世界 ··················· 52

5.1　什么是相对态？ ·························· 53

5.2　相对态的核心特征 ························· 62

5.3　埃弗雷特对相对态解释的辩护 ················· 66

第6章　疯狂分裂的平行宇宙 ···················· 73

6.1　平行宇宙理论横空出世 ····················· 73

6.2　争议中的多世界解释 ······················ 77

6.3　在平行宇宙中"永生" ······················ 80

第7章　无穷的精神分裂 ···································· 89

7.1　纷繁复杂的多心灵解释 ··························· 89

7.2　争议中的多心灵解释 ···························· 96

第8章　物理主义的回归 ································· 100

8.1　多历史解释——在历史中分支 ····················· 100

8.2　多纤维解释——分支世界的通道 ··················· 101

8.3　交叉世界解释——宇宙之外的宇宙 ················· 102

第9章　多世界解释体系的困境 ························· 105

9.1　基矢的"选择困难" ······························ 106

9.2　概率疑难——决定论的回归? ····················· 109

第10章　实在世界的迷途 ······························· 115

10.1　实在论与工具论 ······························ 115

10.2　波函数实在——实体还是工具? ················· 116

10.3　波函数实在性的争论 ··························· 120

10.4　多世界解释的实在性特征 ······················ 121

10.5　实在性解释的意义 ····························· 127

10.6　数学形式与解释——非充分决定性 ··············· 131

第11章　经验主义的无助与困惑 ······················· 135

11.1　多世界解释体系的"检验难题" ·················· 135

11.2　科学理论的验证问题 ··························· 136

11.3　"检验难题"出现的原因 ························ 138

11.4　"检验"要素的扩展 ··························· 140

结　语 ·· 145

参考文献 ·· 147

第1章 量子力学多世界解释发展纵览

　　哲学可以称的上是最古老的学科了，从 2000 多年前的古希腊时代，先哲们便开始思索世界是如何构成的？万物的本源究竟是什么？他们的思想至今都在深刻地影响着人们对世界的认识。"自古希腊到现在的科学史，就是哲学中某一组分不断从哲学中分化出来，并成为一门独立的学科，而这些独立的学科如数学、物理学等学科中总会有一些问题是单靠自身的科学方法回答不了的。"①这些在具体学科中回答不了的问题恰好就是哲学所应当解决的。同时，物理学理论的不断提出和发展又给哲学提供了丰富的素材，从而不断地修正和改变人类的认知，诸如实在论、还原论、一元论等古老的哲学论题基于不同的理论被重新定义和认识。

　　量子论作为当代物理学的支柱，由于其本身所呈现的完全不同于传统的实在图景，自提出以来就在物理学界引发了激烈的争论，20 世纪 30 年代，著名的玻尔和爱因斯坦的论战，更是将争论推向了高潮，最终虽然他们谁也说服不了对方，但爱因斯坦明显占了下风。在坚实的证据面前，爱因斯坦只得无奈地感触"我不相信上帝掷骰子"。之后，陆续出现了试图解决量子难题的各种尝试，玻尔、海森堡、冯·诺依曼等人创立的哥本哈根解释体系基本确立了其正统解释的地位。20 世纪 30 年代之后，哥本哈根解释一直维持着他的学术权威。但是到了 50 年代，这种状况开始改变。爱因斯坦早期对于互补性原理的质疑逐渐受到了哲学家们广泛的关注。波动力学的创始人薛定谔在一次都伯林的研讨会上，公开对互补性原理提出质疑。1952 年，年轻的美国物理学家玻姆提出了隐变量理论，在物理学界引起了极大的反响，对哥本哈根解释造成了极大的冲击。更重要的是，50 年代物理学家开始关注宇宙学和广义相对论的关系问题，他们希望用量子力学的方法去解决引力问题，但是玻尔的互补性原理并不能很好地解决这些问题。尽管针对每个挑战者，哥本哈根学派都做了有力的回应，但是作为正统解释的哥本哈根解释，其地位已经大大降低，对测量难题的重新思考，已经成为了不可忽视的问题。

　　量子力学可以说是物理学中最神秘最难以理解的理论。量子力学理论的发展对人们长久以来一些根深蒂固的观念，如确定性、因果性、定域性等产生了革命性的影响。为了解释量子力学，出现了哥本哈根解释、隐变量解释、多世界解释、模态解释等诸多解释。它们都基于相同的形式体系，但是却在不同的假设以及不同的形而上学观念指导下形成了完全不同的解释。最著名的是爱因斯坦与玻尔的争论，其主要争论的焦点在于量子论是否完备，爱因斯坦作为保守的一方，认为量子论并不完备，不是对物理实在的完备描述，而玻尔则试图用互补性原理来提供一个完整的解释。尽管后来人们公认玻尔在争论中占据了上风，但是玻尔其实只是在爱因斯坦的强大攻势面前勉强站稳了脚跟，并没有真正解决爱因斯坦提出的疑问。受到逻辑经验主义的影响，哥本哈根学派整体对量子论持一种工具主义的态度，在具体问题中，玻尔总是试图将量子力学纳入到经典的概念框架之下，否认其独

---

　　① 罗森堡. 科学哲学[M]. 刘华杰，译. 上海：上海世纪出版集团，2006：2.

立的实在地位。量子力学的解释体系中，数学形式通常是客观的，是普遍承认的，而解释常常带有很强的主观性。

库恩在《科学革命的结构》[①]一书中指出，在科学的发展过程中，对于同一个问题的不同认识往往会发展出很多学派。这些学派的方法都是"科学的"，差别在于看待科学不可通约的方式。观察、实验以及数学体系一定程度上影响着科学信念的形成，但绝不是决定性的。在一定时间内，一个科学共同体所信奉的信念中，总会夹杂很多明显随意的因素，包括历史的偶然事件以及个人的形而上学观念。范式一词具有多层的含义，主要包括：一是科学共同体共同认可的基本问题及其处理方法；二是科学共同体的组织和建制机构；三是科学共同体所公认的信念和形而上学的思辨。其中，科学家的信念也就是其哲学范式，作为一个极为重要的因素，很大程度上决定着科学理论的构建和诠释。多世界解释中围绕对分支的不同理解而生成的各种解释，很大程度上就是在这个层面上进行讨论的，带有很强的形而上学意味。信仰和观念的成分总是在科学家不自觉的情况下渗透到他们的理论建构中，在强烈的主观信念指引下，他们通常会强调自身理论的合理性，并想尽办法为之辩护。从整个量子力学解释的发展来看，由于形式体系本身是不负载其解释内容的，这种解释和辩护的成分非常浓重。因此，对量子力学解释的研究和考察，对于我们认识和理解人类知识的形成以及认识论的构建具有重要的意义。

近年来，量子哲学领域逐渐呈现出了一个新的趋势，多世界解释逐渐变得流行，学界围绕其展开了大量的讨论，其势头大大超越了其他解释。另外，和其他解释的思路不同，多世界解释的提出者埃弗雷特提出了一个全新的思路，假定量子力学是完备的，不需要修正，需要做的是从现有的形式体系出发，生成它的纯解释。多世界解释近十几年间在量子哲学界特别流行，尤其是在英国[②]。2007年的夏天，纪念埃弗雷特论文发表50周年盛大的会议在英国的牛津大学举行，大批学者齐聚一堂围绕多世界解释进行了深入的讨论和交流。但是，对于埃弗雷特解释的态度也呈现出极端对立的状况。支持者认为，埃弗雷特解释已经成为新的正统解释[③]；而反对者则非常不屑，认为它太过荒谬以至于完全不值得严肃对待。

需要特别指出的是，后文中的多世界解释包含两种理解，一种是指德维特（Bryce Seligman DeWitt）将分支解释为本体层面不同的世界，以区别于埃弗雷特的相对态解释；另外由于多世界解释一词被广泛传播，经常被用来泛指整体的由埃弗雷特解释衍生出的整个解释体系，区别于正统解释和隐变量解释。下文中如果我们强调埃弗雷特的原始解释就用"相对态解释"这一名称；强调对世界的物质本体论解读就用"多世界解释"，以区别于多心灵解释、多历史解释等其他解读。在国外的文本中也有很多人用"埃弗雷特解释"来泛指整个解释体系，但是在中文文本中几乎所有学者都直接使用的是"多世界解释"，因此为了文本用词的统一性，本书引言中由于要引用国内学者的文献，因此个别地方也使用"多世界解释"，但是在正文中则使用"埃弗雷特解释"来泛指整个解释。希望读者可以结合具体语境来理解，不要混淆不同的指代和含义。

---

① 托马斯·库恩. 科学革命的结构[M]. 金吾伦，胡新和，译. 北京：北京大学出版社，2003.

② 在牛津大学聚拢了大批埃弗雷特解释的支持者，进行了大量的讨论，形成了著名的牛津学派。

③ Max Tegmark, John Archibald Wheeler. 100 Years of the Quantum[J]. Scientific American, 2001, 2：68-75.

1.1　被"误解"的多世界解释

相对态解释最初于 1957 年被埃弗雷特提出，为量子力学的"测量难题"给出了全新的解释视角和方法，但在 20 世纪 80 年代之后，经过德维特的解读才真正兴起，大体经历了三个主要发展阶段。

1.1.1　相对态解释——基础理论的提出

正统解释主要存在两方面的问题：首先，在正统解释中，测量者与被测系统相互独立，观测者必须通过测量才可以获得最终的测量结果，以确定系统的状态。但在涉及引力时，整个宇宙作为一个大的天文学系统，没有什么能够独立于系统之外。其次，正统解释本身不是一个逻辑严密的体系，其中充满了各种临时性的假设，比如微观和宏观的二元分离，两种不同的演化动力学，这些问题都集中体现在测量问题的处理上。彼时，埃弗雷特还是普林斯顿大学的博士研究生，他关注到了这些问题，并开始思考量子力学的测量问题和相关的解释理论，最终在 1957 年提出量子力学相对态解释，成为后来各种相关解释的基础。

1957 年，埃弗雷特在其博士论文中首先提出他的解释——相对态解释。[①] 对玻尔等人的解释提出质疑，并整理写成了一本长达 137 页的手稿《宇宙波函数理论》(*The Theory of the Universal Wave Function*)，提出了他的相对态解释（多世界解释是德维特等人 1973 年整理出版埃弗雷特的手稿时提出来的，埃弗雷特本人的理论用到的是相对态解释这一名称）。哥本哈根解释作为正统解释虽然得到了广泛接受，但是其自身存在着很强的二元特性，以及对经典物理学概念的先天依赖，而且将宏观和微观做出了先验的区分，特别是随着宏观量子效应的发现，哥本哈根解释的解释力越来越薄弱，这个以玻尔的威望建立起来的哥本哈根学派逐渐走向了衰落。埃弗雷特首先假定量子力学是完备的，不需要修正，需要做的是从现有的形式体系出发，生成它的纯解释，其中不添加任何形而上学的理解；然后，他认为量子态是量子力学的核心概念，波函数可以对量子态进行完备的描述。那么，问题出现了，量子态是线性叠加的，那为什么宏观世界观察不到这种叠加态呢？埃弗雷特的解释是，Ψ 确实是一个代表宏观不同客体相加的状态，也是量子力学的一般特征，但不是说宏观态一定处于混合叠加态。比方说，电磁学中，一个场态 $F_1(x, t)$ 代表地球到月亮的紫外脉冲。$F_2(x, t)$ 代表金星到火星的紫外脉冲。那么 $F(x, t) = 0.5F_1(x, t) + 0.5F_2(x, t)$ 代表什么？一定要代表地球到月亮的紫外脉冲，金星到火星的紫外脉冲的叠加吗？一个脉冲怎么会出现在两个地方？[②] 正确的解释是：F 不代表什么叠加，它仅描述在不同地方的两个脉冲。在埃弗雷特解释中，宏

---

① Hugh Everett. On the Foundations of Quantum Mechanics[D]. Princeton：Princeton University，1957.

② David Wallace. The Everett Interpretation[M]// Robert Batterman(Eds.). The Oxford Handbook of Philosophy of Physics. Oxford：University Press，2013.

观叠加态不是指同时存在两个状态，而是多重(multiplicity)并列的状态——相对态。但是对于相对态的分支在实在层面究竟意味着什么，埃弗雷特没有给出很好的解释，为后来的各种解读埋下了伏笔。

1.1.2 不同解释对分支问题的再解读

相对态解释提出后，一开始并没有引起人们的注意，但是埃弗雷特的导师，著名的物理学家惠勒(John Wheeler)意识到该理论巨大的潜在价值，并给予了很高的评价，认为"它将彻底改变我们传统的物理实在观"①。后来，在惠勒的引荐下，埃弗雷特亲自到哥本哈根与玻尔讨论，却受到了玻尔的冷遇，从此埃弗雷特深受打击，淡出了物理界，供职于美国国防部。十年后，德维特首先注意到埃弗雷特工作的价值，并于 1967 年发表了评述埃弗雷特解释的论文。后来德维特又进一步指导他的学生格拉汉姆(R. Neill Graham)进行深入研究。1973 年，德维特编辑出版了《量子力学多世界解释》②一书，其中收录了埃弗雷特完整版的论文，以及当时已有的所有相关评论。德维特对埃弗雷特的解释有很大的不同，需要给出单独的分析，包括玻姆、贝尔等③④很多学者在讨论时，对此给出了明确的区分。德维特认为物理的形式和实在本质上是同一的，数学形式与实在世界是完全对应的。于是德维特将分支解释为本体世界，大胆地假设宇宙连续地分裂为大量的分支，所有的世界都能从一次测量的可能结果中给出，而且这种转变可以发生在任何地方，每一个星球，每一个星系以及宇宙的任何地方都不停地分裂出自身的拷贝⑤。对宇宙波函数最直接的描述就是一次测量相互作用后，整个宇宙复制出自身，使不同的可能结果在不同的宇宙中被唯一确定地观测到。

相比德维特将分支解读为本体世界的分裂，多心灵解释将分支解读为心灵本体的分裂。大卫·阿尔伯特(David Albert)、马修·唐纳德(Matthew Donald)、巴里·洛伊(Barry Loewer)、迈克尔·洛克伍德(Michael Lockwood)、尤安·斯奎尔斯(Euan Squires)、西蒙·桑德斯(Simon Saunders)等人在"多世界解释"基础上发展出了量子力学的"多心灵解释"，而且他们的解释都不尽相同。心灵解释排除了多世界解释中无限本体的责难，用多重的心灵实体去取代物质实体。将人的意识作为一个独立的，和物理态不同的变量一起引入方程，用方程同时描述意识过程和物理过程，承认物质和意识心灵的二元分离，将一切物理世界解释不了的矛盾都放到心灵中去解决。

多世界解释和多心灵解释都用本体实在的方式解读分支，试图从本体论层面对分支做出彻底的解释，这遭到了很多物理学家的反对。他们的讨论没有充分的物理学基础，已经

---

① John Archibald Wheeler. Assessment of Everett's Quantum Mechanics[J]. Review of Modern Physics，1957，29：463-465.

② R Neill Graham，Bryce Seligman DeWitt(Eds.). The Many-worlds Interpretation of Quantum Mechanics[M]. Princeton：Princeton University Press，1973.

③ David Bohm，Basil J Hiley. The Undivided Universe：an Ontological Interpretation of Quantum Theory[M]. London：Routledge and Kegan Paul，1993.

④ John Bell，Alain Aspect. Speakable and Unspeakable in Quantum Mechanics[M]. Cambridge：Cambridge University Press，2004.

⑤ Hugh Everett. The Theory of the Universal Wave Function[M]//R. Neill Graham，Bryce Seligman DeWitt (Eds.). The Many-worlds Interpretation of Quantum Mechanics. Princeton：Princeton University Press，1973：161.

远远超出了物理学理论的边界，进入了哲学的层面。于是后来又发展出几种物理主义的解读，包括多历史解释、多纤维解释、交叉世界解释等。后文会对这些解释给出详细的论述。

另外，1970 年泽(H. D. Zeh)提出了退相干理论，后来基瑞克(W. H. Zurek)做了进一步的完善。退相干理论的提出为相对态解释中的优选基问题提供了很好的解答，从而为相对态解释提供了很好的支持。该理论认为分支并没有全部实现，而是在系统与环境之间的相互作用下，波函数中不同分支之间的相干性被破坏，发生了退相干，所以说我们只能感觉到相干性消失后的经典世界，而无法感觉到叠加态。

1.1.3　综合发展阶段

沿着相对态——多世界——多心灵——多历史——多纤维的发展脉络展开之后，相对态解释的基本内容就固定下来。但是，对于相对态解释内在的假定和推理以及相关的形而上学问题的讨论开始兴盛。人们开始主要讨论相对态解释本身的一些问题，如分支的理解、概率的意义以及决定论、实在论、波函数的本体论意义等。这些问题都集中出现于 2007 年牛津大学纪念埃弗雷特解释提出 50 周年的会议论文集中。会议期间，来自世界各地的理论物理学家、数学家、物理学哲学家、形而上学家们就埃弗雷特解释提出以来 50 年的发展历程展开分析与讨论。[①] 支持和质疑的声音针锋相对，虽然最后没能达成完全一致的观点，但是大大加深了我们对量子力学基本问题的理解。另外，专门研究多世界解释的论著除了 1973 年德维特和格拉汉姆出版的《量子力学的多世界解释》之外，还有巴雷特(Jeffrey Alan Barrett)的《心与世界的量子力学》(1999)、华莱士(David Wallace)的《突现的平行宇宙——基于埃弗雷特解释的量子理论》(2012)，另外还有大量的相关论文发表，多世界解释已经成为当下量子哲学中的热点问题。

20 世纪 80 年代以来，多世界解释已经获得了人们的广泛接受。政治学者罗伯(L. D. Raub)曾在 1988 年进行了一次调查，此次调查围绕宇宙学家和量子物理学家对于多世界解释的认识和支持态度展开，共有 72 位参与者。调查结果显示，其中 58% 的人认为多世界解释是正确的；18% 的人并不同意多世界解释；13% 的人认为虽然多世界解释可能是正确的，但现在并不能完全确信；11% 的人表示不了解这一理论。

1999 年 7 月，量子计算的会议在剑桥的牛顿研究所举行。时隔 11 年后，各界学者们再次投票表决量子力学解释。投票结果产生了新的量子力学解释排名：其中有 30 人支持多世界解释，4 人支持正统解释，2 人支持修正的量子动力学(如 GRW)，2 人支持隐变量解释，支持其他解释(包括未明确表态者)有 50 人[②]。

2001 年 2 月，惠勒和泰格马克(Max Tegmark)在《科学美国人》(*Scientific American*)发表《量子百年》(*100 Years of the Quantum*)一文。他们在文章中写道：退相干理论和最新实验表明：多世界解释已经取代哥本哈根解释，成为量子力学新的正统解释，并获得了广大物理学家的认可。[③] 多世界解释已成为新的正统解释，这个说法也许有夸大的成分，

---

①　张丽. 量子测量中的多世界解释理论研究[D]. 北京：中共中央党校，2011：98.

②　张丽. 量子测量中的多世界解释理论研究评述[J]. 哲学动态，2010，7：85-90.

③　Max Tegmark, John Archibald Wheeler. 100 Years of the Quantum[J]. Scientific American，2001，2：68-75.

但是说明多世界解释这个看似"离奇"的理论已经走进人们的视野并占据了很重要的分量。[①]

在国内的研究中，很多学者已经开始对多世界解释进行了研究，不过从成果数量上看，和国外的研究成果相比还是略显单薄。成素梅教授于2006年出版的《在宏观与微观之间——量子测量的解释语境与实在论》一书，其中专门有一章对相对态解释的大体内容给出了描述。她从主、客观语境两个角度分析了量子测量问题和相对态解释，其中提到了埃弗雷特最初的解释，但并不具体。贺天平教授发表在《中国社会科学》的《量子力学多世界解释的哲学审视》一文，主要对多世界解释的哲学意义进行了分析，从一元论、决定论、整体论三个方面进行了全面而有力地分析，是目前对多世界解释的哲学解读最为深刻的文本。但是美中不足的是，文章没有论证本体论和实在论问题，即关于分支世界应该从本体论上做怎样的解读，是物质的还是心灵的？从实在论理解上，埃弗雷特建议用模型实在来解释自己的理论，也有一些学者提倡应该用结构实在来理解，有些学者更加激进，他们把波函数解释为最终的实在，提出了量子态实在论。张丽在她的博士论文《量子测量中的多世界理论研究》中对多世界解释的整个发展进行了分析，侧重于对历史发展的分析，也对量子态实在论进行了解读和讨论。不过相对态解释本身包含相对态——多世界——多心灵——多历史四种语境，张丽没有注意到这个问题，也没有做出区分，致使其关注点始终放在多世界解释上，无法看到相对态解释的全貌。王凯宁主要关注多世界解释在量子计算中的应用，研究量子计算以及量子并行计算与相对态解释的关系问题，不关注相对态本身的哲学问题。

总体来看，国内学者除成素梅教授提到过相对态解释的大体内容，其他学者主要关注的是多世界解释，而对多心灵解释、多历史解释等其他解读均未提及，无法对埃弗雷特解释给出全面的评价。虽然相对态解释衍生出了很多种解读，但大多数都偏离了埃弗雷特的原意，哪怕在国外对相对态解释的研究也非常稀少，因此很多学者提出要重新回到相对态解释，对埃弗雷特一些原始的概念进行研究。但是目前国内外学者大都依然停留在多世界解释的层面上，对多心灵、多历史等都几乎没有关注，对相对态的详细解读更是没有。因此要想追踪国际前沿，必须首先对整个埃弗雷特解释从相对态——多世界——多心灵——多历史的发展脉络进行详细地梳理。

另外，从上面的分析可以看出，目前关于相对态解释的研究主要有以下两个方面的欠缺。首先，关于相对态解释最突出的一个特点就是其进一步解释的多元性。主要包括相对态解释、多世界解释、多心灵解释、多历史解释、多纤维解释等，以及除此之外其他多达十余种不同的理解，对于同一个形式体系居然会出现如此之多的解读，这种现象是非常值得探讨的。在如此混乱的理解下，如何能在进一步的问题讨论中达成一致？其次，很多文献中都普遍使用多世界解释这样的称谓，将埃弗雷特的观点和德维特的观点混为一谈，有些在没加考证的情况下就说埃弗雷特认为有多个世界存在。由于"多世界"这个词直接用日常语言理解似乎暗示该理论预言了多个世界的存在，而实际上多世界解释只有在德维特的解释下，才被理解为多个世界的存在，而在埃弗雷特的文本中则完全没有这样的论述。人们对相对态的解释大都是和德维特的多世界解释相联系的，但对于埃弗雷特最初的文本和解释则关注不够。

①　乔笑斐. 量子力学多世界解释的实在性探析[D]. 太原：山西大学，2014.

1.2　追本朔源

　　1957 年埃弗雷特在他的博士论文①中，首先提出了他的相对态解释。后来，德维特将相对态解读为多世界解释，之后，其他学者又发展出多历史解释和多心灵解释等。但是，人们习惯上并不对这些解释进行明确地区分，而是经常用多世界解释来泛指。目前从该理论的发展来看，很多研究者并不赞成将相对态解释解读为本体的世界分叉，名称上也通常使用相对态解释或者埃弗雷特主义来指代。多世界解释这一名称，虽然最初在传播该理论时，非常地引人注目，但是它对相对态解释的极端解读，同样也极易引起人们的误解。在德维特之后，围绕相对态解释又产生了很多种解读。相比于多世界解释的客观层面的本体世界分裂，多心灵解释将分支解读为主观层面的意识分裂，与本体世界无关。虽然这两种解释都是完全基于相对态进行的解读，但是和埃弗雷特的本意却有很大差距。多历史解释则结合了相对态、量子退相干原理以及一致性历史解释的观点，将分支解读为某种潜在的未实现的可能历史集合，在与外界环境的相互作用下，可能的历史状态消失，只有一个真实的实在历史显现。环境对系统施加了不可控的影响，单一历史状态在未显现之前没有优先地位。由于退相干原理为测量过程相干态的消失给出了原理性的说明，一定程度上消解了相对态解释中的一些矛盾，并对其给出了有效的补充，从而超越了有着浓重的形而上学意味的多世界解释，给出了一个物理主义的解读。②

　　埃弗雷特最初只是试图从波动力学本身出发，建立相应的经验解释，围绕相对态的形式体系本身进行讨论，而不预先引入任何形而上学的假设。为了避免误解，埃弗雷特多次对原先的初稿进行删减，删除了很多关于分裂的内容，以及一些容易引起歧义的论证，最后仅仅留下原来草稿的三分之一的篇幅。为了避免极端的解释，埃弗雷特对于相对态实在性的解释非常含糊，在被人直接质问时，埃弗雷特要么闪烁其词，要么用一套固定的说辞进行回应，始终没有给出正面的回答。而德维特对这个问题的解释却彻底得多，他将相对态进行了彻底的本体实在的解读，认为每个分支都对应着一个真实的世界，在一次测量后，叠加态的所有分支最终都得以实现，坍缩并未导致分支的减少或者消失，而是每个分支的可能状态都存在，形成了区别于我们所在世界的其他的世界，其中有和我们一样的测量仪器和观测者，测得了不同的结果。尽管因德维特离奇而大胆的解读，多世界解释得到了迅速的传播。但是，从后来埃弗雷特给赖本德(L. Leblond)③的回信中可以看出，多世界解释并不符合他的本意，但是他并没有公开指出。其原因大概有两点：一方面是出于对德维特的感激，德维特的解读极大地推动了相对态解释的传播；另一方面埃弗雷特博士毕业后，基本完全放弃了物理学研究，转而从事博弈论的应用研究，不想卷入学术纠纷。最初在写他的博士论文时，埃弗雷特就强调，他的解释是对传统解释的补充而非反叛，同时

---

① Hugh Everett. On the Foundations of Quantum Mechanics[D]. Princeton：Princeton University，1957.

② 乔笑斐，张培富. 量子多世界理论的范式转换[J]. 自然辩证法研究，2016，5：101-106.

③ Jeffrey Alan Barrett. Everett's Pure Wave Mechanics and the Notion of Worlds[J]. European Journal for Philosophy of Science，2011，2：277-302.

也极力避免和正统解释观点上的冲突。另外，从埃弗雷特的文本中可以看出，他更喜欢用分支(branches)、元素(element)、相对态(relative states)等词语来表述他的理论，而不是现在普遍流行的分裂世界(splitting worlds)、平行宇宙(parallel universes)等。

华莱士也指出："目前看来，多世界解释的支持者中实际上已经几乎没有人支持德维特的多个不同世界的解读(连坚定的支持者多义奇也已经明确宣布放弃了该解读)。多心灵解释将意识看作一个优先考虑的因素仍受到一小波心灵哲学家的喜爱。而大多数物理学家和哲学家则回到了埃弗雷特最初的概念体系，一个不附加形而上学解释的纯解释，其核心内容为：对量子态统一演化的实在论态度"。[①] 国内著名的物理哲学家成素梅教授和桂起权教授，也在国内的物理哲学会议上指出：对多世界解释的研究必须要回到相对态解释，因为多世界解释的本体论存在很多问题，没能揭示出相对态解释中真正基本的问题。

因此，本书试图纠正并彻底澄清相对态解释的基本内容，以及其与其他后续解读的关系，特别是多世界解释。首先，系统论述相对态解释的起源、理论内核以及最初埃弗雷特自己对理论的辩护；其次，在此基础上进一步对各种不同的分支解读给出论述，并对其内在的逻辑线索给出综合的说明；最后，对埃弗雷特解释所面临的四个主要问题：优选基、概率、实在论、经验检验分别给出自己的解读和说明。总体来看本书的内容是这样展开的：

第一部分主要对相对态解释展开详细地考证、梳理和分析，包括四章：

第2章介绍了埃弗雷特的生平和多世界解释的提出过程；

第3章交代相对态解释提出的背景和过程，指出正统解释面临的困境，以及埃弗雷特对正统解释的批判；

第4章围绕测量问题展开，首先对测量问题本身的难题和发展过程给出说明，然后描述了埃弗雷特提出的解决方案；

第5章重点对相对态解释本身给出全面的论述，包括相对态解释中分支的含义，相对态解释对一些传统概念的重新理解以及埃弗雷特对其理论的辩护。

第二部分主要围绕对分支的不同理解产生的多种解读给出说明，包括三章：

第6章和第7章分别对多世界解释和多心灵解释两种本体论解读的内容和缺陷给出详细的说明；

第8章对其他几种物理主义的解读给出了描述。

第三部分对相对态解释除分支外的另四个问题分别给出作者自己的评述，包括三章：

第9章对相对态解释中的优选基问题和概率问题分别进行了分析和评述；

第10章对相对态解释的实在论问题进行了分析，从形式体系和解释的关系以及实在论的角度，澄清了多种解读的内在逻辑关联，指出波函数的实在性假设是整个埃弗雷特解释的核心假设；

第11章从相对态解释的经验检验问题切入，结合当代科学很多前沿理论缺乏经验检验的现状，从科学哲学的角度，指出应该放弃经验检验的唯一标准，从一致性、完备性、解释力等方面进行多维地评价。

---

① David Wallace. The Everett Interpretation[J]. The Oxford Handbook of Philosophy of Physics，2012，33(4)：637-661.

1.3　为多世界解释"正名"

首先，本书最大的创新之处在于打破了现在主流的以多世界解释为基点的研究范式，重新回到了埃弗雷特解释的原点——相对态解释，梳理出了以相对态解释为核心的埃弗雷特解释研究的新范式。在这一点上，可以说是响应了以华莱士、成素梅等为代表的著名量子哲学家，以及物理学家的呼声，使得人们对埃弗雷特解释的逻辑发展更加清晰。现在，对于该理论的名称，人们普遍使用的是"多世界解释"这一称谓。然而多世界解释作为相对态解释的一种解读，加入了一种独特的理解，本身暗含了"多个本体世界存在"这一形而上的假设，客观上造成了人们对相对态解释的直观上的误解。因此，从学术研究要保持严谨性，而非传播性的角度看，纠正这种错误的认识刻不容缓。

其次，本书另一个创新点在于对相对态解释研究的全面性和综合性，在查阅了大量埃弗雷特的原文的基础上，澄清了相对态解释的基本内容和含义，还原了埃弗雷特解释最初的面貌。由于目前对埃弗雷特解释的研究非常繁杂，本书在分析和论证时进行了大量地甄别，总结出了相对态解释面临的五个主要问题，并重点对分支问题进行了详细地说明。另外，由于多世界解释的广泛影响力，使得埃弗雷特最初的研究反而被忽视。巴雷特首先注意到了这个问题，在他的《心与世界的量子力学》一书中，专门有一章详细介绍了相对态解释的内容，但是巴雷特把主要焦点放在了讨论对相对态进行经验解释的问题上，遇到了很多的困境。本书试图从一个客观的角度对整个解释遇到的问题，以及埃弗雷特的各种解答给出了详细而全面的解读和评述，填补了研究的空白，为后续进一步研究奠定了基础。

最后，本书还对提炼出的相对态解释中的五个核心问题（分支问题、优选基问题、概率问题、实在论问题、经验检验问题），分别对其进行了详细地解读，并对这些问题的解答方案给出了自己的评述，尤其是对经验检验问题给出了自己的解决方案，可将此评价方案扩展到所有科学理论的验证和评价中，并可借鉴到一般科学哲学的讨论中。

第2章　多世界解释之父——埃弗雷特

　　埃弗雷特被誉为"多世界理论之父""平行世界理论之父"，然而，这并不是埃弗雷特最值得骄傲的地方，他更多地被誉为美国成功的国防防御专家和承包商，有权获得美国最高军事机密，就是这样一位天才式的人物不仅有着奇妙的科学思索，还有着坎坷的传奇人生。埃弗雷特的科学贡献主要有两点：一是提出了量子力学多世界解释，动摇了长期占据统治地位的哥本哈根解释；二是提出拉格朗日乘数法，成为那个时代解决最优化问题最为有效的方法之一。然而，他在科学界的生涯非常短暂，他将毕生经历奉献于美国的国防事业，成为科学界的一大损失。埃弗雷特的一生是传奇的、崎岖的、充满戏剧性的。

2.1　天才的诞生及当时的量子力学诠释

　　1930 年 11 月 11 日，埃弗雷特（图 2-1）出生于美国华盛顿。埃弗雷特的爷爷是华盛顿邮局的一名印刷工，后来自己开了一家出版公司，这个公司一直由埃弗雷特的叔叔查尔斯（Charles）经营。20 世纪 30 年代中叶，在美国经济大萧条的冲击下，该公司被迫关闭。埃弗雷特的父亲休·埃弗雷特·杰（Hugh Everett Jr）是 1928—1936 年世界一千码步枪的纪录保持者，1936 年加入了华盛顿国民警卫队（DC National Guard），开始了他的军旅生涯。1940 年，面对第二次世界大战的威胁，埃弗雷特的父亲作为一名军事参谋官加入了克拉克（Gen. Mark Clark）的第五集团军，开赴意大利战场。埃弗雷特的母亲凯瑟琳·肯尼迪（Katherine Kennedy）是一名优秀的作家，在文学期刊上发表了很多小说和诗歌，她的很多作品在她去世后，由埃弗雷特整理发表在了她的母校华盛顿大学的杂志上。1937 年，埃弗雷特 7 岁，他的父母离婚。之后，埃弗雷特一直跟父亲和继母萨拉（Sarah Everett née Thrift）生活在一起，同时与他的母亲凯瑟琳的关系日渐疏远。后来，凯瑟琳患上了严重的忧郁症，很快离开了人世。[①]

图 2-1　埃弗雷特

　　埃弗雷特的童年是苦涩的，不仅从小遭遇家庭的破碎，而且又赶上美国经济大萧条和第二次世界大战时期，生活极其艰难。不过这位未来物理学大厦的撼动者在艰难的环境中锻炼出了顽强的毅力，并且从小就表现出了超乎常人的智力以及对自然世界浓厚的兴趣。

　　1942 年，12 岁的埃弗雷特写信给爱因斯坦并提出了一个艰深问题："究竟是某种随机性的东西还是一致性的东西掌控宇宙？"爱因斯坦面对这位小天才的问题，非常认真地做了

---

① Eugene Shikhovtsev. Biographical Sketch of Hugh Everett III, 3[DB/OL]. [2019-12-8]. http://space.mit. edu/home/tegmark/everett/.

答复："亲爱的休，不存在不可抗拒的力，也不存在固定不移的物体。但是，似乎存在着一个非常固执的男孩已经成功地为了这一目的突破了由他自己创造的奇异困难。您真诚的爱因斯坦。"[1]偶像的鼓励无疑给埃弗雷特幼小的心灵注入了强大的动力，十年之后，成年的埃弗雷特继续执着地思考着他的问题，最终和爱因斯坦一样为探索物理学的终极问题做出了自己的贡献。

1950 年，埃弗雷特进入华盛顿的美国天主教会大学学习化学，1953 年以全优的成绩获得了学士学位。当时的埃弗雷特家境并不富裕，他的父亲只是在亚历山大港附近的卡梅伦驻地后勤部工作的一名基层上校。为了能在著名的普林斯顿大学继续深造，埃弗雷特申请并得到了美国国家科学基金会(National Science Foundation)的资助。虽然埃弗雷特对理论物理学拥有浓厚的兴趣，但是他的奖学金资助项目要求他进入数学系从事博弈论的研究。进入普林斯顿后，埃弗雷特一边从事着关于博弈论的数学研究，一边选修了物理系的电磁学和量子力学课程，并在第二年成功转入了物理系，天才的工作也从此真正开始。

第二次世界大战之后，大批的科学家移居美国，美国逐渐取代欧洲成为世界科学研究的中心，物理学家们在政府资金的大力支持下主要从事技术开发和理论的应用研究，很少有人关注对终极理论的形而上学的思考。不确定性原理被物理学家们广泛接受，但是很少有人对玻尔的互补性原理感兴趣。玻尔的互补性原理被物理界人士认为太模糊、太哲学化。玻尔关于量子力学的很多哲学性的思考，大多发表在学术期刊上或是在学术会议上才被提及，而年轻一代的物理学家，对量子力学的理解通常只局限于教科书，1928—1937 年美国出版的 43 个版本的量子力学教科书中，有 40 本提到不确定性原理，只有 8 本提到玻尔的互补性原理。[2]

量子力学的哥本哈根解释，经过了玻尔、泡利、海森堡、玻恩等人的发展，尽管他们各自的工作有所差别，但是他们都支持两个观点即非决定论和微观世界与宏观世界的二元分离。在玻尔看来，量子力学的问题不仅仅是一个解释问题，更是一个关于认识论的哲学问题。微观层面上发现的新的物理现象，是传统的物理学完全没有办法解释的，因此传统的认识论必须革新。玻尔作为哥本哈根学派的领袖，堪称 20 世纪最伟大的物理学家、哲学家之一，具有超凡的人格魅力，为量子力学的发展做出了极为重要的开创性工作。玻尔主持的哥本哈根理论物理研究所成立于 1921 年，几乎为包括海森堡、泡利、狄拉克、惠勒在内的整个一代的物理学家提供了引导。尽管玻尔的互补性原理自一开始提出就受到了爱因斯坦等人的激烈批判，但是到了 30 年代，批判的声音逐渐微弱，出于对玻尔的尊敬，很多物理学家不想对玻尔提出反驳，同时玻尔的支持者也在努力维护着哥本哈根学派的权威，这一点从后来惠勒对埃弗雷特工作的态度可以看出来。

19 世纪 30 年代之后，哥本哈根解释一直维持着其的学术权威，但是到了 50 年代，这种状况开始改变。爱因斯坦早期对于互补性原理的质疑逐渐受到了哲学家们广泛的关注。波动力学的创始人薛定谔在一次都伯林的研讨会上，公开对互补性原理提出质疑。1952 年，年轻的美国物理学家玻姆提出了隐变量理论，在物理学界引起了极大的反响，对哥本

---

[1]　张丽. 量子测量中的多世界解释理论研究[D]. 北京：中共中央党校，2011：45.

[2]　Osnaghi S. The Origin of the Everettian Heresy[J]. Studies in History and Philosophy of Modern Physics, 2009，40(2)：97-123.

哈根解释造成了极大的冲击。50 年代后期，古瑟尔·路德维希（Gunther Ludwig）提出了他的热力学解释，他把宏观的测量仪器作为一个热力学系统，这样在量子力学体系里，测量就有了确定的结果。更重要的是，50 年代物理学家开始关注宇宙学和广义相对论的问题，他们希望用量子力学来解决引力问题，但是互补性原理并不能解决这些问题。尽管针对每个挑战者，哥本哈根学派都做了有力的回应，但是哥本哈根解释作为正统解释的地位已经大大的降低，对测量难题的重新思考，成为了一个不可忽视的问题。

当时的普林斯顿大学在美国物理学界享有极高的声誉，很多著名的物理家曾在这里任教，浓郁的学术氛围对埃弗雷特的学术事业产生了很大的影响。爱因斯坦从 1933 年离开德国之后就一直定居普林斯顿。爱因斯坦在 1954 年曾做过一次关于量子力学悖论的演讲，并强调："我不相信仅仅观测者一个简单的行为就使观测结果发生剧烈改变。"爱因斯坦还曾经邀请惠勒和他的学生们到家里喝茶，讨论物理问题。惠勒曾经做过玻尔的博士后和玻尔合作发展出核裂变理论，并且作为首席科学家参与过曼哈顿计划，主要从事原子核结构、粒子理论、广义相对论及宇宙学等研究。量子力学重要的开创者冯·诺依曼和玻姆也曾在普林斯顿任教，他们分别编写的量子力学教科书是埃弗雷特关于量子问题思考的主要来源（玻姆是美国的马克思主义者，1951 年由于反共产主义的麦卡锡主义者的迫害被迫离开了普林斯顿，因此埃弗雷特没有见过玻姆）。

2.2　多世界解释的提出

埃弗雷特真正的科学生涯始于 1954 年，也就是转入物理系的这一年，他对多世界理论最初的思考，有着一段传奇的经历。在一次毕业聚会上，埃弗雷特遇到了物理学泰斗玻尔的助手彼得森（Petersen）。彼得森对量子力学研究有着近乎宗教般的热忱。24 岁的埃弗雷特此时已经是一个能力极强的思考者，对于量子力学的基本问题已经进行了长时间的思考，他和彼得森侃侃而谈，展示了自己对量子力学完全不同于传统的独特理解。这次漫谈具有非常重要的意义，为他后来的工作奠定了坚实的基础。玻尔与埃弗雷特如图 2-2 所示。

图 2-2　1955 玻尔（中）与埃弗雷特（右二）

　　1955 年的夏天，埃弗雷特将他关于量子力学的思考写成了一本长达 137 页的手稿《宇宙波函数理论》(*The Theory of the Universal Wave Function*)，他的妻子南希·戈尔(Nancy Gore)进行了打印和整理(这个草稿直到 1973 年才被重新整理出版)。同年 9 月，埃弗雷特将两篇简短的论文交给了他的导师惠勒。几天后，惠勒答复，首先他认为这两篇论文都是很重要的工作，第一篇"相互关系的定量测量"(*Quantitative Measure of correlation*)可以准备发表。但是关于第二篇"波动力学中的可能性"(*Probability in Wave Mechanics*)，他讲道："老实说，我完全没信心将它拿给玻尔看，因为它几乎是完全不可理解的。"而且在埃弗雷特写道"观测者在测量过程中分裂"时，惠勒在批注中写道"分裂？换一个更合适的词"。在总结中，埃弗雷特用一个有记忆的阿米巴变形虫作比喻，惠勒批注道，"这个分析看起来完全是迷惑读者的诡辩"[1]。

　　惠勒虽然完全理解埃弗雷特工作的重要性，但是他拒绝挑战玻尔的权威，并多次强调埃弗雷特的理论是对哥本哈根解释的补充而不是背叛。惠勒的劝导可谓用心良苦，在理论物理界长期工作的他，完全明白冒昧的挑战权威意味着什么，要想被学界接受就必须做出必要的让步。显然埃弗雷特并不理解老师的用意，虽然最后做出了退让，但是内心一直对哥本哈根解释表示怀疑，并在后来写给德维特(Bryce DeWitt)的信中，他直接了当地表达了他的质疑。

　　在量子世界里，粒子以叠加态的形式存在，例如一个电子，在非测量过程中以叠加态的形式存在，同时拥有不同的位置、动量和自旋。但是，在测量过程中，一旦测量，就只能得到一个确定的结果，即测量之后仅仅能得到叠加态的其中一个态，而不是全部。这与宏观世界截然不同，在宏观世界中人们从来没有观测到有叠加态的存在。薛定谔方程描述了量子系统波函数随时间的演化，而演化过程本身是决定性的并且在时间上是可逆的。而在测量过程中，数学上严格推演的叠加态却坍缩为其中的一个态，这样就打破了波函数演化在数学上的连续性。这就是著名的测量难题。哥本哈根解释在处理测量难题时主要可归结为两点，一是认为宏观和微观是天然分离的，分别遵循不同的规律；二是对坍缩问题只给出了概率解释，对其本质却一无所知。

　　埃弗雷特对测量问题重新进行了思考，把宏观和微观世界合并起来考虑测量难题，以此来消解传统解释中微观和宏观完全分离的局面。他把被测量系统、测量工具和观测者整体一起看作一个量子系统，并且用一个宇宙波函数来描述，就这样宏观物体也纳入了量子体系中，在这个宇宙波函数的孤立系统中，波函数是决定性演化的，不需要坍缩，从而避免了测量难题。在这个假设下，观测者的波函数，会在每次测量后发生分叉，宇宙波函数会包含叠加态的所有分支，也就是叠加态的每种可能都会实际地发生。观测者在每测量一次之后世界就发生了一次分叉，每一个分叉在埃弗雷特看来都是一个平行世界。每个平行的世界仅能感觉到发生在自己世界中的一个结果。根据薛定谔方程的数学形式，每个分支都独立存在，每个分支的演化也完全不受其他分支的影响。比如一个处于叠加态的电子有 A 和 B 两个状态，一次测量后，在一个分支中，观测者看到电子处于 A 状态，而在另一个分支中，观测者看到电子处于 B 状态。每个观测者仅能观测到自己所处世界中的那个

---

　　① Hugh Everett. The Amoeba Metaphor[DB/OL]. [2019-12-8]. http://www.stealthskater.com/Documents/MWI_02.pdf.

态，每个分支都同样实在地存在。他称这种解释为相对态解释[1]。

埃弗雷特并不是质疑正统解释的第一人，但是他在薛定谔方程的基础上，为他的相对态解释构建了严密的数学结构和逻辑形式，提出了宇宙波函数的假设，无疑是非常新颖、非常具有启发意义的。但是，平行宇宙的假设，作为他理论的一个推论，也不可避免的出现了。这也是一开始他的理论无法被人们所接受的一个很重要的原因。

1957 年 3 月，埃弗雷特接受惠勒的建议，对论文原稿进行了大量删减和修改，仅保留了原来三分之一的内容，最终完成了他 36 页的博士论文。后来据惠勒回忆"我非常清楚埃弗雷特论文的深度，但是同样发现它的内容几乎是不可理解的，连我自己都难以理解，更不用说其他人……我的真正意图只是为了让它看起来更容易理解一些[2]"。同年 4 月，埃弗雷特正式向答辩组递交了他的论文，惠勒和他的同事巴格曼(V. Bargmann)在评语中写道，埃弗雷特对问题的构思以及解决方法完全是原创性的，这篇论文对于我们理解量子力学的结构具有重大意义，最后他们推荐答辩组接受他的论文。4 月 23 日，埃弗雷特顺利通过了口头答辩，答辩组总结道，申请人成功通过了测试。他处理的是一个非常困难的主题并且坚定地、清晰地、逻辑严密地为他的结论做了辩护。他展示出了坚实的数学功底，敏锐的逻辑分析以及出色地表达自己的能力。

三个月后《现代物理学评论》发表了埃弗雷特的论文，标题为"量子力学的相对态解释"(*Relative State Formulation of Quantum Mechanics*)。德维特是量子引力论的主要奠基人之一，当时是现代物理学评论杂志的编辑。德维特为埃弗雷特的论文写了一个八页的评论，他认为埃弗雷特的工作看起来更像是哲学而不是物理，他同时也敏锐地发现埃弗雷特对系统外的观测者的预示和爱因斯坦的惯性定律非常类似。尽管德维特认同埃弗雷特的数学结构和物理假设，但是他并不同意埃弗雷特的关于世界分裂的推论以及平行世界的假设。埃弗雷特并不完全认同德维特的质疑，但有人关注和评论他的理论他还是非常高兴的，特别是像德维特这样的学术权威。

在给德维特的信中埃弗雷特首先表示非常感谢德维特的评论，接着针对德维特的质疑对理论的实在性问题提出了自己的理解：

> 让我澄清这样一种观点，对哥白尼日心说的最基本的质疑就是，地球运动作为一个物理事实和我们的日常经验不符。但是一个包含地球运动的理论只要和地球上的居民无法感觉地球运动这一事实的理论相一致就是可接受的，如牛顿定律。因此为了辨别理论是否与我们的经验相悖，要看理论自身预言的经验本身是什么样的。
>
> 用这个理论(指他的相对态解释)的视角来看，叠加态的所有元素都是同样"真实的"，没有那个比其他更加真实。[3]

---

① Hugh Everett：Reative State Formuation of Quantum Mechanics[J]. Reviews of Modern Physics，1957：454-462.

② Hugh Everett：Reative State Formuation of Quantum Mechanics[J]. Reviews of Modern Physics，1957：454-462.

③ Hugh Everett. Everett's Letter to Bryce Dewitt of May 31[DB/OL]. [2019-12-8]. http：//www.stealthskater. com/Documents/MWI_02. pdf.

对于已有的一些解释，埃弗雷特也提出了质疑。

> 我确信，这个理论是目前最简洁合理的解释。对我来说，隐变量理论是累赘而虚伪的。哥本哈根解释由于对经典物理学的先天依赖，注定是不完备的，同时从宏观世界推导出来的"实在"这个哲学怪物，也完全不适用于微观领域。①

1959 年，在惠勒的帮助下，埃弗雷特到哥本哈根拜访玻尔并试图和他讨论多世界理论。事实证明这次会晤对埃弗雷特来说是一个彻头彻尾的灾难。多年之后，埃弗雷特回忆起这段经历时说："地狱，一开始就注定是地狱"。这位 75 岁的科学元老拒绝去讨论任何"理论新贵"（any new upstart theory）。在短暂的会面中，玻尔也似乎完全没有给埃弗雷特表达的机会。玻尔的追随者罗森菲尔德在谈及埃弗雷特的这次拜访时，形容埃弗雷特是不可思议的愚蠢，简直无法理解量子力学中最简单的事情。待了六个星期后，埃弗雷特极其失望地离开了哥本哈根，从此再也不想提起这段灰暗的记忆。

埃弗雷特的理论，在他的论文发表后，便立刻陷入了沉寂。很少有人再讨论他的理论甚至连他的老师惠勒也不愿再提及。对一个科学家来说最大的伤害不是激烈的反驳而是对他的彻底无视，就像是一个演员，准备了美轮美奂的表演却无人欣赏，这种漠然的无视深深地刺痛了他敏感的神经，尽管他的理论在熟识他的人当中得到了一定的认可。伟大的发明，就像是宿命，一开始往往很难得到人们的认同，当已经年迈的伽利略不得不接受审判，向教会表达自己的忠诚，当孟德尔在教堂的后院孤独的种豌豆时，连他们自己也想不到两百年后的今天他们成就会最终得到广泛地承认。天才的悲剧就在于此，他们总是太聪明、太孤独、太超前于时代。不过从某种意义上来说，埃弗雷特也是幸运的，这样的沉寂在持续了十几年之后，终于还是得到了承认。埃弗雷特的理论后来在 20 世纪 70 年代被著名的量子力学史专家马克斯·雅默（Max Jammer）称为"20 世纪保守最好的秘密之一"②。

2.3　新的生涯

天才的头脑从来不会缺少创造的源泉，在失望地离开物理界之后，埃弗雷特又把他异乎寻常的创造力投入到了新的领域中，取得了更加辉煌的成绩。

1956 年，埃弗雷特的导师惠勒离开美国到荷兰的莱顿大学接受教职，埃弗雷特不得不推迟他的论文答辩，同时埃弗雷特加入了美国国防部的五角大楼武器系统评估小组（Pentagon WeaponsSystems Evaluation Group，WSEG）。同年 10 月，在参加了在圣地亚实验室（Sandia Laboratories）的一个前沿培训班之后，他开始认识和熟悉了计算机建模，后来他的所有工作几乎都是和计算机分析相关的。之后，埃弗雷特正式开始从事核武器的

---

① Hugh Everett. Everett's Letter to Bryce Dewitt of May 31[DB/OL]. [2019-12-8]. http://www.stealthskater.com/Documents/MWI_02.pdf.

② 雅默. 量子力学的哲学[M]. 秦克程，译. 北京：商务印书馆，1989：597.

研究，计算核战争可能导致的死亡率和放射性物质的含量。1957 年年初，埃弗雷特开始主持领导武器系统评估组的数学部，期间他提出了发展超级计算机的构想，在军事战略上为选择氢弹试验目标提供了最优化战略分析，设计了用轰炸机、核潜艇、导弹实施核打击的最优化部署。当然，在国防部很多研究都是严格保密的，可以推测这些仅仅是埃弗雷特所从事工作的一小部分。1965 年，埃弗雷特这样总结了他在武器系统评估小组所做的工作：

> 负责研究数学技术和数学模型；挑选、规划和运行 WSEG 的计算设备；主持领导 WSEG 的研究计划；开发了大量军事领域的数学建模技术；开发了大量的计算机程序，子程序和实用的方法来支持 WSEG 的计划。①

不得不提的是，埃弗雷特在他的军事顾问生涯中又做出了两个值得骄傲的突出贡献。一个是在 1960 年，他主持撰写了"武器系统评估小组第 50 号文件"，这份文件至今未解密，但是根据专家的推测，第 50 号文件是关于如何有效使用核武器的评估报告。这份报告得出的结论是核战争必然导致共同毁灭，即核战争没有最终胜利者。这个结论在决策层引起了很大的轰动，同时给那些试图先发制人地发动核战争消灭苏联等社会主义国家的战争狂热者一剂强烈的定心丸。事实证明埃弗雷特的分析工作，要比仅仅出于人道主义关怀的呼声有用得多。

另一个突出的贡献是在 1959 的哥本哈根之旅，尽管和玻尔的会面很令人失望，但是在哥本哈根的一个小旅馆里，埃弗雷特构想出了解决博弈论最优化问题的一套有效的数学方法，即拉格朗日乘数法（Lagrange multiplier method），后来也被称为埃弗雷特算法（Everett algorithm），这也是他除了多世界解释之外另一个重要的科学贡献。在数学最优化问题中，拉格朗日乘数法（以数学家约瑟夫·路易斯·拉格朗日的名字命名）是一种寻找变量受一个或多个条件所限制的多元函数的极值的方法，但是不可用于非连续不可积的方程。但是实际应用中，常常需要求解一些不连续不可积的方程，埃弗雷特所做的工作就是将拉格朗日乘数法加以扩展来求解这些方程。这一方法后来的进展，得益于哈尔德（Hald）和查恩斯（Charnes）关于旅行售货员问题（the traveling-salesman problem）的研究工作（关于售货员如何走遍每个城市，同时使所走路线最短）。虽然如今埃弗雷特因他的多世界理论而享有了极高的知名度，但是他对拉格朗日乘数法的扩展具有更加重大的实际意义，这种方法被应用到了非常广泛的领域，包括战争部署、工业生产线的调配甚至学校公共汽车的行程路线安排。

1964 年，埃弗雷特和原来在武器系统评估小组的几个同事，成立了隶属于加利福尼亚的圣巴巴拉市防御研究公司（Defense Research Corp）的拉姆达部（Lambda Division）。除了主要的军事研究项目，他们也部分从事系统分析和计算机建模的民用领域的研究。1965 年，埃弗雷特和另四名同事又成立了独立的拉姆达公司，同时被选为公司负责人。公司里的研究人员可以说是一个精英团队，来自包括物理学、数学、化学在内的各个学科领域。每位成员都拥有极强的解决复杂问题的能力，经常被安排处理极为复杂和充满挑战的工

---

① 雅默. 量子力学的哲学[M]. 秦克程，译. 北京：商务印书馆，1989：9.

作。公司主要致力于为著名的纳什均衡发展一个实际应用的模型，特别是在战争中的两难问题。1971 年，埃弗雷特开始关注贝叶斯理论(一套数学的方法关于如何从过去的事件中吸取经验来预测未来事件)的应用并建立了贝叶斯机器的原始模型(一个拥有一定学习能力的机器并能做一些简单判断)。

后来，拉姆达的前员工约瑟夫·乔治·考德威尔(Joseph George Caldwell)回忆起在拉姆达的生活，"每到周五的下午就是拉姆达员工的'雪利酒时间'(Sherry Hour)，每个月都有方形舞晚会和扑克牌比赛，还有每年一度的家庭野餐，埃弗雷特在维尔京群岛(Virgin Islands)买了一套海滩公寓，度假的时候我们大都住在那里，埃弗雷特的太太南希是一个非常和善、平易近人的女士①"。考德威尔也提到了一些关于埃弗雷特的私人生活："他的家里有一个室内游泳池，他喜欢在高档饭店吃饭，他非常喜欢拍照并将他的迷你相机随时带在身边"。

1973 年，埃弗雷特离开了拉姆达，并和他的朋友唐·莱斯勒(Don Reisler)成立了一家数据处理公司 DBS，主要从事一些系统的分析和设计，比如一种新的保护电脑文件和程序的方法，一种检测电脑系统运行效率的方法，小车最优化路线的方法等。20 世纪 70 年代埃弗雷特开始热衷于他的创业生涯。他和伊莱恩·莱斯勒(Elaine Tsiang Reisler)成立了一个软件公司 Mono-Wave。这个公司是埃弗雷特成立的唯一一个至今还在运营的公司，主要开发声音识别系统。同时，埃弗雷特还拥有一家旅行社(Key Travel Agency)和一家租赁公司。

对于他一生的工作，在他死后的讣告中这样总结：

> 他对国防安全作出了重大贡献，在博弈论的应用领域和政策最优化问题中取得了突出成就，在武器系统评估小组接受并出色完成了最艰难最具挑战的工作，他是公认的领导者，每个人都认真地尊从他的建议和领导。同时，在实际问题的解决中，埃弗雷特总是超前于他的时代。例如，在 20 世纪 50 年代，他编写了一种计算机文本编辑和版面设计的程序(现在被称为 Word 文档编辑器)，后来他把它形容为他曾做过的最为复杂的工作。埃弗雷特算法(Everett algorithms)被广泛应用于数学领域，这个算法是那个时代最为有效的工具……②

2.4　重获承认

正值埃弗雷特事业高峰的时候，德维特开始重新提及埃弗雷特的理论，1970 年，德维特在《今日物理学》(*Physics Today*)上发表了关于多世界理论的文章，埃弗雷特的理论终于重见天日。1973 年，在学生内尔·格雷汉姆(R. Neill Graham)的帮助下，德维特整理

———————————

①　雅默. 量子力学的哲学[M]. 秦克程，译. 北京：商务印书馆，1989：12.
②　雅默. 量子力学的哲学[M]. 秦克程，译. 北京：商务印书馆，1989：10.

出版了一套论文集《量子力学多世界解释》，其中收录了埃弗雷特早期的完整论文。出版几个月后就有 485 本精装版，326 本平装版被图书售出，其中一半多被售往国外。埃弗雷特也逐渐地被物理学家所提及，普通的读者也通过流行科幻小说杂志《模拟》(Analog)开始认识了他。不久之后，多世界作为一个科幻题材很快便以流行，并且为了表示纪念很多科幻故事的人物也以埃弗雷特的名字命名，如在美国的流行科幻剧《星际之门》(Star Gate)中命运号的上将指挥官名字就是埃弗雷特。不过多世界的发现，科幻小说家似乎远早于科学家，1938 年杰克·威廉姆斯(Jack Williamson)在《多重的时间》(The Legion of Time)中这样描述："在亚原子非决定论的幻觉中，地平线产生出无限可能的分支"。不过科幻小说关于多世界的描述和埃弗雷特的解释在根本上是不同的，埃弗雷特强调观测者仅仅能观测到世界的一个分支，但科幻小说通常处理成多重世界反直觉的交叉。

1977 年的春天，埃弗雷特接受了德维特和惠勒的邀请到德克萨斯大学奥斯汀分校参加一个关于人类意识和电脑意识问题的研讨会，此时的埃弗雷特已经非常富有，他和他的家人驾着黑色加长林肯来到了奥斯汀。在这里他第一次见到了德维特并受到了极为热情的款待。由于埃弗雷特特殊的习惯，他还被特许在大学的礼堂里抽烟。埃弗雷特毫无疑问成了这次研讨会的明星，不论走到哪里都被一大群学生簇拥着，他也第一次尝到了自己的理论被重视的感觉，并且非常喜欢和学生面对面的交流。

虽然埃弗雷特的理论得到了广泛传播，但是仍存在很大的争议。不过，必须承认的是，物理学家们再也不能忽视他提出的问题了。斯坦福大学的理论物理学家史蒂芬·申克(Stephen Shenker)这样评论：

> 大约在 70 年代末，我第一次听说埃弗雷特的解释时，我认为这简直太疯狂了。而现在，在弦论和量子宇宙学中讨论的问题与埃弗雷特的解释非常类似，加上最新的量子计算机的发展，这些问题看上去不再是不切实际的胡思乱想。[①]

1970 年，海德伯格大学的泽(H. D. Zeh)首次提出了退相干理论。根据退相干理论，当系统与测量仪器和外界环境相互作用后，就会发生退相干过程。这样就可以解释为什么我们在实际中只能感知到彼此已无相干性的经典分支，而无法感知具有相干性的量子叠加态，从而进一步证明了多世界解释。

在埃弗雷特离开德克萨斯之后，为了让他重回物理界，惠勒计划在加利福尼亚建立一个理论物理研究所，研究量子力学的深层问题，埃弗雷特也表达了他重回物理界的愿望，但是最终由于种种原因这个计划未能实现。这无疑又在埃弗雷特的旧伤口上撒了一把盐，从此埃弗雷特在很长一段时间拒绝谈论任何关于自己物理学研究的过去。

如今多世界解释已经广泛地被人们所接受。2001 年 2 月，惠勒和泰格马克(Max Tegmark)发表了一篇纪念量子发现一百周年的文章。在这篇文章中，他们认为，退相干理论和最新的实验表明，多世界解释已经取代了正统的哥本哈根解释，成为了大多数物理学家

① Peter Byrne. The Many World of Hugh Everett[J]. Scientific American，2007(12)：98-105.

都认可的量子力学的新的正统解释。[1][2] 20 世纪 80 年代至今，基于多世界解释的越来越多的诠释理论涌现。第一种进路是"视域或心灵"的认知思路，第二种进路是"历史概念"的认知思路，第三种进路是"纤维"的认知思路。[3] 多世界解释已经远远超出了埃弗雷特最初发展的模式，演变出了更加广泛的物理和哲学上的内容，并得到了广泛认可和传播。

2.5　伟人的逝去

　　1982 年 7 月 19 日的一个早晨，迈克发现自己的父亲已经停止了呼吸。时年 52 岁的埃弗雷特死于突发性心脏病。过度的吸烟、酗酒，喜欢垃圾食品以及长时间的忧郁可能是导致他突然死亡的重要原因，他本人也从来不相信医学的警告，认为高胆固醇会影响健康纯粹是胡说。

　　虽然埃弗雷特在事业上和科学研究中取得了极大的成就，但是这并不能掩饰他作为一个人道德和性格的瑕疵。他之前的同事莱斯勒（Reisler）这样评价"他是个毫无同情心的人，他总是冷漠无情的对待他的工作，毫无人情味可言。"

　　约翰·巴里（John Y. Barry），埃弗雷特在武器评估小组的同事，也对他的道德品质表示怀疑。在 20 世纪 70 年代，巴里代表摩根公司（J. P. Morgan）雇用埃弗雷特开发预测股市的方法，埃弗雷特也接受了摩根公司的经费。但是，"在取得成功之后，埃弗雷特却拒绝将代码交给摩根公司并声称拉姆达公司已经支付了全部的预算。后来他还将以此为基础开发的系统卖给了联邦政府。他利用了我们……总之，他聪明圆滑，富有革新精神，靠不住并且私下里还是个酒鬼"[4]。埃弗雷特甚至把生活本身看作一场博弈，他认为生活的目的就是尽可能享受最多的快乐，他从事物理学研究，从事战略分析，从事计算机建模，只是因为这些工作能给他带来快乐和成就感。[5]

　　在家庭生活中，他的心似乎从来没有真正属于过他的家庭。他不是个好父亲，也不是个好丈夫，据他的儿子迈克回忆"父亲，作为一个物理学家从来没有陪伴过我，在家里，除了嘲弄与讽刺，我感觉不到他的一丝爱意。"儿时的迈克就非常自闭，不得不经常去看心理医生，他逃学，吸食大麻和毒品，用了 5 年时间才彻底戒除了毒瘾。后来，迈克来到洛杉矶，组建了一支摇滚乐队 Eels，并取得了很大成功。他在他的很多作品里都表达了极其浓郁的悲伤和孤独。他对他父亲的工作几乎没有任何了解，直到他的父亲去世，他才开始了解他父亲的事业和成就，并且对其表示了宽容和原谅。

　　迈克的姐姐伊丽莎白（Elizabeth）不幸地嫁给一个沉湎于毒品的男人，后来自己也染上了毒瘾，变得精神恍惚，曾多次试图自杀。1982 年在埃弗雷特去世的前一个月，迈克及时发现了试图自杀并且已经无意识的伊丽莎白，并立即把她送往医院，晚上埃弗雷特得知

① Max Tegmark, John Archibald Wheeler. 100 Years of the Quantum[J]. Scientific American，2001，2：68-75.
② 贺天平. 量子力学多世界解释的哲学审视[J]. 中国社会科学，2012(1)：48-61.
③ 贺天平. 量子力学多世界解释的哲学审视[J]. 中国社会科学，2012(1)：48-61.
④ 同①.
⑤ Robert P. Crease. The Father of Parallel Universes[J]. Nature，2010，465(7301)：1010-1011.

女儿自杀未遂的消息后，只是视线从报纸上短暂的移开然后淡淡地说："我不明白她为何如此悲伤".[①] 1996 年，39 岁的伊丽莎白吃了过量的安眠药自杀了，在她的钱包里留下一个小纸条，说她将跟着她的父亲进入另一个宇宙。女儿的死严重摧毁了南希的健康。两年后，埃弗雷特的妻子南希死于肺癌，迈克陪伴了她最后的岁月，此时的迈克只能独自体会家人接连逝去的哀伤。

对于伟大的人物，人们通常习惯性地将其想象为完美的化身，但这都是人们思维的误区，对于埃弗雷特我想我们应该表现出应有的宽容。他总是若有所思地沉浸在自己的思维世界中，思考那些持久困扰人类的终极问题，对他来说现实世界似乎比想象更加虚幻。

尽管离开了物理界，但是埃弗雷特对物理的梦想从来都没有消失，在 1973 年和朋友唐·莱斯勒成立 DBS 时，两人曾一起约定将他们所有的论文草稿锁进箱子，并且十年之内不打开箱子也不讨论相关内容，一心一意经营他们的生意。假如十年后他们成功了，他们将有时间阅读和探讨这些内容，假如失败了一样有时间，因为十年都不能成功，那么注定也不可能成功。就在埃弗雷特逝世的前一两年，在一次午餐时，莱斯勒提起了一个严肃的话题：生命的意义是什么？如果明天就是世界末日会如何总结自己的一生。埃弗雷特说，他非常满足自己曾拥有的一切，并且会了无遗憾地离去。[②] 然而就在他十年之期的最后一年，他毫无征兆地离开了，或许他从来没想到自己会这么突然地离去。在某种程度上说，埃弗雷特从来没有真正进入物理界去从事自己喜欢的工作，对这位伟大的物理天才来说绝对是一种讽刺，怎么可能会了无遗憾。

如果埃弗雷特的平行世界真的存在，我们可以想到或许在某个世界中埃弗雷特的理论一开始就受到了广泛认同，他在自己喜欢的物理界继续努力，做出了更加重要的贡献，并在某一年光荣地登上了诺贝尔奖的奖台，而此时年迈的他厌倦了鲜花和掌声，在一个僻静的小屋里叼着烟静静地思考着属于他自己的问题，随手翻开自己最初工作的手稿，望了望窗外，已经是黎明。

① Eugene Shikhovtsev. Biographical Sketch of Hugh Everett. III, 14[DB/OL]. [2019-12-8]. http://space. mit. edu/home/tegmark/everett/2018-10-15.

② Eugene Shikhovtsev. Biographical Sketch of Hugh Everett. III, 22[DB/OL]. [2019-12-8]. http://space. mit. edu/home/tegmark/everett/2018-10-15.

第 3 章　多世界解释的最初发展

量子论自提出以来已经取得来极大的成功，和相对论并称为 20 世纪最伟大的物理学革命。以玻尔为首的哥本哈根学派，为量子力学的发展贡献了巨大的力量。在科学层面，它打破了经典力学的基本框架，同时精确预言了各种现象，促进了其他学科的发展，在实践层面被大量应用到了各种技术当中，大大推进了社会经济的发展。但是，在哲学层面，做出完备的解释要比数学计算困难得多。

3.1　量子力学发展的社会背景

第二次世界大战后，美国逐渐成为世界科学的中心，不过量子力学解释在主流科学界从没有真正流行。在美国，大量的物理学家被组织起来从事具体的实验和大型军事项目的研究，不再关心抽象的概念问题的探究。特别是 20 世纪 30—50 年代，一方面，量子力学的数学形式趋于完备，通过薛定谔方程、玻恩规则等一系列数学工具可以解决大量的实际问题，量子力学研究扩展到了原子、亚原子等极大的研究领域，似乎并不需要彻底搞清楚背后的形而上学；另一方面，第二次世界大战极大地推动了军事相关的技术和应用研究，爱因斯坦在与玻尔论辩中败下阵来之后，埋头从事自己的研究，很少再讨论量子力学问题，从此整个科学界思辨之气骤减，实用之风盛行。如费曼就对玻尔时代物理学中弥漫的哲学氛围非常反感，并疾呼："停下来，计算"。从国家层面看，伴随着大科学时代的来临，一个庞大的科学项目常常需要成千上万的科学家通力协作，专业研究越来越趋于细化，每个人的培养目标都是作为一个具体的工具，只要掌握相应的计算技巧即可迅速填充到技术研发的前线，为国家的发展做贡献。就这样，关于物理学背后的形而上学沉思，对科学研究的终极关怀逐渐销声匿迹。教科书中，除了玻姆在他的《量子理论》[1]一书中对于解释的问题做了较为详尽的讨论，其他很少有教科书会讨论关于量子力学的解释问题[2]。虽然以玻尔为中心的哥本哈根学派一度占据量子力学解释的话语权，但是实际上在物理学家中玻尔的互补性原理并不受欢迎。克拉格（Helge Kragh）指出：大部分物理学家接受将哥本哈根学派提出的不确定性原理作为物理学原理，至于互补性原理，他们并不是非常关心。很多教科书作者哪怕想将互补性原理写入教科书，也不知该如何着手。玻尔的思想哲学味太过浓重，几乎无法用一般的物理语言进行清晰的描述，如果专门用一章去讨论互补

---

　① 　David Joseph Bohm. Quantum Theory[M]. New York: Prentice Hall, 1951.

　② 　Jagdish Mehra, Helmut Rechenberg. The Historical Development of Quantum Theory [M]. New York: Springer, 2001.

性似乎显得格格不入。[①] 据统计，1928 年到 1937 年出版的 43 本教科书中，仅仅有 8 本提到了互补性原理。[②] 尽管玻尔一直不遗余力地宣传他的思想，在各种会议、刊物和论文集中发表了很多关于量子力学的思考，吸引了很多哲学家和对此感兴趣的学者，但是在年轻的物理学家中影响甚微，这标志着新老两代物理学家之间的隔阂已经形成。

在理论发展初期，理论极不完善时往往需要大量的概念上的、形而上学的讨论，去理解理论背后基础性概念的根本意义。而随着数学形式的确立和形成，量子力学逐步成熟和完善，在实验和应用上取得了很大的进步，人们普遍相信量子力学的基本形式已经完善，虽然背后的深层机制无法理解，但是可以精确地计算就足够了。正如库恩在《科学革命的结构》一书中所总结的，在科学革命时期会出现大量的探索性的讨论，其中会充斥很多形而上学甚至之后看来是伪科学、无意义的讨论，但是在当时特定的时期，所有的讨论都是有意义的。当一门科学的数学形式基本完善，在实验和预言方面取得成功之后，该科学便过渡到常规科学时期，此时科学共同体对于该学科处理的基本问题和方法，基本形成了一致的认同，并将其编写成教科书，进行传授。此时，新一代的物理学家正是在教科书的基础上学习量子力学，他们会倾向于天然地接受书中的假设和结论，并无意识地认为量子力学的地基已经被上一代人打牢固，他们只需要在此基础上进行应用和拓展研究就足够了。

3.2　正统解释的困境

1930 年之后，玻尔和爱因斯坦的论战逐渐平息，人们逐渐接受了玻尔的解释，并笼统地称之为正统解释（在埃弗雷特的描述中通常将其称为传统解释）。正统解释的数学形式主要是由狄拉克和冯·诺依曼给出的。冯·诺依曼在狄拉克工作的基础上，构建了一个更为严密的、公理化的数学描述，其中著名的"投影假设"（Postulate of projection）也被冯·诺依曼纳入公理系统中。用投影假设来描述一个系统从系统态到可观测的本征态产生的"跃变"（jump）。虽然冯·诺依曼与玻尔的理论形式的物理过程，在基本层面上是一致的，但是在对于理论的认识论上则并不相同。玻尔认为解决量子力学与经典力学之间的关系问题上，本质上是一个哲学问题，关注的是在量子概念与经典概念之间如何应用一个一致的功能框架使之协调，避免其中的矛盾，且能对实验进行很好的说明。因此，他的解决方式更加概念化、哲学化，并试图用互补性原理来解决。而冯·诺依曼则一开始便将测量问题作为一个数学问题，通过形式体系公理化来解决，目的不是哲学上理解，而是在形式上对客体与经验给出合理的解释和预言。后来冯·诺依曼的形式也成了哥本哈根解释的内容，因为哥本哈根解释本来就是一个极为松散的联盟，更像一个大口袋，装满了各种各样的观

----

　　① Helge Kragh. Quantum Generations. A History of Physics in the Twentieth Century[M]. Princeton：Princeton University Press，1999.

　　② Stefano Osnaghi，Fábio Freitas，Olival Freire. The Origin of Everettian Heresy[J]. Studies in History and Philosophy of Science，2009，2：98.

点，"只要把手伸进去就可以得到任何你想要的东西[①]"。哥本哈根解释中有的仅仅是哥本哈根学派成员各自的观点（玻尔、海森堡、泡利、冯·诺依曼……），而并无完整的体系，他们各自在一些细节问题上都表达了自己不同的看法，甚至有时彼此还有冲突。在实际的科学研究中，人们更多提到冯·诺依曼的投影假设，而非玻尔的互补原理，渐渐地似乎投影假设也成为哥本哈根解释的主要内容。这并不奇怪，因为在哥本哈根解释内部，人们对互补性原则也褒贬不一，因为大多数的物理学家并不会太过思索哲学含义，他们需要一些具体的形式来处理实际问题。因此，冯·诺依曼形式很快为人们普遍接受并将之归入哥本哈根学派，逐渐也成为了哥本哈根学派的基本内容之一。

经过仔细的考察和研究，不难发现尽管对于一些具体的问题，学派内部有着较大的分歧，但总体上看，学派元老玻尔、泡利、海森堡、约旦等人亲自参与了量子力学的建立。他们在建筑整个大厦的过程中，经过了大量的探究性的思考和工作。因此，不可避免地，他们考虑更多的不是大楼之后的维护，以及是否稳固的问题，而是如何在一片荒漠的土壤上使之建立起来。他们都是从经典力学中成长起来的，但在建立量子论过程中经历了狂风暴雨般的洗礼，可以理解爱因斯坦在心中那份坚持与固执。而玻尔看来，首要的问题不是如何解释量子论，而是首先要承认量子论相对于旧经典力学的独立地位，因此他更关注人们要从认识论上接受量子力学所揭示的新哲学。而新哲学的核心特征就是非决定论，以及能量量子化的本质，且量子力学很好地揭示了微观层面的基本规律。这场认识论革命进行得非常顺利，很多哲学家很快就接受了量子非决定论的特征。之后的物理学家直接从教科书上学到了现有的量子论，并几乎全盘接受了新认识论的洗礼，在经典力学常用的一些概念和方法都被重新审视，传统物理学中的因果性，直观化的特征也被量子论颠覆，抽象化的数学表述方式被建立，形成了全新的物理学范式。但在大厦建成之后，在人们接受了量子非决定、非因果的认识论之后，解释问题变得突出，人们开始认真"装修"大楼时，出现了很多问题。

正统解释一度非常流行，除个别反对者，如爱因斯坦、薛定谔等，整个物理学界都认同了其正统地位。可能有两个原因：首先，玻尔、海森堡等人都有实证主义、工具主义的倾向，恰好当时整个思想界"逻辑实证主义"如日中天，两者核心观点的相似性使得哲学家们很容易接受物理学家们的观点；其次，工具主义本身十分符合物理学的主流观念，玻尔对实在不置可否的态度使之免受了大量不必要的责难。另外，由于玻尔的巨大威望，以及量子力学在经验预言上的巨大成功，使得人们不加考证的全盘接受了玻尔的观点，尽管大部分人实际上并不理解玻尔的哲学。客观上看，哥本哈根学派观点统治了整个学界，一些学者理性而谨慎的反思和批评早已被淹没在巨大的欢呼声中。当然，实际上物理学家们关心的仅仅是实验和计算，正统解释的解释部分很多人并不关心也不理解，换言之，其之所以未受到普遍的批评和质疑，全在于人们并不关注，也不理解。另外，玻尔工具主义的态度，拒绝对世界进行一致性的解释和描述，只需要计算和实验就够了，更深层的解释完全无必要。当爱因斯坦举起实在的大旗，只引来玻尔轻蔑的微笑，一个实在论者在工具论面前很难对话，因为实在论者关心的是数学形式背后的实在世界，而在工具论看来无法直接

① P. Feyerabend. A Note on Two "Problems" of Induction[J]. The British Journal for the Philosophy of Science, 1968：20(3).

描述的都是没有意义的。

　　玻尔作为当时公认的权威，依靠其个人的人格魅力，吸引了一大批优秀的年轻物理学家聚拢在他的麾下，形成了著名的哥本哈根学派。对此，关洪在他的《一代神话——哥本哈根学派》一书中进行了详细地考证。尽管包括著名的量子哲学家雅默在内的很多学者，都在使用哥本哈根学派这一称谓，但是实际上，哥本哈根学派顶多算"以玻尔为首的一个集体，只是一个松散的组织，一种自由的结合"，严格来说并不满足学派的一般定义。另外，虽然海森堡、冯·诺依曼等人都表示支持玻尔的解释，但是仔细分析，他们的观点又不尽相同，对于一些基本问题他们都有自己的看法，并没有形成完全一致的结论。另外，同时代的包括爱因斯坦在内的很多物理学家，很少有人认同互补性原理。而且，随着量子力学的应用进一步深入到宇宙学、量子引力等其他领域，在新的问题面前，互补性原理作为一个僵化的哲学原理显得越来越力不从心，难以适应新的变化。

3.3　相对态解释的提出

　　从 1954 年进入物理系，埃弗雷特的科学生涯才真正开始，在 24 岁毕业时，他对量子力学已经有了长时间的深入思考。埃弗雷特曾在一次毕业聚会上和玻尔的助手得力彼得森(Petersen)进行细致探讨，表达了他对量子力学的长期思考和不同于哥本哈根解释的见解，这次谈话对其后来的工作影响深远。

　　1955 年夏天，埃弗雷特完成了长达 137 页的《宇宙波函数理论》(*The Theory of the Universal Wave Function*)手稿，这份手稿凝集了他对量子力学的长期思考的成果。同年 9 月，埃弗雷特将两篇论文："相互关系的定量测量"(*Quantitative Measure of Correlation*)和"波动力学中的概率问题"(*Probability in Wave Mechanics*)交给其导师惠勒。惠勒给出的评价是第一篇可以直接发表，但是在第二篇中涉及的"观测者在测量过程中的分裂"等描述时，建议更换"分裂"一词；对于埃弗雷特的"有记忆的阿米巴变形虫"[①]的比喻的批注则是"迷惑读者的诡辩"[②]。

　　埃弗雷特的工作是非常重要的，惠勒深知这一点，但是他同样明白直接挑战学术权威的危险。惠勒曾在多种场合数次强调埃弗雷特的工作是对哥本哈根解释的补充，并非反叛，并努力使埃弗雷特明白要想得到学界的认同就必须做出必要的让步。埃弗雷特虽然做出了一些退让，但是显然他并不十分明白导师的良苦用心，内心始终坚持对哥本哈根解释的怀疑，后在与德维特的通信中仍明确表达过这种质疑。

　　根据量子力学理论，粒子以叠加态的形式存在。但是，想要通过测量仪器测量到这种叠加状态是不可行的。在测量过程中，一旦测量，系统就会坍缩为叠加态中一个确定的态，观测者只能得到其中一个确定的结果，这难以证明量子理论预言的叠加态。更加难以

---

　　① Hugh Everett. The Amoeba Metaphor[DB/OL]. [2019-12-8]. http://www.stealthskater.com/Documents/MWI_02.pdf 2018-10-30.

　　② Eugene Shikhovtsev. Biographical Sketch of Hugh Everett. III. [DB/OL]. [2019-12-8]. http://space.mit.edu/home/tegmark/everett/.

令人信服的是，在宏观世界中人们也仅仅能够观测到一个确定的状态，无法观测到有叠加态的存在，人们观测到的宏观世界与理论预言的量子世界相矛盾。薛定谔方程能够准确地描述量子系统波函数随时间的确定性演化，不同的时间对应于不同的波函数量子态，演化过程本身是决定性，且在时间上是可逆的。但是测量过程中，理论上可以存在且必须存在的叠加态却坍缩为其中的一个态，打破了波函数演化过程在时间上的可逆性以及数学上的连续性。这就是著名的测量难题。哥本哈根解释对于测量难题的处理是：一是宏观系统与微观系统有其各自内在的理论、定律，二者依据不同的规律存在和运转，天然分离，不要试图用同一种理论精确地描述宏观与微观世界；二是不必关注对坍缩问题的本质做过多解释，只需给出观测后叠加态坍缩为某一确定状态的概率解释即可。

20 世纪 30 年代之后，哥本哈根解释一直维持着其学术权威。50 年代开始，这种状况逐渐发生转变。爱因斯坦在二三十年代对于哥本哈根解释的质疑逐渐受到了哲学家们广泛的关注。1952 年，美国物理学家玻姆提出隐变量理论，轰动物理学界，对哥本哈根解释造成了极大的冲击。更重要的是，在 50 年代，物理学家开始关注宇宙学和广义相对论的问题，他们希望用量子力学来解决引力问题，但是互补性原理并不能解决这些问题。[①] 尽管针对每个挑战者，哥本哈根学派都做了有力的回应，但是受到的多次质疑和挑战使哥本哈根解释作为正统解释的地位已经被大大地被削弱，物理学界需重新思考测量难题。

20 世纪 50 年代，普林斯顿大学在物理学领域享有盛誉，许多著名的物理学家曾经在这里驻足，培养出许多优秀的物理学人才，学者们对量子力学的研究与讨论也是如火如荼，这些对埃弗雷特的学术事业产生了积极的导向作用。1933 年离开德国后爱因斯坦便定居在美国普林斯顿，他曾在 1954 年做过关于量子力学悖论的演讲，并强调："我不相信仅仅观测者一个简单的行为就使观测结果发生剧烈改变。"[②] 爱因斯坦也经常邀请惠勒及其他关注量子力学的学生们到家里，共同讨论物理学前沿问题。冯·诺依曼作为量子力学理论重要的开创者之一，和玻姆一样也曾在这段时间在普林斯顿担任教职，他们各自编写的经典量子力学教科书是埃弗雷特关于量子问题思考的主要来源。

1957 年 3 月，埃弗雷特最终完成其 36 页的博士论文，在惠勒的建议下经过大量地删减和修改，终稿仅留下原文的三分之一。同年 4 月，埃弗雷特正式向答辩组提交其博士论文，23 日顺利通过口头答辩。1957 年 7 月，埃弗雷特的论文"量子力学的相对态解释"（*Relative State Formulation of Quantum Mechanics*）发表在了《现代物理学评论》上。埃弗雷特将宏观和微观的世界相结合重新思考测量难题。他将宏观的物体也纳入到量子体系中，将被观测系统、观测工具和观测者作为一个整体的量子系统。在这个系统中，波函数线性演化不需要坍缩，避免了测量难题。在不引入坍缩假设的前提下，观测者的每一次测量不会导致波函数的坍缩，测量后波函数的所有分支依旧存在，叠加态产生的每一个分支态依旧真实地存在。根据薛定谔方程的数学形式，测量后的叠加态的每个分支不会与其他分支产生交叉，每种可能的世界各自独立地存在，不会产生任何相互作用。埃弗雷特认为每一次观测后世界发生的分支都是同样实在的存在，且每个分支只能感觉到该世界中的结

① 贺天平，乔笑斐. 埃弗雷特——量子力学多世界解释的缔造者[J]. 山西大学学报（哲学社会科学版），2014(1)：115-122.

② 乔笑斐. 量子力学多世界解释的实在性探析[D]. 太原：山西大学，2014：8.

果，这就是他的"相对态解释"。

当时德维特是现代物理评论的主要编辑之一，他对埃弗雷特论文的长达8页的评论表明：他同意埃弗雷特的数学结构及波函数线性演化的假设，却不能完全接受可能产生的无数的彼此独立演化的分支世界，他认为这与其说是物理理论倒不如说是形而上学（后来，德维特的思想发生了极大的反转，他不光全部接受了这些内容，而且还成为了多世界解释坚定的支持者）。虽然埃弗雷特对德维特的质疑并不是完全认同，却还是为能有这样一位学术权威关注到他的理论感到高兴，并在后来的通信中对这些质疑给出了一些解释。

埃弗雷特并不是首先站出来质疑哥本哈根解释的，更不是唯一一个，但是他在薛定谔方程的基础上为其相对态解释建构出了严密的数学结构和逻辑体系，新颖奇特，对后续发展具有重要的启示。然而，在他的假设之下，必然会出现平行宇宙的推论，这也成为其理论在发展之初遭受质疑的重要原因之一。

埃弗雷特的论文在发表后就悄无声息了，学界很少有人再提起，甚至包括其导师惠勒。在长达十几年的沉寂之后，埃弗雷特的理论被重新发现，1973年德维特及其学生内尔·格雷汉姆将埃弗雷特的《宇宙波函数理论》整理出版，并大力宣传。马克斯·雅默（Max Jammer）在其著作《量子力学的哲学》中将埃弗雷特理论称为"20世纪保守最好的秘密之一"[1]。

3.4 埃弗雷特对正统解释的质疑

埃弗雷特在他的博士论文开篇，首先指出"我们选择了一个量子力学的解释（主要指冯·诺依曼的解释）来开始我们的主题，尽管并不是唯一的解释[2]，但是它是教科书和大学课堂上最常使用的形式"。[3] 埃弗雷特在冯·诺依曼形式体系的基础上来阐述他自己的理论，他抓住了最为关键的测量问题作为核心议题。大体来看，埃弗雷特的目的非常明确，他试图构建一个统一，连续演化的量子力学形式，将非连续的坍缩动力学从冯·诺依曼和狄拉克的标准形式中排除，最终从新的理论解释中，也可以推导出和标准理论相一致的宏观世界的经验表象和数学上的概率描述，使标准的量子力学形式得以扩展，避免在对测量过程进行解释时遇到的困难。其中，观测者本身也被作为一个物理系统，作为一个物理学变量引入到波动力学方程中。在表述自己的观点之前，他首先指出了正统解释中的几个主要矛盾，并在此基础上给出了自己的解答。在埃弗雷特看来，正统解释的核心矛盾集中于测量问题的理解上，主要包括以下两个方面。

3.4.1 对测量过程中两类演化的质疑

冯·诺依曼的解释认为，波函数可以为系统提供客观和完备的描述，并且随着时间的

---

① 雅默. 量子力学的哲学[M]. 秦克诚, 译. 北京：商务印书馆, 1989：597.

② 这里埃弗雷特主要指的是隐变量解释，后文埃弗雷特在批判玻尔的解释时，也对隐变量解释进行了质疑。

③ Hugh Everett. The Theory of the Universal Wave Function[M]// R. Neill Graham, Bryce Seligman DeWitt (Eds.). The Many-worlds Interpretation of Quantum Mechanics. Princeton：Princeton University Press, 1973：3.

演化存在两类完全不同的动力学过程：

过程一，在测量之后，波函数经历了非连续的，随机的跃变，用投影假设进行描述；

过程二，在未测量之前，波函数连续地，决定性地演化，用线性的薛定谔方程进行描述。

这两种不同的动力学过程描述了两种完全不同的演化过程，无法用一种统一的形式来描述。我们必须对被测物体和观测仪器给出明确的区分，因为二者本质上是两个完全不同的系统。过程二只描述被测系统的未观测状态，不需要测量仪器的介入；而过程一则是在测量仪器介入之后才发生的。这样看来，量子力学并不能对测量的整个过程给出完备而一致性的描述，而是仅仅将其分解为两个不同的过程分别给出了描述。但是，假如不对两个过程进行区分，"如果将观测者和客观系统仪器的组合看作一个大的物理系统，一致性问题就会出现，确实，假如我们允许多个观测者存在，这个情形就会变得更加棘手"①。

为了更为清楚地揭示正统解释描述中关于测量解释的矛盾，埃弗雷特引用了维格纳朋友的例子(Wigner's-friend-type)。维格纳的朋友是在薛定谔猫的基础上假想的另一个思想实验。假设我们在做薛定谔猫的实验时，维格纳的一个好友穿着防护服也进入了盒子，这样好友就可以在不受伤害的情况下，观测到猫的状态，而维格纳本人则站在盒子外面。如果按照薛定谔的描述，是盒子外的维格纳打开盒子之后，猫的状态才坍缩的，之前一直处于叠加态。而在盒子里的朋友看来，不需要打开就已经看到了坍缩。用符号来表述此过程，设观测者 A 测量系统 S 的状态，接着 A+S 的组合系统又被另一个观测者 B 测量。如果用正统解释的描述，A 在对 S 进行测量时，波函数发生了坍缩，而在用 B 进行观测时，A+S 就应该又发生一次坍缩。而事实上 B 只是重复了 A 的结果，B 的介入似乎变得没有意义。既然这样，就否认了 B 可以对 A+S 进行描述，而这又似乎与薛定谔猫的表述矛盾，因为在薛定谔猫的实验中坍缩是发生在打开箱子之后的。这样的话，维格纳朋友中对测量发生时间的描述就和薛定谔猫的实验中测量发生的时间相矛盾。因此，正统解释中对观测行为的描述太过粗糙，我们必须补充一些关于观测者或者测量仪器的描述，而且还必须有一个标准来精确地告诉我们什么样的系统拥有观测的优先地位，这样的标准在正统解释中完全没有更详细的描述。

在维格纳的朋友的方案中，用正统解释的描述会引起矛盾。如果用 B 来对 A+S 进行描述，并假设一个波函数 Ψ^{A+S} 代表了 A+S 系统的状态，只要 B 不打开箱子，不对 A+S 系统进行相互作用，那么 A+S 系统由于没有观测者介入，应该按照过程二连续地演化。因此，从 B 的角度看，过程一并没有发生，A+S 系统应当一直按照过程二连续地演化，但是从 A 的视角看，在 A 对 S 进行测量时过程一（坍缩）已经发生。在用同一种正统解释进行描述时，A 和 B 得出了完全不同的结论。所以结论是，正统解释关于测量的描述有着内在的矛盾，并不是完备的，要么描述 A 的过程一并不正确，要么 B 的态函数可以对 A+S 进行充分地描述。②

① Jeffrey Alan Barrett. The Quantum Mechanics of Minds and Worlds[M]. New York：Oxford UP，1999：57.

② Hugh Everett. The Theory of the Universal Wave Function[M]//R. Neill Graham，Bryce Seligman DeWitt (Eds.). The Many-worlds Interpretation of Quantum Mechanics. Princeton：Princeton University Press，1973：4.

3.4.2   对坍缩假设的质疑

埃弗雷特认为标准形式中一个核心假设就是"态矢量反映物理系统的状态",在此假设下,冯·诺依曼认为观测过程可以视为一个客观物理过程。其中,被测系统状态经历了一个非因果的跃变(从叠加态到某一特殊的可观测值),而这个非因果过程,无法给出实在的因果描述,而只能用玻恩规则给出一个概率描述。这种处理方式所描述的测量过程与经典物理学中对测量的理解非常不同。并且正统解释将此归结为量子现象本质上的非决定性,此性质决定了测量过程本质上的"不可描述性"。投影假设,不是一种数学技巧,而是反映了量子实在的实在描述。但是,埃弗雷特对于正统解释的这种理解表示十分不满。首先,他认为投影假设并不是来自解释中的有机组成部分,而是一个临时添加的特设性假设,其目的是为了解释理想条件下的测量过程,但不适用于现实情形。而且其本身具有太多人为的成分,相比于连续演化的系统,投影假设更像一个魔法般的过程,突然改变了系统的动力学,且无任何进一步地关于其产生原因的解释。另外,投影假设也未对测量过程本身给出合理的说明,只是简单地将其解释为被测系统和仪器之间的相互作用,很多人认为出于对量子论进行公理化的需要,应当将测量视为一个原始的概念,作为公理化的基本假定。只需要基于此推导出后续的结构形式,而不需要对其给出进一步说明,对此后文会进行陈述。最后,在投影假设中,观测者的介入成为了一个必要部分,无法消除,否则测量无法进行。因此说观测者的介入似乎"决定"了测量过程中动力学的变化。在"维格纳的朋友"讨论中,将此过程看作一个主观化的过程,并认为最终仅是一个观测者对测量过程负责。埃弗雷特意识到标准的量子力学形式仅适用于存在额外观测者的系统,"不同的观测结果的概率只能通过过程一来描述,没有过程一就不能解释测量结果,但是在没有外在观测者的系统中过程一就不能进行"。[①]

另外,埃弗雷特认为测量问题与标准坍缩理论所面临的问题是紧密相关的,标准理论不能解释近似测量。当仪器和观测者的相互作用很弱的情况下,如何应用过程一和过程二。一个令人满意的近似测量理论必须指出特定的测量仪器,并且告诉我们客观系统的一些新的状态。然而不可能所有的近似测量都能使用冯·诺依曼的方法解决。[②]

此外,还存在一个问题,如何使得量子论和相对论相协调。"将当前的量子力学形式和解释应用于时空的几何结构时,广义相对论在量子化过程中产生了一个严重的问题。该论文试图澄清量子力学的基本问题,对传统的量子形式进行了重新的修正,从而适用于广义相对论"。[③] 他的目的是要对量子力学再形式化,使其应用于广义相对论,使得量子力学的形式可以应用到整个宇宙,而标准的冯·诺依曼形式在描述上文所讲的包括多个观测者的孤立系统时是不适用的。

最后,埃弗雷特得出结论:"很明显,在考虑多个观测者的情形下,传统的量子力学

① Hugh Everett. On the Foundations of Quantum Mechanics[D]. Princeton：Princeton University，1957：8.

② Hugh Everett. On the Foundations of Quantum Mechanics[D]. Princeton：Princeton University，1957：6-7.

③ Hugh Everett. "Relative State" Formulation of Quantum Mechanics[J]. Reviews of Modern Physics，1957，29：454.

解释是站不住脚的。我们必须寻找一个合理的修正计划或者一个完全不一样的解释体系"。① 埃弗雷特希望量子力学形式可以完备而精确地描述所有的物理系统,不论是开放系统还是封闭系统。这样一个理论可以对整个宇宙包括观测者在内的所有事物提供完备而精确的量子化描述。埃弗雷特没有像传统解释中那样,仅仅对被测系统进行描述,而是将观测者十客观系统看作一个整体,作为一个大的孤立系统来考虑。"随着时间的演化,整个系统的状态可以完全用过程二来描述吗? 如果是这样,将不存在非连续的、概率演化的过程,过程一也不会发生。如果不是,我们不得不接受,包含观测者的量子力学描述和其他的物理描述有着本质的不同"。② 如果量子力学同时包括两个过程,那么波函数就存在两类完全不同的演化过程,无法用统一的方程进行描述,在逻辑上就是不连贯的;如果只坚持波函数在薛定谔方程中的线性演化,在经验上也是不完整的,因为它并没有告诉我们在观测过程中发生了什么。

3.5　埃弗雷特对正统解释的评价

在完整版论文中,对于一个封闭的量子系统,埃弗雷特认为大概有五种可能的方式来进行解释。

选择一,像标准的坍缩理论那样假设是观测行为本身引起了坍缩。这是一种非常唯我论的观点,我们必须假设整个宇宙中仅仅存在一个有效的观测者,宇宙中的一切都一直按照过程二连续地演化,直到被观测行为打破。埃弗雷特说,这个观点是连贯的,但是却完全无法令人满意。难道在写量子力学教科书的时候,为了描述过程一,还得假设一个特殊的观测者的经验对其他人来说并不适用? 另外,该解释对于坍缩到底如何发生也没说清楚,观测者具体是如何介入到测量过程之中的? 它发生在视网膜和测量仪器接触的时候? 还是发生在大脑意识过程中? 特殊观测者的经验和"维格纳的朋友"的经验有什么不同?

选择二,限制量子力学的应用范围,使其仅适用于微观领域,而不适用于观测者、测量仪器等宏观尺寸的物体。而在做出这样的限制时,必须对微观和宏观的界限给出合理的说明,在多大的尺度、多少个粒子组成的物体,量子描述才会失效? 另外还需要在人类观测者和机器观测之间做出划分。假设所有机器观测都服从相同的规律,但是却又不能完全适用于活的观测者,埃弗雷特认为对于有感觉的观测者给予特殊地位的做法是不可取的,且违反了冯·诺依曼的身心平行主义(psycho-physics parallelism)。"身心平行主义是一个科学的观点的基本要求——所谓的身心平行主义是指——可以像描述物理世界的实在那样去描述超物理的主观感觉,并假设(心理过程)与客观物理环境过程是部分等价的"。③ 身心

① Hugh Everett. The Theory of the Universal Wave Function[M]//R. Neill Graham, Bryce Seligman DeWitt (Eds.). The Many-worlds Interpretation of Quantum Mechanics. Princeton: Princeton University Press, 1973: 6.

② Hugh Everett. On the Foundations of Quantum Mechanics[D]. Princeton: Princeton University, 1957: 6.

③ John von Neumann. Mathematical Foundation of Quantun Machnics[M]. Princeton: Princeton University Press, 1955: 418.

平行主义认为，心灵、大脑和机器记录仪一样，只是客观反映其看到的结果，并不对外在的客观物质施加决定性的影响。同时埃弗雷特也反对维格纳将人的意识引入量子描述之中："对于人类观测者或是机器测量计数，假设所有仪器都服从同样的定律，但他们（维格纳）假设有意识的人具有更特别的地位，这违反了身心平行原则。在此原则下，可设想一个自动控制装置（与人类观测者一样），也可称之为观测者"。[①]

冯·诺依曼的身心平行原则认为，主观意识过程本质上也是一个物理过程，不存在超物理的特殊演变过程。埃弗雷特的解释中，形式体系中的观测者应和一个普通的记录机器一样，其功能仅在于测量实验结果，记录并存储结果数据。尽管冯·诺依曼用身心平行原则解释坍缩过程是一个客观的动力学过程，但埃弗雷特认为坍缩解释仍有问题。一个完备的坍缩理论应当对测量过程从发生到结果整个过程给予详细的，原理性的说明，特别是怎样的过程使量子态从叠加态变为仅一个状态存在（此过程中退相干效应起根本作用，后文详述）。

选择三，承认态函数描述的有效性，但是否认观测者 B 可以获知 A＋S 的组合方程，因为 A 作为观测者的介入会终止波函数的连续演化，最后只会得到一个局域的，确定的状态而非全域的叠加态。

对此，埃弗雷特提出了两点反对：首先，不论 A＋S 的状态是什么，对其本征态的描述，原则上是一个完备的对易算符集，至少这些量既不会对所处的态产生影响，也不会干扰 A 的操作。在理论中并没有对态函数的描述做出限制，为避免矛盾而做的种种限制都需要一些额外的假设。其次，不论 B 是否精确地了解 A＋S 的状态，他只要相信态函数可以对系统进行描述，那么他也一定会相信态函数是决定性演化的，因此对 A 来说也就不存在概率性的描述。

选择四，放弃态函数可对系统提供完备描述的观点。态函数不是对孤立系统的描述，而是对全体系统的描述，由于态函数无法提供完备的描述，必须引入其他假设，因此，概率预言可以很自然地从描述的不完备假设中推出。A 可以测量并得到一个确定结果，B 同样用态函数也能提供一个正确、不完备的 A＋S 的描述。通过引入一些新的补充变量，我们最终得到一个关于量子力学的决定性的理论，其中概率来源于我们忽略了一些额外的变量，假如将一些变量（隐变量）补充到方程中便可提供完备描述。在长论文中，埃弗雷特专门评论了隐变量理论。

在玻姆的理论中，每个粒子总是有确定的位置，并伴随有连续的，确定的轨道，波函数总是线性地，决定性地演化，一个 N 粒子系统，用了 N 维空间表示（每个粒子三维）。粒子的运动被看作点粒子在波函数支配下运动。埃弗雷特认为此观点有点太简单化了，如果假设 Ψ 是真实的场，那么粒子就是多余的，在解释上只假设纯波函数本身存在就可以了。换言之，埃弗雷特认为他可以单从波函数出发，来解释我们的经验，这样隐变量中关于粒子位置的解释就是不必要的，当然，前提是埃弗雷特确实可以单从波函数出发对整个量子力学形式给出完美的解释。

---

① Hugh Everett. The Theory of the Universal Wave Function[M]//R. Neill Graham，Bryce Seligman DeWitt (Eds.). The Many-worlds Interpretation of Quantum Mechanics. Princeton：Princeton University Press，1973：6-7.

选择五，埃弗雷特自己的方案。假设"量子描述的普遍有效性，完全放弃过程一。纯波动力学是普遍有效的，不需要任何统计断言，可假设所有的物理系统，包括观测者、测量仪器和观测过程都可用组合系统波函数进行完备地描述，观测者和客体系统，一直按照连续的波函数方程进行演化（过程二）"①。量子态被认为对整个宇宙的状态提供了完备而精确的描述，决定性的线性动力学方程为这个状态的时间演化提供了完备而精确的描述。

尽管这几个选择只是部分的解决方案，但是基本反映了埃弗雷特的基本出发点。他事实上已经基本放弃了玻尔、冯·诺依曼、玻姆等人的观点，并从波函数的完备性假设出发推出了他的相对态解释。埃弗雷特认为这个方案相比于其他解释有很多优点。他的假设在逻辑上是简洁的，可适用于整个宇宙，所有的物理学过程描述都是一致的，特别是在测量中不存在两种不同的动力学过程，只有过程二存在，观测者在理论中也不会扮演任何角色，因此，身心平行原则也自然地被满足。进一步地，还可以将整个宇宙的波函数看成基本的物理学实体，埃弗雷特称此理论为宇宙波函数理论，因为所有的物理学过程都可以单独从宇宙波函数中推出。②

埃弗雷特认为，他的观点和薛定谔的观点非常类似，只有将观测过程本身也作为理论的一部分才有意义，埃弗雷特想要指出的是在纯波动力学的解释中，观测者得到的非连续的、随机的、非确定性的性质仅仅是一个错觉。薛定谔一开始就发现波函数坍缩的方式是无法令人信服的，他也认为线性的波函数可以对世界状态的时间演化给出完备的描述。他认为波函数可以给出一种类似于物质分布的描述，波函数不仅仅只是用于计算的数学符号，而是一种真实的物理场，是比粒子更加基本的对实在的描述。他相信物理学更深层的实在是一种波动，对量子力学本质而言是一种波动理论。起初，他把波函数理解为一种类似于电磁波的振动，"包括电子轨道实在性等很多东西都可以归因于它（波函数）"。③ 他没有把电子看作一个粒子，而是一个波动场的集合，当一系列不同频率的波互相干涉叠加，会在一个很小的区域形成一个波峰的极值，这种叠加被称为波包。因为振幅的平方表示位置函数中场的强度，波包的运动看起来就像一个粒子的运动。但是这种解释并不能令人满意，洛伦兹曾指出，一个波只会持续很短一段时间，在一个狭窄的空间区域中，波包会迅速扩散为更为平均的分布，而电子显然不会扩散。另外，薛定谔还评论了埃弗雷特的观点，"量子论中每一个预言都是概率性的，或者有很多可能性的结果会发生。这种观点（埃弗雷特的观点）认为不是可能发生，而是所有的可能都是实实在在的，所有的可能同时发生是很疯狂的。照此观点，几分钟过后，我们会发现我们很快陷入沼泽之中，世界会变得模糊，我们自己也很快变为一堆果冻鱼（水母）。这种想法确实非常奇怪。据我理解，按照

① Hugh Everett. The Theory of the Universal Wave Function[M]//R. Neill Graham，Bryce Seligman DeWitt (Eds.). The Many-worlds Interpretation of Quantum Mechanics. Princeton：Princeton University Press，1973：8.

② Hugh Everett. The Theory of the Universal Wave Function[M]//R. Neill Graham，Bryce Seligman DeWitt (Eds.). The Many-worlds Interpretation of Quantum Mechanics. Princeton：Princeton University Press，1973：9.

③ Erwin Schrödinger. Quantisierung als Eigenwertproblem（Erste Mitteilung）[J]. Annalen der Physik，1926，79：361-376.

他的推理，世界就会变成这个样子"。[1]

　　本章对埃弗雷特解释提出的历史背景、提出过程给出了详细描述。特别是我们要意识到整个物理学界的科学家大都持实用主义的立场，他们并不关心量子力学解释的问题。正统解释确实解释了很多量子力学中的现象，但是其解释的根基是不牢靠的。埃弗雷特对此给出了详细的分析，为后来相对态解释的提出提供了基础。

① Erwin Schrödinger. The Interpretation of Quantum Mechanics: Dublin Seminars(1949—1955) and Other Un-published Essays[M]. Connecticut: Ox Bow Press, 1995: 19.

第 4 章 薛定谔的猫与测量问题

测量问题，也被称为"薛定谔的猫"问题，一直是量子力学的核心问题，也是诸多量子力学解释一直关注的焦点。下面将对量子力学中的测量问题进行深入剖析，分析历史上最重要的几种解决方案，重点对埃弗雷特的解答给出详尽地分析和评述。量子力学是一个极为成功的理论，不光是因为它精确地预言了实验结果，使我们可以深入理解亚原子尺度下物质的基本规律，更因为量子力学的技术应用大大推进了科技的进步和发展，彻底改变了人们的生活。然而，在预言和实践成功背后，在认识论方面，对于该如何理解量子论中最基本的实验现象，玻尔和爱因斯坦展开了激烈的争论，虽然玻尔占了上风，但爱因斯坦依然坚持认为量子论是一个不完备的理论。后来，在玻尔的影响下，大量的科学家都持实用主义的态度，只关注于如何解决实际问题，而非形而上学的探讨。相比于牛顿力学的成功伴随康德哲学的发展，与量子力学相匹配的哲学观念目前仍处于极大的混乱之中，这种混乱集中体现在关于"测量问题"的理解上。

4.1 令人费解的猫

4.1.1 薛定谔的猫

与经典物理学不同，量子力学是在微观层面的研究中建立起来的，而在微观层面，粒子的基本特性是波粒二相性。在宏观层面上，粒子性和波动性是完全不同的特性，几乎是不可能统一的。在这里波函数和传统意义上的场不同，它表示的是一种几率波，代表粒子运动时出现在某一点的几率。比如说一个电子在被电子枪打出后射向屏幕，会产生一个亮点，而用波函数无法计算出电子的准确位置，仅能计算出出现在某点的概率。由于粒子具有波粒二相性，用粒子性来描述，需要用到电荷量、质量、动量的物理量；而在描述其动力学特征时，用两束相干的电子进行双缝干涉实验，表现出了明显的干涉性，必须用薛定谔方程描述。在微观领域，像在经典的牛顿力学中那样，动力学上准确预言粒子的运动轨迹已经不可能，必须换成概率的方式来计算和描述。

量子力学中描述的概率与经典物理学中的几率是完全不同的概念。在经典物理学中，概率之所以会出现是在考虑了所有不确定因素的干扰下，几种结果的随机分布。比如，投一枚硬币，在统计足够多次数之后，正反出现的结果概率是一样的，都是二分之一。之所以如此，是由于硬币从投出去到落地，中间经历的过程中有太多的因素会影响最终结果。但是，如果能精确地设定投出的力度、角度或者对硬币做特殊处理如加重某一面的重量，就可以消除不确定的影响，将概率还原为可控，得出确定的结果。而在量子力学中概率几乎可以说是天然存在的，概率描述本身就是量子描述的一种特性，不论怎样精确地设计实验，怎样提高实验精度都是不可能消除的，始终服从薛定谔方程计算的概率分布。

在测量过程中，测量行为本身使粒子在测量前后的状态产生了分离。在未测量前粒子处于叠加态，是几种可能状态的混合，而在测量后叠加态便会坍缩到某一个态上，而坍缩到每个态上的概率可以用玻恩规则进行描述和预测。这就是著名的测量难题。

从经典物理学的角度看，测量仅仅是一种手段，是不会对被测系统本身的客观性质造成影响的，更不会打破物体的动力学规律，在测量前后出现明显差别，理论上可以通过不断地改进实验模型、变换技术手段等技巧性的设计来提高实验精度，使实验结果基本可以控制在误差范围之内。测量的结果被假定为客观的存在，在测量前就已经拥有一个数值，仅仅通过实验的方法将这个结果揭示出来。如果因为观测者行为的主观介入而使结果发生改变，那么测量行为本身便失去了价值，没有任何意义。

但是，在量子力学中，对系统的"干扰"几乎是完全不可避免的。在未经测量前的微观系统都处于多个状态叠加在一起的叠加态，这是微观粒子普遍具有的性质。而一旦测量行为发生，根据退相干理论的解释，微观粒子的相关性会借助仪器互相产生关联和纠缠，并发生退相干，粒子便失去了相干性，失去了它的量子特性，宏观上表现为只能最终测出一个数值。

量子力学中发现的这些新的特性，对经典的测量观造成了极大的挑战。在量子力学中，微观系统中演化的动力学，是通过态函数随时间变化用概率表现出来，不再是用方程直接给出。几率描述成为量子系统的基本特征，理论值不再是确定无疑，只能给出统计性的几率描述，必须经过测量后才能确定数值。这种本质上不可解释的概率特性给经典的实在观造成了极大的冲击。

量子力学的测量难题给物理学家们造成了极大的困惑，人们必须重新思考观测者与测量之间的关系，也就是说，在波函数坍缩的假设中，应当如何看待观测者在测量中的地位。难道人为的主观介入在量子测量中具有决定性的作用？对此，著名的"薛定谔猫"思想实验，一经提出便引发了物理学界激烈的讨论。

1935年，薛定谔认真反思了坍缩带来的悖论，并提出了他的"薛定谔猫"假想实验[①]。假设在密闭的黑箱中有一只猫，一个放有毒气的瓶子连接到一个放射性的装置上。如果放射源被激发，就会放出粒子，从而打开毒气开关，放出毒气，猫死。如果放射源不激发，则什么也不会发生，毒气也不会被放出，猫活。而放射源被激发的概率为50%，而根据量子力学的描述，未观测前粒子的状态是不确定的，处于基态和激发态并存的叠加状态，连接到宏观上猫的状态，对应的猫也应该处于"死"和"活"的叠加。猫怎么能既活又死呢，这个和我们的经验常识严重的冲突。更离奇的是，我们不去打开箱子观察时，猫处于既活又死的未确定状态，而一旦我们打开箱子，强制进行观测，这时叠加状态的粒子被迫做出选择，必须在激发和不激发之间作出选择，最后猫要么死要么活，只能是一个状态。

原子是如何感知人的观测的呢？从观测行为的结果上看，似乎是人的观测改变了原子的状态，人的行为决定了这一切。这样，人的观测行为本身将主观因素引入了系统，看起来猫的死活不取决于打开前原子的客观状态，而是决定于打开盖子的瞬间。难道被测粒子

① Schrodinger. Disscussion of Probability Relation Between Separted System[J]. Mathematical Proceeedings of the Cambridge. Philsophical Socirty, 1995, 31(4): 555-563.

的物理性质是由观察者,由人的主观介入决定的吗?

在经典物理学中,人们观测到的物理量,都是物理系统本身的特性直接测量后得到的,观测时主体和客体是完全分离的,主体不对客体造成任何影响,只是扮演一个记录者的角色而不是参与者。而在量子力学中,通过薛定谔方程并不能给出确定的结果,而是只给出测量结果的概率分布。一次测量之后,主观和客观一起作用,最后才产生结果,客观不再是绝对,主客关系的界限开始变得模糊不清。"量子力学的建立使我们付出了巨大的代价,我们不得不放弃对物理现象的客观处理"①。

对此,以玻尔为代表的哥本哈根学派为了解决这些矛盾,一方面,提出了互补性原理,构建了强大的哲学体系,承认观测者的特殊地位;另一方面,对宏观客体和微观客体做出了限定,认为量子力学仅适用于微观,不适用于宏观。

在正统解释中,通过以下两个原则来对测量进行描述②:

(1)测量法则:可观测量由自伴算符表示,可能的观测结果是相应算符的本征值,测量结果则由概率波函数给出;

(2)投影假设:在不测量时,系统按照薛定谔方程统一地、决定性地演化;而在测量之后,系统随机地演化,态矢投影(坍缩)至相应结果的本征空间。

从上述两个原则的描述中可以看出,测量问题的核心在于,在描述量子测量时投影假设描述了两种完全不同的过程。测量问题大致有两种表述方式:一种是彭罗斯的 U 过程和 R 过程描述③,幺正的、确定性演化的 U 过程与测量后坍缩的 R 过程,本质上是矛盾的。在 U 过程中,粒子的状态可以用态矢量 $|\psi\rangle$ 进行描述,并按照薛定谔方程连续地演化;而在 R 过程中,粒子的状态 $|\psi\rangle$ 随机地跳变到一个状态。虽然我们可以通过玻恩规则计算出不同结果出现的概率,但是却不知道 R 过程是如何发生的,测量究竟起到了什么样的作用。关于测量问题另一种表述方式是叠加态描述。正如在"薛定谔的猫"思想实验中描述的,一个微观粒子的叠加状态可以通过一套装置放大到宏观尺度上,χ 代表猫活,φ 代表猫死。猫的状态可表示为 $\psi = \alpha\chi + \beta\varphi (|\alpha|^2 + |\beta|^2 = 1)$,所以按照量子力学的描述,猫的状态应该处于一种既不是死也不是活的叠加态,而实际中我们只能观察到要么死,要么活其中一个状态。因此直观上看,量子力学的描述与我们实际观测到的现象是互相冲突的。

测量前和测量后用两种完全不同的动力学进行描述,本质上是将测量作为一个基础性术语,无法对其本质给出进一步地解释和说明。这种处理在概念上是无法令人满意的。一方面,测量作为一个核心概念,强行插入到理论描述中,似乎是测量行为本身引起了坍缩。另一方面,公理中却并没有写明怎样才能忽略掉测量作用,客观地得到结果。在经典力学中,测量的概念完全不存在于理论描述中,仪器只是客观地记录实验结果,没有任何特殊的作用。因此,在经典概念框架下去理解,量子演化所遵循的原则也不应依赖于是否测量,毕竟整个宇宙在人不存在时就已经客观地存在上亿年,不论人是否测量,宏观世界都一直客观地存在着。

①　关洪. 科学名著赏析:物理卷[M]. 太原:山西科学技术出版社,2006:247.

②　David Wallace. Decoherence and Its Role in the Modern Measurement Problem[J]. Philosophical Transactions of the Royal Society,2012,370:4576-4593.

③　罗杰·彭罗斯. 通往实在之路[M]. 王文浩,译. 长沙:湖南科学技术出版社,2008:560.

进一步讲，哪怕测量作为一个基础性概念，一定要出现在公理中，那么作为公理的测量和作为实际的测量应当是对等的。但在实际中却并非如此，这两种对于测量的描述方式不光存在明显的不一致，而且各自都有很多问题。作为公理的测量告诉我们：测量后系统的量子态为可观测量的本征态，且本征值代表了测量结果。但是人们会提出很多疑问："什么算作一次测量？""为什么要引入一个公理化的物理过程？""什么使得量子态坍缩？"诸如此类。而在实际测量时，玻尔等人将测量简单理解为相互作用，是外界环境对系统不可避免的干扰。被测系统会和仪器和周围环境形成一个组合系统，系统进入纠缠状态，不再拥有自己的量子态，而纠缠态无法表示任何特定的测量结果。退相干理论考虑了外在环境自由度对系统的影响，那么这种相互作用产生的机制是什么？总之，作为公理的测量无法对实际的测量过程给出充分地描述，而只是人为地划分出两类不同的过程。测量问题出现的根源就在于：无法在形式体系中对测量过程给出完备的定义和描述。

4.1.2 测量问题是一个伪问题吗

为了回答这个问题，需要对测量问题进一步分解，分为两类不同的测量问题：大测量问题（Big measurement）和小测量问题（Small measurement）。大体来讲，大测量问题解释在一次实验中，为什么只出现某一个特定结果而不是其他可能结果。小测量问题解释在具体测量过程中，实质性的测量相互作用在哪里出现，什么使一次观测最终成为测量，如何对测量过程进行描述。[1]

大测量问题试图解释一个确定的结果为何出现，之所以成为一个问题，是受传统决定论的影响。直接的解决方式，一种是玻姆的隐变量理论，认为粒子的位置一直都是确定的，并在势场的引导下运动，不存在随机的测量结果；另一种是埃弗雷特的解释，认为根本就不存在测量过程，宇宙波函数一直都在连续地演化，因此观测到的某个结果仅仅是一个相对于其他结果的相对态。目前来看，这两种方式都不能令人满意。但其实换一个思路来看，假如接受量子论本质上的概率特性，大测量问题本身就是一个伪问题。而且量子概率也不太可能如统计解释说的那样，还原为经典的统计理论，在经典统计力学中，不同的概率事件是彼此独立的，而量子事件彼此存在相干性。目前，量子力学的非决定性本质已经作为一种常识而被人们所认知，在现有形式框架下试图构建一个可预言的，决定性的理论，以消除量子力学的概率本质，几乎是不可能的。

而小测量问题则是个实践问题，要解决的是在整个观测过程中，一个量子态从被一个原子测量，原子又组成分子……层层传递，直到结果显示在仪表盘上，最后被人意识。在这条测量链条中，实质性的测量究竟出现在哪个环节？难道如玻尔所说，微观和宏观存在一个明显的界限？正如贝尔指出的："量子论有很多含糊的地方，比如坍缩什么时候发生？如何发生？什么是微观？什么是宏观？什么是量子的？什么是经典的？……什么使得一些物理系统去扮演测量者的角色？波函数难道等了上亿年直到一个单细胞生物出现？或者它会等更久，等一个更合格的系统……拥有一个PHD？"[2]对此，传统的主流观点是，任何物

① Maximilian Schlosshauer(Eds). Elegance and Enigma：the Quantum Interviews[M]. Berlin：Springer-Verlag，2011：143.

② John Bell. Against "Measurement"[J]. Physics World，1990，8：33-40.

理学研究，都需要一些基础性的概念，正如牛顿的引力理论在不对超距作用深入解释的前提下，仍然能被很好地使用。在形式体系中，测量作为一个基础性的概念，原则上是无法完备地给出定义的，从实用的角度看，这种处理并没有带来太多问题，但是这种权宜之计不是一个好的科学应坚持的态度。

4.2　测量问题的求解

在具体的实践中，不同解答方案的选择，一个首要前提是判断和衡量目前的量子论形式体系是否完备。认为形式体系已经是完备的，则往往会试图从哲学的角度来对量子论进行重新诠释；而认为形式体系不完备的，其策略往往是试图对量子论进行修正和补充。

4.2.1　几种主流方案

认为形式体系已经是完备的，主要有玻尔的哥本哈根解释和埃弗雷特解释两种方案。此处简单叙述玻尔的论点，埃弗雷特的观点将在后文详细阐述。玻尔的解释代表了当时大部分物理学家的观点。玻尔认为用经典仪器去测量量子客体，引入了一个不可控的相互作用，最后测量所得到的并不是系统本身的性质，而是系统加仪器整个组合系统的性质，因此一个不包括仪器和观测者在内的测量理论是无意义的。但是，玻尔的解释有两个明显的问题：第一，在描述测量过程时，经典和量子有何区别？微观和宏观的界限在哪里？第二，按照玻尔的描述，对实验结果起决定性作用的不是被测系统的客观性质，而是观测者的选择，必须有观测者的介入，才能完成一次测量。玻尔的这种处理方式，使得人们开始将关注的焦点放到了人的意识上，直接导致了诸多分歧的出现。冯·诺依曼也认为，不论我们如何计算，我们必须说，这是被观测者感知到的部分。也就是说，我们必须将世界分成两个部分：被测系统和观测者。[1] 维格纳补充道："只有当我们观测到了最终结果，测量才是完整的。"[2] 更极端的观点甚至认为，是意识导致了波函数的坍缩。总之，他们认为在测量理论中无法消除掉意识，由于意识的主观性和模糊性，建立一个完全客观的、精确的测量理论是不可能的。而很多科学家认为这样的一种形而上学，否定了客体的客观地位，与传统的科学观相对立，给科学的客观性造成了伤害，因此很多解决测量问题的方案都致力于消除观测者的这种优先地位，给出一个客观的描述。

认为形式体系不完备的，试图对量子论进行修正和补充，对测量过程给出动力学的描述，而不是将测量作为一个基础性概念。比较著名的三个方案是隐变量解释、动力学坍缩理论和退相干。

隐变量理论认为量子力学并不完备，需要引入新的物理量（隐变量），从而对量子力学

① John Von Neumann. Mathematische Grundlagen der Quanten-mechanik[M]. Berlin：Springer，1932.

② Eugene Wigner. Interpretation of Quantum Mechanics(1976)[M]//John Archibald Wheeler，Wojciech Hubert Zurek(Eds.). Quantum Theory and Measurement. Princeton：Princeton University Press，1983：260-314.

形式进行补充，从而解释整个测量过程。比较著名的是玻姆的导波理论(pilot-wave theory)[1]。玻姆认为波函数只是对粒子系统做出了部分描述，需要引入粒子的位置这一变量进行补充。粒子在整个测量过程中都以决定论的方式运动，其位置由波函数所描述，与观测者是否介入无关。不过后来贝尔证明了任何一个成功的隐变量理论必然是语境的和非定域的。

动力学坍缩理论认为量子态从叠加态到确定状态的转变，不是一个跃变的而是一个客观的物理过程。在薛定谔方程中，增加一个随机的非线性的项，通常会引入投影假设以从客观上移除宏观叠加态。根据坍缩理论，量子态总能被形式体系解释，量子态一直被薛定谔方程所描述，只有在特殊情形下会被破坏。因此，测量前后服从完全不同的动力学。

退相干在测量过程中起着重要的作用，对于评价不同的量子力学解释具有重要意义。退相干理论的基本观点是，量子系统，特别是宏观的测量仪器，无法脱离周围的环境。在测量时，被测系统会与仪器、环境发生纠缠，得到系统与环境的纠缠态，在退相干的作用下，导致约化密度矩阵，干涉项消失。最后约化密度矩阵的对角元给出了相应的概率分布。实际上退相干和坍缩理论以及隐变量解释有相似的地方。可以认为是叠加态在一个优选的退相干基上坍缩，坍缩的概率由玻恩规则给出；同时也可以将退相干优选基看作一个隐变量。我们对于环境的优选退相干效应只是一个大致粗略的认识，缺乏明确的定义。首先，退相干仅仅是近似地定义相互作用。有时相互作用太弱，以至于实验无法观测，但是并没有消失。其次，被退相干作用选出的基底也是近似给定的，只是出于方便的考虑。基瑞克的预言筛(predictability sieve)也仅能选出一个特定的基，但这种选择也只是出于实用，而非理论的基本特征。最后，在分析整个退相干过程时，需要给定一个希尔伯特空间上的一个特定的分解方式，来区分系统和环境的自由度，不同的方式会产生不同的概率分布。一个精心选择过的分解方式可以得到精度很高的结果。但是，这种选择太过于人为化，而且结果本质上是近似的而非精确的。总之，退相干是一个突现的、高阶的、近似定义的动力学过程，不是一个完备的理论体系，也不可能在本质层面将其并入量子论。

另外，在不同的立场下，对于测量问题又会形成截然不同的态度，出于对量子论不同的理解，在物理学家中分裂出实在论、工具论、唯心论等。持实在论的物理学家又分化出两种不同的观点：一种是以爱因斯坦、玻姆、贝尔等人为代表的，认为物理学的形式体系应当对世界给出客观的描述，而目前的量子力学形式是不完备的，应当引入新的变量，来对已有的形式体系进行修正；或者说量子力学本身不是一个一般性的理论，未来可能需要像相对论取代牛顿力学一样，作为极限情形被一个更加基本的理论所取代。另一派实在论者以埃弗雷特解释的支持者为代表，认为目前量子力学的形式体系已经是完备的，不需要再修正，从波函数的实在性出发即可构筑一个"纯量子力学解释"。

以玻尔为代表的工具论者则认为，形式体系仅仅是我们对实验结果进行预言的工具，量子论是完备的，不需要增加新的形式。实用主义者的观点通常与工具论的观点较为类似，很难区分，但是往往出于不同的动机。实用主义者通常不太关注实在论与工具论的分歧，而只关注于如何有效地解决实际问题。比如在大部分具体应用层面完全可以忽略测

①　David Bohm. A Suggested Interpretation of the Quantum Theory in Terms of "Hidden" Variables[J]. Physics Review，1952，85：166-179.

量问题，而如果要制作量子测量仪器就必须对其进行深入地研究。

唯心论者通常都持一种"心—物"二元论的观点，将精神实体作为独立于物质的实体看待。最极端的唯我论完全否认世界的客观存在，认为只有"我"的意识是可靠的，"我"直接感知到的才是实在的，典型的观点是"我没看月亮时，月亮不存在"。另一种精神类解释——多心灵解释(the many-minds interpretation)[①]相对要温和得多，将意识过程也作为一个独立的变量带入到方程中，将物理态和精神态看作两种不同的动力学过程。总之，唯心论的解释都是将心灵实体的存在作为前提假设考虑，没有坚实的科学基础，后文会进一步对多心灵解释给出阐述，此处暂不展开。

4.2.2　测量问题的当代发展

通过研究测量问题，可以形象地反映出当前科学发展的实际状况，我们的认识论远远落后于科学的发展。哥本哈根解释，又被称为正统解释，已经逐渐式微。吊诡的是，在量子论已经发展了 100 多年后的今天，我们有的还只是一个统一的量子论的形式体系，以及基于其阐述的五花八门的解释，并没有形成一个普遍认同。从量子论，我们可以很好地推出经验预言，但是却得不到一个实在、一致的量子论图景。同时物理学家和哲学家对于测量问题的关注点也不尽相同，物理学家主要关注 POVM(positive operator-valued mensurement)[②]和退相干效应，并在此基础上建立了"新的正统解释"[③]。而哲学家则主要关注埃弗雷特解释，围绕埃弗雷特解释的两个核心问题——优选基问题和概率问题做了大量的工作。下文将对这一趋势进行简要地梳理和概括，后文再详述埃弗雷特的解释。

当代对于量子力学解释的讨论并没有 20 世纪早期那么激烈，很多物理学家将其看作一个物理学问题，而不是哲学问题，没有做过多形而上的解读。不过结合大部分学者对于测量问题的主流态度，著名的量子哲学家华莱士指出，新正统解释可能的候选主要有三种形式：新实用主义、一致性历史解释和操作主义解释。

1. 新实用主义解释

其主要的观点是：一个解释并不需要是完备的，进一步讲甚至解释也是不必要的。几乎没有人认为测量中的两类演化，在测量时波函数发生了坍缩等描述是一个好的理论描述，但是受美国整体社会的实用主义思潮的影响，大部分物理学家更关心的是理论在实践中是否有效，是否能精确地预测实验结果。在此，华莱士之所以将其作为一个正统解释的候选者，并不是说有人旗帜鲜明地支持这种观点，而是他代表了科学实践中大部分科学家的态度，单从持此观点人的数量上讲，可称为当之无愧的"正统理解"(称不上解释)。实用主义通常会在实践中总结出一套最有效的解决问题的方法，不太关注其中的细节，其唯一的标准就是实用，他们会在精确性和计算的便捷性之间取得一个平衡，不关注理论是否完

---

① David Albert，Barry Loewer. Interpreting the Many Worlds Interpretation[J]. Synthese，1988，77：195-213.

② POVM 的测量值是希尔伯特空间上非负的自伴算符，是量子测量中最一般的形式，常用于量子信息领域。在一个用 PVM 描述大系统的投影测量中，POVM 可以对 PVM 不能描述的子系统进行描述。可以简单理解，POVM 对 PVM，类似于一个密度矩阵对应于一个纯态。密度矩阵需要说明大系统中子系统的状态，尽管大系统是个纯态。因此，在实践中 POVM 应用更为广泛。

③ Dean Rickles(Eds). The Ashgate Companion to Contemporary Philosophy of Physics[M]. England：Ashgate Publishing，2008：29.

备，一切以解决问题为目的。对于测量问题，实用主义也仅仅将其理解为一个大概的解题框架，其中量子态是个核心的概念，其兼有连续演化和随机涨落的特征，并且可以在一个给定时间对宏观系统的位置、动量等物理量进行定义。在描述测量过程时，新实用主义通常使用退相干历史的视角（decoherent-histories version）和波包的视角（wave-packet version），除此之外并没有更新的观点。当然，对于实用主义在哲学中有很多讨论，在此不做展开。总之，相比于后两种"正统解释"，除了经常使用之外，物理学家中似乎没有人将其套用到测量问题的解决上加以发展，因此说将其称为一个正统解释有点语义混乱，因为他们根本就不想解释，华莱士也没有指出其所谓的新实用主要新在何处。

2. 一致性历史解释

一致性历史解释（the consietent histories interpretation，CH）。CH 由格里夫斯（Griffiths）和欧姆尼（Omnes）等人提出，并受到了广泛认可。CH 为测量过称中所有的系统（微观＋宏观）在不同时刻组成的历史序列发生的可能性提供了一个概率说明。也就是说，CH 为不同的历史集提供概率预言，历史被定义为不同时间序列中的投影算符的集合。当然，并不是所有的历史集都可以有概率值，必须满足以下两个条件：①所有序列的概率值和为1；②所有的历史序列都在一个正交集上，满足这两个条件的历史族称为一个框架（frameworks）或域（realms）。在 CH 理论中，对于一个给定的系统，存在很多种不一样的框架可以对其进行描述，不同的框架中会有完全不同的性质，因此为了保持一致性，需强加如下几个规则。①

单一框架规则（sing-framework rule）：概率推理仅在单个的框架中使用才有效；

自由原则（principle of liberty）：在描述系统时可使用任意框架；

等效原则（principle of equality）：在基础量子力学中，所有框架都可以同等地接受；

实用原则（principle of utility）：在具体问题中并非所有框架都是有用的。

但是，在使用这些规则后必然会违背唯一性原则（principle of unicity），我们无法像经典力学中那样可以大致整合到一个框架中对物理系统给出一个统一描述，而是有很多框架，需要结合具体问题选择出一个合适的框架。格里夫斯也指出，"唯一性原则无法满足，不存在唯一的物理系统描述。而是，有着多种完全不同的，互不相容的，无法相互整合的实在描述"。②

对于测量问题，CH 形式中，整个过程只有一种动力学，不存在两类演化，不存在海森堡界限，也不需要包含观测者。欧姆尼认为，"一致性历史解释与传统的哥本哈根解释不同，它使现在的量子力学解释成为了一种标准的演绎理论，单从量子力学原理就可以从动力学和逻辑学两个方面推导出经典物理学事态……量子力学解释成为了科学的一部分，而不再是一种学究式的讨论"③。尽管从理论上看，CH 将整个测量过程作为一个历史集，可以对其整个过程做出描述，不需要任何测量或观测者的概念。但是，事实上 CH 和玻尔的互补性原理一样，由于违反唯一性原则，在具体的应用中往往需要结合具体的测量语境（context of measurement）。比如，在测量粒子自旋的实验中，我们选择在 x 方向上测

---

①　Elias Okon, Daniel Sudarsky. The Consistent Histories Formalism and the Measurement Problem[J]. Studies in History and Philosophy of Modern Physics, 2015, 52: 218.

②　Robert B. Griffiths. Consistent Quanum Theory[M]. Cambridge: Cambridge University Press, 2002.

③　关洪. 消干效应和量子力学新解释的意义[J]. 物理, 2002(3): 183.

量，找到的一致历史集，在选择在 z 方向上测量时便不再一致。我们只能在每一次具体的测量中，选择合适的一致历史集，需要人为地进行选择和修正。因此，从排除了两类演化，排除了观测者，而且对整个测量过程给出了严格的数学描述的角度看，CH 可以说是基本解决了测量问题，但是很难说 CH 是一个完备的解释。

3. 操作主义解释

操作主义解释也可称为当代的哥本哈根解释，其主要观点是，物理学关心的应该是实验结果，而不是背后的客观实在，量子力学不可能独立于观测者而对客观实在进行描述。佩雷斯（Peres）等人对操作主义解释给出了详尽的说明，是哥本哈根解释在当代进一步的哲学发展。[1] 操作主义对于科学的态度和实用主义非常类似，但是区别在于操作主义往往带有很强的反实在特征，而实用主义对此不置可否，甚至很多实用主义者都是实在论者。操作主义认为，科学的本质不是对世界提供一个实在论图景，而是对具体的实验进行描述和预言。尽管在经典物理学中，可以独立于人的介入而给出一个"实在的"的描述，但这对于构成一个科学理论而言并非是逻辑上必要的。"量子论不能描述客观的物理实在。它提供的只是在我们实验介入之后，计算宏观结果产生的概率的一套算法"[2]。量子贝叶斯主义（Quantum bayesianism）认为，波函数并非客观实在，波函数只是一个数学工具。通过这个工具可以对量子世界做出明确的预言和判断，除此之外波函数无任何实在特性。实在论者通常认为，物理学理论除了对实验结果进行预言之外，还需要提供一个一致的实在图景。而佩雷斯认为，从量子论百年的发展来看，过去的实在论图景已经破产，人们必须面对现实，从科学实践出发，接受量子论的非实在本质。

在测量问题中，操作主义表现在两个方面：

一是测量是语境依赖的。这一点与玻尔的观点几乎完全一致。量子系统的可能测量值由系统希尔伯特空间中的 POVMs 进行表征。理论告诉我们的只是每次测量之后，可能结果出现的概率。测量结果的概率关联于正定算符 $\hat{A}$，并得到 $Tr(\rho\hat{A})$。这里表征系统的状态并非真实的物理过程，而仅仅是记录了不同测量结果出现的概率值。我们可以假设一个独立于特定语境的客观概率 $Pr(\hat{A})$，但是最后证明 $Pr(\hat{A}) = Tr(\rho\hat{A})$。总之，量子力学解释的核心在于，量子态仅仅是表示不同结果的概率值，量子论本身无法提供一个客观实在的物理图景。测量中，不存在客观的物理状态，观测者或者说仪器对于量子系统不可控的干扰，本质上是无法从测量中排除的。

二是微观描述和宏观描述没有绝对的区别。在这一点上与玻尔的观点有所不同，玻尔认为系统分为两个部分：一部分是客体，用量子力学描述；另一部分是仪器，要用经典概念处理，而且经典概念似乎更加基本。而操作主义认为，对于测量我们有两种描述方式，一种是希尔伯特空间上的密度算符 ρ，用量子态描述特定结果的概率；另一种是相空间上的概率分布 $W(q, p)$，描述系统的真实状态。两种描述都可以对找到某位置和动量的概率进行描述。只要系统足够大，退相干效应可以保证两者所计算的概率近似相等。因此说两种描述本质上没有什么不同。

① 　Asher Peres. Quantum Theory: Concepts and Methods[M]. Dordrecht: Kluwer Academic Publishers, 1993.
② 　Christopher A Fuchs, Asher Peres. Quantum Theory Needs No "Interpretation"[J]. Physics Today, 2000, 53: 70-71.

4.3 多世界解释对薛定谔猫的求解

埃弗雷特从量子力学的核心问题——"测量难题"入手，对波包坍缩做出说明，来获得对量子力学的完备描述。在传统的解释中，主要用实用主义的方法来处理测量难题，其主要特征包括：

（1）将量子力学的适用范围限制在微观世界。哥本哈根解释认为：微观世界和宏观世界不能用同一物理理论描述，二者存在先天的本质上的区别，微观世界的事件及其状态需用量子理论进行描述，而宏观世界的事件及其状态需用经典物理学理论进行描述，但是对此没有给出任何论证和说明。

（2）假定观察者对所有坍缩负责，也就是说是观测者的主观行为导致了坍缩。但是，哥本哈根解释并没有明确地指出何为一次测量，如果观测者每观测一次即为一次测量，观测者与被测系统发生任何一次相互作用即为一次测量，则任何一次测量都会追溯到一个观察者。这样无限追溯下去，只要测量必会涉及观测者及其主观行为，从而陷入一种极端的唯我论。

（3）认为当前量子力学是不完备的，需要添加一些变量来补充。其解释结构的内在目的在于：用实验所直观呈现的观念构建他们的信念基础，摒弃旧哲学观念在认识上的束缚。

4.3.1 多世界解释的两个基本假设

1. 波函数的完备性描述

在埃弗雷特看来，以上的处理方式都是不恰当的，他站在客观实在的立场，提出了他的相对态解释（也被称为宇宙波函数理论）。他首先假定量子力学是完备的，不需要修正，需要做的是从现有的形式体系出发，生成它的纯解释，其中不添加任何形而上学的理解；其次，他认为量子态是量子力学的核心概念，波函数可以对量子态进行完备的描述。"这篇论文提出，将纯波动力学（只有过程二）作为一个完备的理论。假设波函数服从一个线性的波动方程，不论在何时何地，都可以为每一个孤立的系统提供一个完备的数学模型。并进一步假设，每一个系统的外部观测者都可以视为一个更大孤立系统的一部分"[1]。

一开始，埃弗雷特并没有明确解释什么是波函数，只是称之为纯波动力学形式，然后以此为基础来解释我们的经验："波函数被认为是基本的物理学实体，不需要先验的解释。解释需要建立在严格地考察理论逻辑结构的基础之上，理论自身就可以构建出自己的解释结构。"[2]并且埃弗雷特还解释了纯波动力学和正统解释的关系："我的目的并不是要否认或反对正统的量子力学解释，在处理大量的实践问题中它已经被证明是相当有效的，我的目

---

① Hugh Everett. "Relative State" Formulation of Quantum Mechanics[J]. Reviews of Modern Physics，1957，29：316.

② 同①.

的是想要补充一个新的，更一般的，更完备的形式，正统解释可以从此更完备的形式中推导出来。"[1]确实，新理论和旧理论非常的相似，仅仅是在旧的基础上去掉了坍缩假设。"新的理论并不想要做出太过激进的改变。在旧理论中处理观测的特殊假设在新理论中被消除了。因此需要一个新的特征，使得可以调和经验世界的性质和理论的描述，消除正统理论中处理观测的假设，澄清它们的角色和逻辑地位。"[2]

埃弗雷特认为新的理论在解释量子现象时具有以下特征：①态函数描述的完备性：用量子态可以对包括被测系统和观测者在内的所有系统进行完备描述，不需要引入额外的变量；②动力学过程的同一性：应该放弃坍缩过程中的两类演化，抛弃投影假设，用线性的决定论的方式对测量进行了精确地描述。测量后所有的结果都在一个正交集上独立地演化，不再相互作用；③客观描述的一元性：任何物理系统包括观测者都必须用物理语言描述，意识对系统的神秘作用不应该引入物理学描述中；④观测结果的相对性：相对态解释中，所有的测量结果都不是绝对的，就像相对论中没有绝对的运动，一个测量结果是相对于其他不同的结果才能确立的。

总的来说，从传统的解释到相对态解释转换的核心在于从分散的解释到一个完整的结构的转变，从工具论到实在论的转变。其原因主要有两个方面：首先，从客观的角度看，传统解释中两类演化、意识作用等处理方式在逻辑上有很大问题，而玻尔却认为这些应该通过哲学方法去解决；其次，从主观的角度看，埃弗雷特和爱因斯坦一样持实在论的观念，相信物理学可以对整个世界进行完备描述，世界是一个统一的整体，任何人为的二元区分都是不恰当的。对于经验的确认，埃弗雷特认为正如人们无法感觉到地球的转动可以用牛顿的惯性定律说明，无法同时感觉到两个叠加的态是因为它们已经在正交集上独立地演化。

在这里需要强调两点：首先，埃弗雷特的结构中仅仅谈到观察者态的分裂，但是没有谈到心智的分裂；其次，埃弗雷特的解释虽然将态函数看作一种本体的实在，但是从来没谈论过世界的分裂。总之，埃弗雷特的相对态解释主要对"测量难题"做出了全新的解读，但是其解释的边界仍旧处于一种相对保守的范围，对于分裂在本体层面解释非常含糊，无法令人信服，另外对于概率分布以及优选基问题也无法给出合理解释。为之后的多世界、多心灵、多历史等多种解释埋下了伏笔。下面将对埃弗雷特解释的具体内容给出详细地论述。

2. 观测者的客观地位

尽管在假设波函数可以对所有系统进行完备描述，而且可以消除过程一的坍缩假设之后，大致有了一个统一的描述。但是还存在一个问题，那就是如何解释我们的经验，理论描述如何与我们的经验实践相结合。"当前的论文试图展示，宇宙波函数的概念，连同相关的解释，构成了一个逻辑自洽的关于宇宙的描述，可以描述多个观测者的经验。"[3]埃弗雷特相信宇宙波函数理论可以解释我们的经验，同时他还认为一个好的经验理论，首先应

---

①　Hugh Everett. "Relative State" Formulation of Quantum Mechanics[J]. Reviews of Modern Physics，1957，29：315.

②　同①.

③　Hugh Everett. The Theory of the Universal Wave Function[M]//R. Neill Graham，Bryce Seligman DeWitt (Eds.). The Many-worlds Interpretation of Quantum Mechanics. Princeton：Princeton University Press，1973：9.

当是一个客观的理论，其中观测者并不具有特殊的地位，也不存在意识的决定性作用。他的解释中一个很重要的假设就是观测者作为一个物理模型，同一般的物理测量装置一样只是重复的记录测量结果，其中意识并不参与测量过程，测量过程只发生在客观的被测系统和仪器之间，人只是客观地记录了测量的最后结果。

"我们应当将代表观测者的系统也引入理论中。这样整个系统可被认为是一个自动工作的机器，只是单纯的记录结果以及对外部坏境做出响应，观测者的行为本身也应纳入波函数的框架之内。另外，我们还应该从观测者的主观表象(subjective appearances)导出过程一中的概率预言，使之与我们的经验相一致。最后，我们得到的是一个客观形式上是连续的、因果的，而主观经验上是不连续的、概率的理论。最终，这个理论也可以对正统解释的预言给出评判，使我们得到一个逻辑上一致的形式，同时允许其他的观测者存在。"[①]

过程一的坍缩假设作为一个观测者的主观经验而出现，观测者被认为仅仅是一个一般的物理学系统。在他的论文摘要中，埃弗雷特写道："新理论忽略了正统形式中关于外在观测者的特殊假设。相对态的概念被提出，以此来对不包含外在观测者的孤立系统给出量子描述，观测者作为一个抽象的模型，也被形式化，和其他物理系统一样服从同样的规律。包含观测者的孤立系统和其他的子系统之间的相互作用，在观测者中发生的变化作为系统之间的相互作用而被导出。当这些改变用来解释观测者的经验时，就和正统解释中包含外在观测者形式的统计预言相一致。"[②]

总之，埃弗雷特认为可以在经典实在的意义上构建一个更加完备的解释，传统解释的一切内容都可以从这个新的、更一般的解释中推导出来，新的解释在理论层级上比传统解释更高级。他的方案主要包括以下两点假设：首先，波函数作为希尔伯特空间中的元素，对整个宇宙状态提供了完备而精确的描述，宇宙波函数在所有的情况下，都依照线性动力学决定性地演化。其次，观测者作为一个变量也可以被形式化，然后带入到方程中进行计算和描述，观测者只是和普通仪器一样客观地记录测量结果，主观意识没有特殊的地位。之后他试图从这两个假设出发，从观测者的主观经验层面推导出标准量子力学形式的统计预言。尽管埃弗雷特对他的基本假设和结论表述的非常清楚，但是他的理论要达到这个目的还是非常困难的。

4.3.2 经验表象的导出

埃弗雷特称自己的解释为相对态解释，并坚持认为相对态原则在解释中具有重要的意义，我们的经验需要从该原则中导出。

1. 相对态的定义

设仪器 M 在 Z 的本征态上测量一个电子 S 在 x 方向上的自旋，组合系统最终会处于如下状态：

$$\psi = \frac{1}{\sqrt{2}}(\mid \uparrow x\rangle_M \mid \uparrow x\rangle_S + \mid \downarrow x\rangle_M \mid \downarrow x\rangle_S) \tag{4.1}$$

① Hugh Everett. The Theory of the Universal Wave Function[M]//R. Neill Graham, Bryce Seligman DeWitt (Eds.). The Many-worlds Interpretation of Quantum Mechanics. Princeton: Princeton University Press, 1973: 9.

② Hugh Everett. On the Foundations of Quantum Mechanics[D]. Princeton: Princeton University, 1957: 2.

在这个组合态中，M 和 S 的状态都不能用独立的波函数描述，而是组合到一起，在组合态波函数中定义。考虑到这种情况，埃弗雷特说，我们注意到"不再有确定独立的仪器状态，也不再有任何独立的系统状态。仪器并不显示任何确定的客观系统的值，过程一并没有发生[①]"。这里埃弗雷特直截了当地指出了他的理论所揭示的，与正统解释完全不同的经验预言。量子力学的标准形式预言，假如一个观测者测量一个电子在 x 方向上的自旋，他最终将得到 x 自旋向上或者 x 自旋向下其中的一个状态，且每一个结果的概率是二分之一，在我们的现实观测中确实也证实了这个预言。而埃弗雷特的解释中，波函数一直在线性地、连续地演化，测量后呈现出一个分支结构，正如公式(4.1)所显示的，不存在坍缩，两个分支结构都有实在性。那么，我们如何来解释在我们的经验中，M 只能测量到一个确定的值？在纯波动力学预言测量之后系统处于上述描述的纠缠叠加态的情况下，我们应当如何导出我们的主观经验？

埃弗雷特说，"为了调和我们的经验与纯波动力学理论之间的对应关系，我们应当首先说明被态函数完备描述的组合系统的子系统之间的关联[②]"。他接着进一步解释说，一个子系统并没有自己独立的确定状态，它的状态是相对于组合系统中的其他状态来进行定义的。比如说，公式 4.1 描述的测量后的状态，M 并没有得到一个确定性的结果，也没有自己确定的状态，M 的状态是相对于 S 的状态来确定的，不存在 M 或者 S 的独立状态，而是说叠加态描述了整体组合系统 M＋S 的状态。不能孤立地说 M 处于↑或者↓，而只能说是 M 相对于 S↓处于的状态 M↓，M 相对于 S↑处于的状态 M↑。

我们可以进一步考虑子系统状态之间的关联，一个组合系统处于状态 S＝S₁＋S₂，对于 S_1 的态不能简单写为 ψ_{s_1}，而是 $\psi_{s_1} rel \psi_{s_2}$。每一个态都不能单独地进行定义，而必须相对于叠加态中的其他分支给出相对的定义，就和爱因斯坦的相对论中所揭示一切物体的运动状态都需要相对于特定的参考系才能给出定义一样。这就是相对态的基本含义。"通常对于组合系统的子系统并不存在任何一个单独的状态。子系统无法独立于系统的其他状态而占据一个单独的状态，因此，子系统总是和其他的子系统相关联。可以任意选择一个子系统的状态，导出其他的相对态。因此，我们所面对的状态从根本上而言都是相对的，并通过组合系统形式来定义。说一个子系统的绝对状态是没有意义的，我们只能说相对于其他子系统的状态，该系统处于什么状态。"[③]

为了强调其重要性，埃弗雷特特意将这段话标为斜体。这里埃弗雷特提到观测者测量后的状态，客观系统在每个叠加态元素中拥有确定的记录，但这种记录不是绝对的，而是所有子系统中只记录有一个相对态，其中观测者都无法记录任何决定性的结果。但他也说对于基的选择是任意的——他坚持认为对于量子态分解为相对态不存在优选基。"事实上，对于一个子系统态的任意选择，都必然是关联于其他子系统的相对态，通常独立于第一个

①　Hugh Everett. On the Foundations of Quantum Mechanics[D]. Princeton：Princeton University，1957：13.

②　Hugh Everett. The Theory of the Universal Wave Function[M]//R. Neill Graham, Bryce Seligman DeWitt (Eds.). The Many-worlds Interpretation of Quantum Mechanics. Princeton：Princeton University Press，1973：9.

③　Hugh Everett. "Relative State" Formulation of Quantum Mechanics[J]. Reviews of Modern Physics，1957，29：317.

子系统的选择，因此子系统态不是独立的，而是和其他子系统态相关联的。"①为了得到一个观测者记录一个确定结果的相对态，必须为系统其余态指定一个特殊的态，如果基的选择是任意的，用什么来决定一个特殊的选择呢？测量后的状态可以写为每个观测者都记录了确定的结果，也可写为测后状态不描述任何确定结果。因此说不光观测者记录结果之间是相对态，他是否能记录到结果也是相对的，取决于叠加态展开的方式。这里埃弗雷特对优选基的认识有点自相矛盾，他一方面说量子态的分解方式不存在优选基，另一方面他又强调说展开方式也是相对的，但是这样的话在理论上讲，可以有无限种展开量子态的方式，那么究竟哪个与我们的经验现实相对应呢？应该如何在理论描述和经验之间建立联系？②埃弗雷特关于相对态原则的讨论为我们留下一个问题：一个全域波函数的特殊展开如何解释观测者最终得到一个决定性结果？埃弗雷特也意识到了这个问题，"因为测量仪器的相互作用状态不再能够独立地定义。它只能相对于客观系统进行定义。换言之，存在的仅是两个系统状态之间的关联。似乎这样的测量什么问题也没有解决。"③"测量之后，不存在确定的系统态，也不存在确定的仪器态，仅仅存在某种关联。似乎这种测量没有解决什么问题，而且结果与仪器的尺度无关，对于宏观仪器也适用。"④也许对经验问题的解答还为时尚早，因为到此埃弗雷特还未开始解释我们的经验现实，而仅仅是描述了相对态的原则以及如何将此原则应用于测量。

2. 主观经验的导出

"不确定性的结果总是伴随我们的观测，因为物理客体似乎总是拥有确定的位置。我们可以仅从过程二建立与经验相一致的量子力学吗？或者理论是站不住脚的？为了回答这个问题，我们应当在理论框架之内去考察观测问题。"⑤因此说埃弗雷特转换了问题的思考方式，他并不是直接从经验出发来进行解释，而是先详细讨论相对态原则，然后将上述的经验问题转化为一个更加理论化的问题：在全域态中观测者为何不是只得到一个确定的测量结果，而是得到很多相对的结果，这种相对的测量结果如何与标准量子力学中的经验预言相协调？一个记录了叠加态结果的观测者将如何与现实经验中记录了单个的事实相调和？另外，如果按照埃弗雷特的假设，所有的现象都完全被物理状态决定，纯波动力学如何预言单个确定性的经验？如果线性动力学一直描述系统的演化，那么测量之后，究竟是观测者还是客观系统，还是两者都处于叠加态？

埃弗雷特在长论文中回答了这些问题，他试图进一步澄清相对态的原理，但在经验方面仍有很多不清楚的地方。"考虑一个组合系统中子系统的观测者，不可避免地，相互作用发生后，并不存在单个观测态，而是组合系统的叠加态，其中的每一个元素中都包含有一个确定的观测态和确定的客观系统态。另外，每一个相对的客体系统及观测者获取的本征态被同一个叠加系统中的元素所描述，故每一个叠加态元素中，观测者感知到了确定的

① Hugh Everett. The Theory of the Universal Wave Function[M]//R. Neill Graham, Bryce Seligman DeWitt(Eds.). The Many-worlds Interpretation of Quantum Mechanics. Princeton：Princeton University Press，1973：10.
② Jeffrey Alan Barrett. The Quantum Mechanics of Minds and Worlds[M]. New York：Oxford UP，1999：68.
③ Hugh Everett. "Relative State" Formulation of Quantum Mechanics[J]. Reviews of Modern Physics，1957，29：318.
④ Hugh Everett. The Theory of the Universal Wave Function[M]//R. Neill Graham, Bryce Seligman DeWitt(Eds.). The Many-worlds Interpretation of Quantum Mechanics. Princeton：Princeton University Press，1973：61.
⑤ 同③.

经验，客观系统态也转变为相应的本征态。在此意义下，过程一仅是观测者主观上的经验。我们看到在多个观测者存在，并允许他们之间及与客观系统相互作用存在的情况下，相关性(correlation)扮演着重要角色。"①

　　这里主要包含了以下几个层面的含义：首先，在量子叠加态展开的两个分支组合态中，每个组合态都分别拥有一个观测者和客观仪器；其次，我们主观经验意识到的观测态不能绝对地定义，比如观测者观测到了电子自旋向上的态，并不是说在绝对意义上，观测者客观地、唯一地得到了自旋向上的态。这个态必须一方面相对于与观测者同在一个组合态中的客观仪器来定义，另一方面组合态的状态还需要相对于另一个展开项的组合系统来相对地定义；最后，观测者的意识没有特殊作用，观测者只是客观地与相应分支组合系统中的客观仪器状态保持一致。总之，可以理解为测量后，观测者＋客观系统态由波函数的展开项来描述，每个展开项中的客观系统处于本征态，每个观测者也相应都得到了一个确定的结果。组合系统的全域态(global state)并不描述观测者处于何种确定性状态以及拥有什么样的结果，只有特定展开项中的局域态才能描述观测者的确定经验。这里有必要对全域态和局域态给出区分，在埃弗雷特的解释中，态函数一直按照过程二连续地演化，这个连续的演化就是用全域态的态函数描述的，没有关于特定观测态的描述。而局域态则只能用测量后全域态展开的分支项来描述，局域态中的观测者总能得到确定的结果。

　　为了进一步对宏观现象给出解释，埃弗雷特假想了一个理想实验：一组 x 方向上的自旋测量与一个加农炮相连，粒子自旋向上，则炮弹向左打；粒子自旋向下，则炮弹向右打。若粒子处于叠加态，线性动力学要求炮弹也处于两个位置的叠加态，那么按照埃弗雷特的解释，态函数一直线性地演化，没有坍缩过程，那么态函数就应该一直以叠加态的形式演化，那么炮弹也应该处于叠加态。但在我们的经验中，宏观世界中的物体一直处于确定性的位置，观测者的物理记录也是确定的，并没有任何关于叠加态的经验。"这种行为似乎与我们的观测不符，因为宏观物体总是拥有确定的位置。我们可以使纯波动力学的预言与经验相调和吗？还是我们必须放弃它。"②埃弗雷特认为"并不是说我们的宏观炮弹没有确定位置"。"我们看到在一般的测量过程中……(按照相对态解释的描述)相互作用之后不论系统还是仪器都没有确定位置——这个结果似乎与经验不符。然而，在评判之前，我们需要认真考虑，理论本身是如何定义观测者的经验表象的，不能仅因为理论给定的系统态与观测相反就简单地得出结论说理论一定是不正确的"③。

　　正统解释中，公式(4.1)中的态并不描述观测者得到了一个确定性的测量结果，而是一个概率性、随机性的预言，无法确定究竟哪个结果会出现。在正统解释中，观测者会记录到一个随机的结果，但是一旦确定之后可重复测量到相同的结果，并且这个过程可以用态函数的坍缩来解释。在对同一个初始态进行多次测量，结果出现的相对频率按照玻恩规则的方式解释。组合系统随机记录一个结果，x 要么自旋向上、要么向下，概率各为 1/2。

　　① Hugh Everett. The Theory of the Universal Wave Function[M]//R. Neill Graham, Bryce Seligman DeWitt (Eds.). The Many-worlds Interpretation of Quantum Mechanics. Princeton：Princeton University Press，1973：10.

　　② Hugh Everett. The Theory of the Universal Wave Function[M]//R. Neill Graham, Bryce Seligman DeWitt (Eds.). The Many-worlds Interpretation of Quantum Mechanics. Princeton：Princeton University Press，1973：61-62.

　　③ Hugh Everett. The Theory of the Universal Wave Function[M]//R. Neill Graham, Bryce Seligman DeWitt (Eds.). The Many-worlds Interpretation of Quantum Mechanics. Princeton：Princeton University Press，1973：61.

在假设态函数完备性的前提下，很难说这个态中的项描述了观测者记录了单个确定性的结果，那么在不引入坍缩的前提下，如何描述我们只得到一个随机结果的经验事实？由于两个结果是一对对称性的元素，且振幅的系数也相同，单从这一个状态的形式，我们无法在两个状态之间做出选择。而且我们只会得到一个结果的经验事实证据，且与叠加态中的任意一个态都相容，只要模的振幅系数不为零，不论多小都有可能出现。总之，量子态无法单从线性动力学预言将得到哪一个结果。如果量子态可以完备而精确地描述组合系统 M+S 的状态，那么纯波动力学便与观测者得到唯一的确定性结果的经验事实不相容。由于量子态并未指定哪一个结果出现，一个人可以回应说，只有在包含玻恩规则的关于量子态的概率描述的情况下才能称为完备。但是，概率描述似乎与相对态解释关于量子态一直确定性地演化的描述相冲突。若存在关于最终会记录哪一个结果的事态，那么由于通常的量子态并不告诉我们结果是什么，一般的量子态也并不完全地区分所有物理事态，因此似乎并不存在一个完备的物理描述。

不过埃弗雷特并没有说测量后，观测者会拥有可预言的，决定性的物理态和决定性的结果，他认为应考虑将观测者的经验看作一个现象表象，而非绝对客观的事实。一个从客观的全域态看来处于纠缠叠加态的观测者记录了相互不相容的结果，但是在局域态中的人并没有能记录这个叠加态，而是依然经历了一个确定性的经验表象。另外，在线性动力学中整体的量子态并不代表单个的、确定的物理结果，只有局域态中量子态才记录了单个确定性的结果。

这里埃弗雷特似乎在暗示，全域的态函数一直连续地演化，在测量后分裂为两个不同的分支局域态函数。似乎可以将两个分支的局域态看作两个"世界"，就像后来德维特的多世界解释所描述的那样，因为每个局域态都描述了组合态的状态。也只有这样理解整个逻辑才能清晰、明朗。但是埃弗雷特自己很不喜欢这种疯狂的本体论预设，他试图对客观世界的描述和主观经验的描述做出区分。"最后，我们得到的是一个客观形式上是连续的、因果的，而主观经验上是不连续的、概率的理论。最终，这个理论也可以对正统解释的预言给出评判，使我们得到一个逻辑上一致的形式，同时允许其他的观测者存在。"[1]"我们的任务是要从主观层面导出我们的经验表象。观测者可看作一个纯物理系统，带入到理论中。为实现这一目标，必须用主观知识去确定和识别观测者的一些客观性质。"[2]"我们的问题是将这个观测系统与其他物理系统相互作用放入波动力学的框架，导出记忆结构，并解释为观测者的主观经验"。[3] 这里他似乎将客观世界和主观经验看作两个不同层面的描述，两者做出的描述是不同的。

但在前文指出的，在他的基本假设中，他认为观测者就像是一个自动的机器，观测者的知识和经验被他记忆记录的物理态充分决定。物理态代表了观测者记忆中确定的记录，就像打点机在纸袋上记录的痕迹。一方面，他认为量子力学应符合身心平行原则，物理态

① Hugh Everett. The Theory of the Universal Wave Function[M]//R. Neill Graham, Bryce Seligman DeWitt (Eds.). The Many-worlds Interpretation of Quantum Mechanics. Princeton: Princeton University Press, 1973: 9.

② Hugh Everett. The Theory of the Universal Wave Function[M]//R. Neill Graham, Bryce Seligman DeWitt (Eds.). The Many-worlds Interpretation of Quantum Mechanics. Princeton: Princeton University Press, 1973: 63.

③ Hugh Everett. The Theory of the Universal Wave Function[M]//R. Neill Graham, Bryce Seligman DeWitt (Eds.). The Many-worlds Interpretation of Quantum Mechanics. Princeton: Princeton University Press, 1973: 65.

决定意识态(精神态);另一方面,观测者物理态和精神态两种状态的描述并不完全一致。但问题是为了解释纯物理系统与经验解释在描述上的不同,埃弗雷特似乎必须对物理态与精神态给出区分。物理态一直确定性地演化,但不能直接地给出记录结果,精神态代表观测者确定性的主观经验,以随机的方式演化并可以给出确定的记录结果。

总之,埃弗雷特试图证明,在测量之后,观测者得到了和标准坍缩形式一致的观测结果,电子要么自旋向上,要么自旋向下。但是如果用线性动力学来描述测量过程,并假设态的完备性原则,这便不可能正确。埃弗雷特也说在量子态演化中不存在过程一,态随时间演化是确定性的,不存在坍缩。另外,他还论证说,测量后,观测者无确定物理记录。但是,若假设物理记录决定了精神态,那么精神态也无确定记录。关于物理态和精神态表现出的不一致的预言,与他身心平行论的假设相冲突。

3. 坍缩——虚幻的表象

在谈到坍缩现象在相对态解释中的意义时,埃弗雷特说,"量子坍缩在我的理论中只是一个相对的现象,客观系统的状态相对于被选择者的状态展现出了这种效应,但是绝对的态一直在连续的演化"[1]。坍缩到一个拥有确定测量值的状态仅是一个相对的命题——相对于组合系统其余状态而言。测量后,组合系统处于叠加态,每一个测量仪器的态(选一个合适的基并写出组合系统状态)都拥有一个确定结果,客观系统处于相应的本征态,但组合系统处于纠缠,并非单个相对态。"不连续的跃变将进入本征态仅仅是一个相对的命题,取决于全部波函数分解为叠加态的方式,相对于特定的仪器坐标而被选择。因此,只要整个理论是完备的,所有叠加态同时存在,整个过程都是连续的。"[2]他认为坍缩只是一个虚幻的表象,在我们测到电子自旋向上的同时,自旋向下的态并没有消失,两个状态在方程中都有对应的项。描述了他的非坍缩假设的性质之后,埃弗雷特解释道:"这对于任何可能的测量都有深远的意义,其中初始系统态不是本征态,组合系统的结果态导致没有确定的系统态,也没有确定的仪器态。系统并没有进入仪器的本征态。过程一并没有发生"[3]。

为导出坍缩现象,埃弗雷特首先对一次完美的测量过程给出了定义。一次好的观测是指,当观测者与客观系统相互作用后,客观系统处于被测量的本征态,之后本征态保持稳定不再改变,同时观测者记忆结构处在客观系统本征态。从观测者可重复测量的意义上看,系统本征态不变是必须的,继续对已处于本征态的态进行测量可得到与之前相同的结果。若观测有意义,对不同本征方程,观测状态也相应改变。[4] 不过上述讨论的是条件较为理想下的情形,如果第二次测量时与第一次测量时的条件有所变化,或者说两次测量过程中的相互作用方式有所区别,那么两次的状态就不会完美地关联,测量结果也不会相同。由于在实际测量中存在很多不完美的测量,因此就会出现统计分布。

①　Hugh Everett. The Theory of the Universal Wave Function[M]//R. Neill Graham, Bryce Seligman DeWitt (Eds.). The Many-worlds Interpretation of Quantum Mechanics. Princeton:Princeton University Press,1973:115.

②　Hugh Everett. "Relative State" Formulation of Quantum Mechanics[J]. Reviews of Modern Physics, 1957:29,318.

③　Hugh Everett. The Theory of the Universal Wave Function[M]//R. Neill Graham, Bryce Seligman DeWitt (Eds.). The Many-worlds Interpretation of Quantum Mechanics. Princeton:Princeton University Press,1973:60.

④　Hugh Everett. The Theory of the Universal Wave Function[M]//R. Neill Graham, Bryce Seligman DeWitt (Eds.). The Many-worlds Interpretation of Quantum Mechanics. Princeton:Princeton University Press,1973:68.

　　为了进一步推导出量子力学的统计预言，埃弗雷特考虑一个观测者 M 对一系列独立的系统，在相同的初始状态下进行连续测量。M 的记忆会记录下最后测量的结果序列。单从 M 的主观经验看，观测者每次都会记录下一个叠加态中的一个结果，多次记录后会得到一系列的结果。由于每个系统在一次测量之后，系统就会停留在相应的本征态上，如果对该系统进行重复测量，在观测者的记忆结构中，前一次和后一次的记忆就会保持一致，记忆状态也会变得相关。在观测者看来，测量后初始的观测态会跳跃到一个随机的本征态，之后会停留在这个本征态，测得相同的结果①。因此，从定性的角度看，统计预言和观测者的经验是不冲突的，埃弗雷特认为这样就从主观经验上导出了对波函数坍缩的定性描述。

　　为了进一步从定量的角度推出过程一的概率描述，他认为可以通过测量后所得到的结果的序列来描述，叠加态元素的概率测量被每个元素振幅模的平方所决定。"考虑一个越来越长的序列，每个叠加态的记忆序列都满足随机序列的标准。所有的记忆序列，包括一些特殊的频率，都能从计算得出。因此，过程一的统计预言对所有叠加态元素中的观测都是有效的。"②最后，"量子统计对于所有的观测态都是有效的"③。这里埃弗雷特的描述中论断性的表述过多，而缺乏清晰的推导。在纯波动力学中可以更好地解释 EPR 实验，一个观测者的可观测量与另一个关联系统中的可观测量是相关联的，尽管不直接接触，但不能说没有相互作用。总之，埃弗雷特认为他从一个完全决定性的理论，推导出了作为主观经验的量子力学统计预言。"我们导出了对所有观测者有效的统计预言。因此我们理论可以与经验相一致，起码正确的代表了经验。"④"理论基于纯波动力学，从概念上看是一个简单的因果理论，满足身心平行原则。可以用一个逻辑的清晰的方式讨论观测过程本身，包括多个观测者的内在关系。"⑤

　　尽管埃弗雷特认为他从主观经验的层面推出了正统解释中的概率描述，但是这里他还是没能对主观经验和客观实在的关系给出合理描述。他自己也意识到了这个问题，并明确指出"在这点上我们遇到一个语言困难，测量前我们有一个单个的观测态，测量之后又有多个不同的观测态，所有都发生在叠加态中。每个态分别都是观测者的一个态，所以我们可以说存在被不同的态描述的观测者。另外，同样的物理系统，同样的观测者，不同叠加态元素有着不同的状态（分别在不同的叠加元素中有不同的经验）。这样，在强调单个物理系统时我们应使用单数，强调不同的叠加态元素时应使用复数"⑥。

　　他说仅在观测者主观经验层面，测量后存在多个观测者。似乎暗示每一个物理观测者

　　① Hugh Everett. The Theory of the Universal Wave Function[M]//R. Neill Graham, Bryce Seligman DeWitt (Eds.). The Many-worlds Interpretation of Quantum Mechanics. Princeton: Princeton University Press, 1973: 70.

　　② Hugh Everett. The Theory of the Universal Wave Function[M]//R. Neill Graham, Bryce Seligman DeWitt (Eds.). The Many-worlds Interpretation of Quantum Mechanics. Princeton: Princeton University Press, 1973: 74.

　　③ Hugh Everett. "Relative State" Formulation of Quantum Mechanics[J]. Reviews of Modern Physics, 1957, 29: 322.

　　④ Hugh Everett. The Theory of the Universal Wave Function[M]//R. Neill Graham, Bryce Seligman DeWitt (Eds.). The Many-worlds Interpretation of Quantum Mechanics. Princeton: Princeton University Press, 1973: 85.

　　⑤ Hugh Everett. The Theory of the Universal Wave Function[M]//R. Neill Graham, Bryce Seligman DeWitt (Eds.). The Many-worlds Interpretation of Quantum Mechanics. Princeton: Princeton University Press, 1973: 118.

　　⑥ Hugh Everett. The Theory of the Universal Wave Function[M]//R. Neill Graham, Bryce Seligman DeWitt (Eds.). The Many-worlds Interpretation of Quantum Mechanics. Princeton: Princeton University Press, 1973: 68.

都拥有多个不相容的经验和记忆。但如何解释最终只有一个确定性的测量结果？一个物理态同时关联于多个不相容的经验。但假如我确实得到一个单一确定结果，一定是因为我的精神态不被物理态所决定，但又是什么决定了我的精神态？一个可能的回应是：我否认我得到一个单个确定性结果。在相对态中，可以否认存在绝对的关于测量结果的事态，并说事实是相对事实：我看见指针 $x\uparrow$ 相对于客观系统中 $x\uparrow$，我看见指针 $x\downarrow$ 相对于客观系统中 $x\downarrow$。但由于我们的意识中不存在绝对的事态，所以不清楚应该如何解释我们的经验，毕竟在我们自身的经验看来我们的经验是一个绝对的事态。若我的经验只是相对事实，为何我感觉不到，相对与绝对在经验上如何区分？这里关于一个物理态对应于多个精神态的描述，基本与多心灵解释中的假设一致，为后文中多心灵解释的提出和论证埋下了伏笔。

　　测量问题一直是量子力学的核心问题，也是诸多量子力学解释一直关注的焦点。本章首先对量子力学中的测量问题进行了深入剖析，分析了历史上最重要的几种解决方案，介绍了测量问题在当代的发展状况。然后，对埃弗雷特方案的基本内容给出了详细的说明，为后文进一步的分析提供基础。

第5章　相对态与分支中的世界

　　埃弗雷特的相对态解释为破解测量难题给出了一个全新的思路，并试图对测量的本质给出纯形式化的描述。埃弗雷特的解释引起了很大关注，被认为是与玻姆的隐变量解释地位相当的非正统解释，所不同的是隐变量解释更多的与具体的物理问题相结合，而相对态解释则主要围绕埃弗雷特对波函数独特的理解发展起来，其讨论的问题与一般的量子力学讨论的主题有很大不同。由于埃弗雷特解释的模糊性，围绕其又进一步发展出多世界解释、多心灵解释等不同解释，其探讨的话题某种程度上已经大大超出了物理学边界，更多的是在哲学的范围内进行。这种现象是极为奇特的，量子解释本身已五花八门，而单单一个相对态解释却又衍生出很多不同解释。不过这些解释有一个共同点，他们都是以埃弗雷特最初的工作为基础的。正如巴雷特(Jeffery Alan Barrett)指出的："大多数非坍缩理论都来源于埃弗雷特解释的事实，展示了整个非坍缩解释的传统都归功于他，但是也说明了要想弄清他的想法是一件极困难的事。"[①]

　　多世界解释作为相对态解释的一种解读，将相对态解释中的分支解读为"世界分裂"，在学界引起了极大的争议，多世界解释的支持者必须对"世界分裂"的真实含义做出进一步的说明，但是从目前看很难对此给出合理的说明和论证。在笔者看来，要想深入理解多世界解释中"分裂"一词的含义，必须追溯到其来源即相对态解释，在两种解释的对比中方能澄清其根本内涵。而事实上，目前几乎所有关于相对态解释的解读都不符合埃弗雷特的本意，其原因主要有两点：首先，埃弗雷特的表述本身充满着很多含混的地方，很难给出前后一致的描述；其次，虽然相对态解释的数学形式没有太大的问题，但是一旦试图给出实在性的解释和描述，就必须要澄清"分支"这一核心概念的真实含义，而在理论的基本框架下很难给出一个逻辑严密的解释。正如希利(R. Healey)所指出的："埃弗雷特的量子力学解释本身也需要一个解释"[②]。

　　本章将在上一章的基础上，进一步对埃弗雷特相对态解释的深层含义，以及埃弗雷特最初的解释和辩护进行详细地梳理，还原其理论发展中的一些细节，为后文进一步解释多世界解释、多心灵解释、多历史解释等对相对态解释的不同解读提供基础。结合埃弗雷特的文本，包括信件和书稿，分析埃弗雷特自己对于一般科学理论的评价，并结合他自己的理论给出辩护。另外，在实在论问题上，埃弗雷特明确反对科学实在论，坚持模型实在论，并声称任何物理理论本质上都是用来对经验进行描述和预测的模型，他关于一般理论以及实在论的态度，可以看作他对自己解释的更深层的辩护。

　　① Jeffrey Alan Barrett. The Quantum Mechanics of Minds and Worlds[M]. New York：Oxford UP，1999：90-91.

　　② R. Healey. How Many Worlds[J]. Noûs，1984，18：591-616.

5.1　什么是相对态?

上一章已经大致对埃弗雷特导出量子坍缩表象的过程给出了定性的说明,为我们进一步理解相对态解释的深层内容提供了线索。上一章中提到了埃弗雷特关于观测者分裂以及客观世界与经验表象的关系,但是这些论述看起来似乎在玩一个语言游戏,仍然没办法使我们清楚地认识相对态解释的本质。似乎只有将全域态的分裂明确解释为分支才能更加清楚,为此需要对埃弗雷特的解释给出进一步的阐释和说明。

5.1.1　相对态中分支的含义

由于埃弗雷特始终坚持,波函数是对系统的完备描述,并认为测量后的最终状态被写在观测者确定的记忆基上,因此说每个观测者都拥有一个确定的记忆序列。因为相对于观测者而言,被测系统态客观地处于与观测态相对应的本征方程[①]。另外,埃弗雷特认为对于叠加态的展开项,没有优选基,也不存在任何关于子系统态的绝对事态。"整个观测过程序列只有一个物理系统,但没有单个唯一的观测态。然而,对于叠加态的每一个元素都包含有一个确定的观测者以及相应的观测态。"[②]这句话直接而明确地指出了埃弗雷特关于理论所对应的经验解释,主要包含这几点意思:首先,整个测量过程只存在一个客观的物理系统,不存在像后来多世界解释中说的存在世界本体论层面的分裂;其次,埃弗雷特承认观测态不是唯一的,虽然这里没有提精神态的分裂,但是似乎也只能这么理解;最后,他认为态函数分解后的每一项都代表了一个确定的观测者和观测态。

接着,他也开始明确地讨论波函数的分支,并认为它们代表着真实的实体,而不仅仅是一个数学符号。埃弗雷特认为,尽管在客观物理事实层面,仅有一个物理观测者,但是在测量中观测态"分裂"为大量的、同时存在的分支,每一个分支中都描述了一个确定的、不同的测量结果。"因此每一次观测,观测态都分支为大量不同的态,每个分支都代表了一个不同的测量结果以及相应客观系统的本征态。任何一次测量序列之后所有分支在叠加态中同时存在。"[③]"观测后记忆结构的'轨道'(trajectory)代表了一个观测序列,这个序列并不是一个线性的记忆序列,而是一个分支树,所有可能的结果都同时存在于数学模型中不同系数的最终叠加态。任何记忆装置记录的分支都不是连续确定的,而是停在记忆空间中某一点。"[④]

他在脚注中进一步解释:

"在对文章理解中出现了一个很重要的问题,'从可能到现实的转变'。实在世界

---

①　Hugh Everett. On the Foundations of Quantum Mechanics[D]. Princeton: Princeton University, 1957: 24.

②　Hugh Everett. On the Foundations of Quantum Mechanics[D]. Princeton: Princeton University, 1957: 25.

③　Hugh Everett. "Relative State" Formulation of Quantum Mechanics[J]. Reviews of Modern Physics, 1957, 29: 320.

④　Hugh Everett. "Relative State" Formulation of Quantum Mechanics[J]. Reviews of Modern Physics, 1957, 29: 321.

中——作为我们的经验检验——不存在观测态的分裂，因此只有一个分支可能真实存在。由于这一点引起了很多争议，下面提供一个解释。整个从可能到现实的转变问题可以用一个很简单的方式来解释——根本就没有这种转变，也没有必要为了和经验相一致而引入这种转变。从理论上看，所有叠加态的元素都是真实的（actual），没有哪个比别的更真实。没必要假设只有一个实现了而其余都被破坏了，因为所有的叠加态元素都分别服从波函数的演化，当下或是已消失的其他元素（真实与否）没有本质区别。一个分支与其他分支无直接的相互作用暗示了没有观测者能够意识到任何分裂过程。"[1]

在明确引出分支树的概念之后，埃弗雷特相对态解释的含义也开始更加明晰。客观的物理世界一直只有一个，物理态一直按照薛定谔方程线性地演化，分支过程发生在观测层面，是人的观测态分裂。似乎是在人的意识层面波函数真实地分裂为平等的分支，但是我们为什么完全没有感觉到分裂过程呢？按照埃弗雷特的身心平行原则，一个物理态怎么会对应于多个不同的精神态？这里埃弗雷特自己对进一步的分支解释可能导致的误解和歧义也非常不安，他坚持的测量后只有一个物理观测者，而叠加态中描述的多个分支的观测态，无法形成一个完整的、语义连贯的描述。

为了对这个问题给出一个连贯的解释，埃弗雷特举了哥白尼天文学的例子。"关于理论中展示的世界图景与经验的矛盾，因为我们并未意识到任何分支过程。正如哥白尼被批评的，地球运动的物理事实与我们常识经验不符，因为我们觉察不到这种运动。当理论自身直接预言我们的经验事实时，常识经验便会失效。"[2]我们的常识经验是在长期的生活和实践中逐渐进化，不断适应的结果，并不代表客观实在。假如波动力学预言分支之间不存在可直接观测的相互作用，那么逻辑上讲，我们感觉不到分裂的经验便与波动力学不冲突。正如经典力学预言一个人感觉不到地球运动，纯波动力学预言一个人感觉不到分裂过程。于是，埃弗雷特认为由于分支之间无直接的相互影响，便解释了感觉不到分裂的事实。但是，这里分支的含义并不清楚，所以也不能判断他的解释是否成立。但是，按照相对态解释的基本定义，分支需要相对于其他分支才能给出明确定义，如果不存在相互作用，又怎么区分两个分支的不同。这里我们确实面临着一个逻辑矛盾，但是不论从埃弗雷特的文本中，还是后来的发展看，对这个问题很少有人关注。

另外，埃弗雷特还声称他的相对态解释与标准量子力学形式的预言是一致的，这里也存在很大的疑问。在一次对电子的自旋测量中，测量后的态可以用如下公式描述：

$$\frac{1}{\sqrt{2}}(\,|\,x\uparrow\,\rangle_M\,|\,\uparrow x\rangle_S + \,|\,x\downarrow\,\rangle_M\,|\,\downarrow x\rangle_S) \tag{5.1}$$

正统解释预言最终态要么为$|\,x\uparrow\,\rangle_M\,|\,\uparrow x\rangle_S$，要么为$|\,x\downarrow\,\rangle_M\,|\,\downarrow x\rangle_S$，而在埃弗雷特的解释中则是两者同时实现，组合系统 M+S 的态处于纯叠加态，两个态的统计混合，两种解释的预言是不同的。因此单从形式上看，相对态解释与整体解释的预言是不一致的。

---

① Hugh Everett. "Relative State" Formulation of Quantum Mechanics[J]. Reviews of Modern Physics，1957，29：320-321.

② Hugh Everett. "Relative State" Formulation of Quantum Mechanics[J]. Reviews of Modern Physics，1957，29：321.

　　面对相对态解释与正统解释的冲突，以及相对态解释自身在经验解释上的问题，似乎无法从我们经典的物理图景中给出合理的说明，因此埃弗雷特进一步做了大胆的尝试，他试图重新构建一套概念体系，然后在一个新的物理学体系中来对量子力学的现象给出合理的解释和说明。

5.1.2　相对态的另一种表述——关联信息

　　首先，需要介绍一个新的概念。埃弗雷特在推导量子力学的统计预言时，提出了一个新的概念——关联信息（correlation information），他试图用香农信息（Shannon information）来对关联信息进行量化，且提出使用波函数振幅平方的量子关联信息取代概率分布，关联的概念比概率的概念更加基本。"新理论的基本假设认为用纯波动力学，而非统计解释，就可以对波函数本身进行量化。""通过关联来解释，存在一个作为关联而存在的经典客体，即理想的观测者。在测量过程中，整个波函数的效应可以解释为观测者的分裂。""因为我们需要发展一个基于纯波动力学的量子力学（关联性都通过波函数的平方振幅来保持，而不是概率分布；我们必须考察作为一个自然过程而存在的测量，并完全用波动力学表示测量，作为系统和观测者的关联而引入。）"[1]

　　这里我们集中讨论埃弗雷特解释中关联的概念及其与相对态的关系，暂时不讨论观测者的分裂。在埃弗雷特的解释中关联是测量的核心特征，他基本放弃了正统解释中对测量的定义，正统解释中的测量以两类演化和观测者的参与为主要特征，而且观测者的介入是无法从形式中排除的。而在埃弗雷特的解释中他认为量子力学的核心概念应替换为关联性。关联性普遍存在，我们的经验世界直接经验到的经典客体，也可以用关联性来解释。在埃弗雷特看来相比于关联，分裂的观测者也是次要的。通过波函数的平方振幅而保持的关联是埃弗雷特解释的核心。

　　关联是埃弗雷特理论的基本概念，"在我看来，测量仪器和其他物理系统是无分别的。因此，测量仅仅是物理系统相互作用的一种特殊情形，一个子系统与大量子系统关联量的相互作用。"[2]"不再有任何独立的系统态和观测态，存在的是一一对应的关联，这种关联允许我们对测量过程进行解释。"[3]而相对态正是描述量子关联的工具。首先，设在一个封闭系统中，相对态用两个子系统的关联来表示，其整体的希尔伯特空间被表示为两个希尔伯特空间的张量积。假如子系统之间不存在纠缠，相对态中的每个子系统都各自拥有独立的量子态，用标准的本征值——本征态描述。但是，如果把它们合起来作为一个整体来考虑，整体的量子叠加态则无法用本征值——本征态描述。因为两个状态分别有各自的本征态，只能各自独立地表示，组合起来的整体无法解释其意义。相对态弥补了标准"本征值——本征态"描述的这一缺陷，相对态总是普通存在，子系统态与另一个子系统态总是相互关联，子系统不是绝对存在，而是相对于其他子系统而存在。因此，从一个量子态展

　　① Hugh Everett. Outline of the New Theory. Undated 14 Page Manuscript. In Thesis Drafts，Random Notes File. UCI Space Everett Archive.
　　② Hugh Everett. The Theory of the Universal Wave Function[M]//R. Neill Graham，Bryce Seligman DeWitt (Eds.). The Many-worlds Interpretation of Quantum Mechanics. Princeton：Princeton University Press，1973：53.
　　③ Hugh Everett. "Relative State" Formulation of Quantum Mechanics[J]. Reviews of Modern Physics，1957，29：459.

开的两个分支状态，既不像正统解释描述的那样，其中一个消失，最后只能随机地得到其中一个状态；也不像后来德维特的分裂世界解释那样，两个分支世界之间在测量后不再相互作用。

埃弗雷特对理想的测量给出了两种描述——一种是相对态，另一种是关联信息，两者紧密相关，形式上等价。测量之后子系统间仍存在相互作用，并保持着较强关联。在观测中，相互作用产生了仪表盘上的观测记录，进而被人们感知、记忆。由于身心平行原则，所有记忆过程都是一个物理过程。

总之，相对态解释在冯·诺依曼形式的基础上，去掉了坍缩假设。然后对纯波动力学用相对态和关联信息两个新的概念进行了补充。每个概念都描述了子系统相互作用的纠缠状态，并构成了埃弗雷特测量模型的基础，且测量模型能用其中一个概念独立地形式化。关联的概念引出了整个埃弗雷特解释的进一步阐释，更重要的是，他提出了一个描述测量过程的完全不同于标准形式的新工具。正统解释对波函数的理解只是将其作为一个数学技巧，但在埃弗雷特看来尽管多数情况下正统解释的描述是有效的，但是终究不是一个完备的描述。因为正统解释中忽略了不同元素间存在的真实的相位关联，而这种关联对于多个子系统关联极为重要。[①]

回到关于分支问题的讨论上，由于埃弗雷特在表述上存在明显的矛盾，我们最终还是不清楚埃弗雷特怎样看待分支，也不清楚观测者如何与特定的分支相关联。埃弗雷特说总存在一个唯一的物理观测者，没有单个的观测态，不同分支代表了观测者不同的主观经验，所有分支同时存在。[②] 这种多个主观经验的分支究竟是什么意思？

在长论文结尾，埃弗雷特描述了纯波动力学视角下的新物理学。他认为，物理学现象中大部分物理定律包含关于量子关联的研究，不过是不同子系统间的量子力学关联。这种关联定律可写为：在条件 C 下，子系统的性质 A 关联于另一个子系统的性质 B[③]，但这些物理性质并不是决定性的性质，而是存在于彼此的相互依存，这种相互关联的性质普遍存在。最后，埃弗雷特得出结论说：从子系统看不存在绝对的物理事实。"所有关于子系统的陈述都变成了相对的陈述。相对于其余态的描述。"[④]他建议一个观测者得到的看似决定性的经验，从根本上讲不过是在一个子系统视角下的一个相对事实，就和爱因斯坦相对论所描述的，一个物体的运动状态只有在相对于特定的参考系才可以定义，不存在绝对的时空，脱离于参考系来描述一个物体的运动状态是没有意义的。同样，在相对态解释中，一个子系统分支的状态也需要参照特定的优选基，相对于另一个子系统分支的状态才可以给出完整的描述。

---

① Hugh Everett. The Theory of the Universal Wave Function[M]//R. Neill Graham, Bryce Seligman DeWitt (Eds.). The Many-worlds Interpretation of Quantum Mechanics. Princeton：Princeton University Press，1973：106.

② Hugh Everett. "Relative State" Formulation of Quantum Mechanics[J]. Reviews of Modern Physics, 1957, 29：320.

③ Hugh Everett. The Theory of the Universal Wave Function[M]//R. Neill Graham, Bryce Seligman DeWitt (Eds.). The Many-worlds Interpretation of Quantum Mechanics. Princeton：Princeton University Press，1973：117-118.

④ Hugh Everett. The Theory of the Universal Wave Function[M]//R. Neill Graham, Bryce Seligman DeWitt (Eds.). The Many-worlds Interpretation of Quantum Mechanics. Princeton：Princeton University Press，1973：118.

5.1.3 相对态对正统解释的逻辑还原

埃弗雷特认为他自己建立了一个逻辑严密的公理理论，该理论对于我们所经历的世界经验给出了部分解释，且消除了正统解释中观测者的特殊地位，消除了两类演化，构建了一个逻辑上更加简单的推理。而且他的理论比正统解释更加基本，作为一个元理论可导出正统解释。但是，正如前文所指出的，在对理论给出明确的经验解释方面，我们遇到了很大的困境。"1951 年 1 月，一个精简版本在几个物理学家中流传。他们评论说最困难的不是直接的数学形式，而是如何用一个合适的词来描述我们的个人经验。他们希望我用合适的词语来避免误解和模糊。"①埃弗雷特最初的版本中没有对主观经验和客观实在的关系给出合理描述。他自己也意识到了这个问题，并明确指出：

"在这点上我们遇到一个语言困难，测量前我们有一个单个的观测态，测量之后又有多个不同的观测态，所有都发生在叠加态中。每个态分别都是观测者的一个态，所以我们可以说存在被不同的态描述的观测者。另外，同样的物理系统，同样的观测者，不同叠加态元素不同状态（分别在不同的叠加元素中有不同的经验）。这样，在强调单个物理系统我们应使用单数，强调不同的叠加态元素时使用了复数。"②

我们明确知道的仅仅是，从形式上看整个测量过程中有一个统一的波函数，这个波函数可分解为多个部分的叠加态。但问题是我们应该如何解释这个分支的数学结构，如何解释分支，如何区分物理系统的状态和观测状态。埃弗雷特认为每个叠加态元素都是有意义的，但如果每个元素都对应于一个物理态的话，又与只存在单个物理系统的前提相矛盾，一个物理系统不能同时被不同的态所表示。为了解决这个矛盾，产生了多世界解释、多心灵解释等很多种不同的解释。不过埃弗雷特自己并不想将这个问题超出物理学的层面引入形而上解释，而是认为主要在于常识语言在表达数学形式中存在困难。在他看来最重要的是数学形式，而至于观测者的主观经验，由于人自身的限制而无法感知所有的"实在状态"。当需要强调物理系统的唯一性以及波函数的整体连续性的演化，就将其作为整体考虑就使用单数来描述，而当需要强调波函数分解状态中不同的观测态就使用复数来描述，他认为至此已表达明确。

这里埃弗雷特似乎试图将问题的矛盾引到语言表达的层面，不认为形式本身有什么问题。这种处理本质上还是一种二元论的处理方式，只是将矛盾引到了别处，但是并没有实际地解决问题。在前文的分析中也可以看出，尽管埃弗雷特曾采用多种方式来对此给出澄清，多次试图解释其测量理论的经验含义，但总是非常含糊，且语言上存在很多跳跃（shift）。他认为可从纯波函数形式本身出发来生成自己的解释，不需要添加额外的假设，并发展出一套相对态的概念体系，而他的概念体系既包括形式体系部分，也包括解释部分。而且他认为自己的理论作为一个更基本的元理论，可以导出正统解释的形式和经验，但是实际上这些都是他自己对自己理论的评价，而在其他同行看来他的工作实际是否可以达成这些目标尚有很多的疑问。下面将对埃弗雷特文本中解释性的描述中所使用的词

① Hugh Everett. On the Foundations of Quantum Mechanics[D]. Princeton：Princeton University，1957：1.

② Hugh Everett. The Theory of the Universal Wave Function[M]//R. Neill Graham，Bryce Seligman DeWitt (Eds.). The Many-worlds Interpretation of Quantum Mechanics. Princeton：Princeton University Press，1973：68.

语表达的内在逻辑给出一个大致地分析。

在建构他的相对态解释时，埃弗雷特认为逻辑形式和经验解释是组成一个理论的两个最基本的要素。一个没有明确物理意义的数学形式，只能是一个抽象的数学表达；同样没有逻辑支撑的经验内容也是不可靠的，量子形式和经验解释是紧密相关的。在与正统解释的关系上，埃弗雷特使用内在理论还原的框架（inter-theoretic reduction）。内在理论还原不一定是解释不同科学理论之间关系的最好方式，不过在解释埃弗雷特与正统解释关系时，埃弗雷特的还原解释有很大启发性。[①]

埃弗雷特认为他的解释是对冯·诺依曼量子形式的内在理论还原，我们可将其视为直接但是是部分的、不均匀的还原。一方面，埃弗雷特的还原是直接的，两个形式体系之间没有太多的差异。在直接对应关系上满足内格尔（Nagel）意义上的还原，在两个形式之间不需要一个媒介理论，两者都是在同一个形式框架下构建的，因此说埃弗雷特形式对正统解释的直接还原条件是满足的。两个理论都是可形式化的，且表述中有大量重叠的部分。内格尔的内在还原要求"每一个科学的陈述 S 都可分析为一个语言结构，其中一些基本的要素表达与默许的或清楚的结构规则相一致"[②]。单从形式上看，除了消除过程一的坍缩假设，埃弗雷特声称他的形式也可以导出玻恩规则，两个理论的经验预言是等价的。从这一点看正统解释在形式上可被埃弗雷特解释代替，在这个意义上讲，确实正统解释可被包含到埃弗雷特解释。这也正是埃弗雷特的目的，他试图将正统解释所有内容都纳入到他的理论中，作为一个元理论展示其方法的有效性。另一方面，埃弗雷特的还原又是部分的，因为有些正统解释的要素是与埃弗雷特解释不相关的。比如，埃弗雷特明确指出他的模型中没有几率的概念，并认为从他的形式在不使用概率模型的前提下也可以推出标准模型的统计预言[③]。"正统解释的统计断言可从纯波动力学形式导出，完全独立于统计假设。"[④]因此，正统解释中概率是明显的（emergent），概率的性质被翻译为特定陈述之间的逻辑关系[⑤]。因此说虽然还原是直接的，正统解释中仍有一些埃弗雷特解释中不需要的性质和实体，这些概念从埃弗雷特解释的内容看都是突现的。

最后，埃弗雷特与冯·诺依曼形式也是不同的。他们的形式中很多相关要素在概念上是有区别的，下一节会对这些概念给出专门的论述，特别是相对态和关联信息的概念完全是原创的。埃弗雷特从相对态原则出发，去掉了外部的观测者。而且埃弗雷特将相对态理解为一个普遍的原则，将宇宙波函数定义为"基本的物理实体"[⑥]，不光是用于计算的数学

① Brett Maynard Bevers. Everett's "Many Worlds" Proposal[J]. Studies in History and Philosophy of Modern Physics，2011，42：3-12.

② Ernest Nagel. The Strcuture of Science：Problems in the Logic of Scientific Explanation[M]. New York：Harcourt Brace world，1961：349.

③ Hugh Everett. The Theory of the Universal Wave Function[M]//R. Neill Graham，Bryce Seligman DeWitt (Eds.). The Many-worlds Interpretation of Quantum Mechanics. Princeton：Princeton University Press，1973：11.

④ Hugh Everett. "Relative State" Formulation of Quantum Mechanics[J]. Reviews of Modern Physics，1957，29：462.

⑤ Ernest Nagel. The Strcuture of Science：Problems in the Logic of Scientific Explanation[M]. New York：Harcourt Brace World，1961：372.

⑥ Hugh Everett. "Relative State" Formulation of Quantum Mechanics[J]. Reviews of Modern Physics，1957，29：455.

工具。波函数具有了类似电磁场那样的实体地位，其描述范围超出了量子力学的框架，也可描述宏观物体，甚至整个宇宙。

总之，整体来看，在逻辑形式方面，埃弗雷特在冯·诺依曼形式的基础上建立了自己一套新的形式体系，取代了原有体系；在经验解释方面，他赋予了波函数更基本的实在地位，将整个宇宙作为一个封闭系统用波函数描述，坍缩仅仅可以看作子系统之间的相互作用，而非整体波函数的性质。但是暂且不论埃弗雷特的内在还原是否有效，在经验解释方面相对态解释引出了诸如分支、观测状态分裂等没有明确经验对应的表述。不过在埃弗雷特看来他自己的突出贡献主要在于在希尔伯特空间中用纯波函数导出了量子统计概率，至于对形式本身的理解、分支、观测者分裂、优选基等问题，只是附加的部分，并非理论的主要部分，因此他自己在论文对这些问题大多只给出了零星的、不成体系的论述。

5.1.4　相对态的隐喻

科学隐喻在目前已成为语言学、认知科学以及哲学研究中的重要议题，对于我们理解埃弗雷特解释中分支的含义具有重要意义。我们在使用语言去描述事物时，由于人类语言含义的丰富性，不仅仅只是简单的指代关系，造成了我们在理解抽象形式化的表达时总会不可避免地包含很多隐喻。一个词语最初仅仅涉及我们直接感知事物的性质，但是在使用时由于在不同的语言情境下不断地使用，逐渐会引申到一些没有明确含义的精神事物上，意义和意象之间会呈现明显的断裂。当然，在一个词语被广泛而大量使用后就会失去隐喻的性质，成为习惯性的常识用语，引申意义就变成了它的本义，人们对它的理解就不再是感性的对象，而是直接获取它的抽象含义。在科学实践中，由于科学理论先天的原创性、抽象性的特征，科学理论中的术语和概念在最初提出时，都不可避免地引申了该词语最初的原始意象，而且语言本身就具有隐喻的特性。

纵观自然科学发展的历史，科学家、哲学家们经常采用大量的隐喻性的语言描述来形象地说明自己的观点。英国著名哲学家、实验科学的创始人弗兰西斯·培根在其著作中对"热"的基本概念的描述为：热普遍分布于整个物体中，且只占一小部分，但是热会在物体内部扩张性地行动，各部分热之间互相制衡、互相排斥、互相撞击，物体内部这些热运动外在地表现为物体的不同运动，热永远在颤抖中挣扎，被回音所刺激，因而从这些热的颤抖、挣扎、回声中能形成物体的运动，冒出火及热的威猛。[①] 虽然说在培根所处的 17 世纪科学的语言描述体系还不完善，但是从他文学化的描述中可以看到很多如"在颤抖中挣扎""被回音所刺"等拟人化的表达。这种隐喻的描述丰富了对科学理论表述的范围。在科学表述中，由于很多科学实体的抽象性，为了便于理解和传播，隐喻化的表达手法是不可避免的。比如惠勒最初用"黑洞"来指代宇宙空间内密度极大以至于光都无法逃脱的星体；霍金用大爆炸来形容宇宙最初形成的原因；以及本书所讨论的多世界解释，用多个本体世界的存在来刻画埃弗雷特理论的特征。在掌握了理论核心特征的基础上，人们用了一些更直观化，形象化的语言来描述这些特征。因此，科学隐喻作为科学家们对理论进行沟通的媒介，虽带有约定的成分，含义也相对模糊，但是这是对客观理论特征的洞察性的猜想和

① 安军，郭贵春. 科学隐喻的本质[J]. 科学技术与辩证法，2005，6：43.

描述。

　　由于人们认知能力的限制，我们总是需要从已知的世界映射到未知的领域，特别是在新科学理论的建构过程中，在埃弗雷特解释中有着明显的体现。在埃弗雷特的解释中，最核心的概念为相对态，在此基础上为了能更加清晰地描写理论的内在特征，又进一步出现了分支、分裂、多重的观测态等隐喻性的描述，另外还有两个额外的隐喻：涂沫（smearing out）和截面（cross-section），来对波函数的演化特征给出描述。"假如我们考察波函数的一个截面，变量 x 拥有确定值 x_i，相应仪器也拥有确定值 y_i，只要我们选择一个 x_j 确定的截面，便会立刻发现 y 拥有确定的值 y_j。从波动力学的观点看，当仪器与系统相互作用，不在变量的本征态上被测量时，仪器本身是处于一种'涂沫'的不确定的状态，不论尺度多大。然而系统已被关联，这种关联允许我们对理论给出精确描述。"[1]这里截面的意思指的是波函数被投影到一个特定的子空间的数学描述，和投影假设相类似。这里他似乎暗示客观仪器的状态是出于某种叠加的涂沫状态，但是只有关联是确定的，截面只是为了说明确定的态是存在的，但不是独立存在的，需要选择一个截取方式。他暗示截面和相对态是同一个数学操作，但是内涵略有不同。

　　埃弗雷特的目的主要是为了说明波动力学中相对态（关联）的核心特征，至于其他特征都只是为了便于我们理解附加的隐喻。"为更好地解释量子力学中关联的核心地位，考虑如下例子：一个立方体盒子中，放一个质子和一个电子，每个都处于动量本征态，因此各自的位置振幅在整个盒子中是统一的。一段时间后氢原子形成，而电子的位置振幅在整个盒子中是统一的，质子也一样。盒子里的位置密度已经关联起来。盒子里有一个氢原子仅意味着这种关联的存在。事实上，波函数是在 3N 维空间中的，而不是 3 维空间。当几个系统关联度下相互作用产生……强关联将被建立，我们可以说粒子已经合并为一个固体。这种现象解释了宏观世界的经典表象，如固体物质的存在。因为我们自身也与环境有强烈的相互关联……因此波动力学的描述与我们经典尺度下确定性观念相容，只是因为强关联的存在。"[2]

　　从这段描述中可以看出，埃弗雷特强调的是，盒子中粒子的相互作用并不是人们通常理解的分支、分裂等。分支、分裂、涂沫和截面都是埃弗雷特为了解释相对态，在具体情形下的隐喻表达，而非核心特征。在上述例子中，是无法用分支和分裂来解释的。假如在其中一个子空间上合成一个波函数，其中质子位置大致确定，但是电子位置却不能同样程度的确定。因此，质子与电子位置并不是一对一关联的，不能说在一个分支中粒子拥有怎样位置，也不能追踪电子的轨迹。而且在波函数中还存在干涉，事实上正是干涉最终产生了氢原子的能量本征态。埃弗雷特在他的文本中，存在大量的隐喻性暗示，单从个别的语言描述出发，去理解埃弗雷特解释是不可能的。在埃弗雷特的解释中，包括经典宏观现象在内的一切物体都可以还原为基本粒子的相互关联。为了解释这种关联态，可以结合具体事例使用各种术语"相对态""关联信息""截面""分支""分裂""涂沫"等，但是埃弗雷特对此

　　[1]　Brett Maynard Bevers. Everett's "Many Worlds" Proposal[J]. Studies in History and Philosophy of Modern Physics，2011，42：3-12.

　　[2]　Hugh Everett. The Existence and Meaning of Classical Objects. Undated 4 Page Manuscript. In Thesis Drafts, Early Drafts File. UCISpace Everett Archive，6-7.

都没有给出很完善的描述。在测量中，测量行为导致仪器与客观系统发生关联，产生了一个可观测量的同时，观测者与环境变为强关联，观测者经验到了一个宏观世界。所有关联仅是特定位置空间中的解，试图仅将此关联解释为分支在上述的例子中是不可行。因此说分支并不是埃弗雷特解释的必要部分。

　　埃弗雷特试图从波函数的完备性假设出发导出量子力学的预言，正统解释认为测量后波函数随机坍缩到了一个确定的本征态，而埃弗雷特则认为所有结果都"实现"了，两种解释在预言上不一致。这就需要对波函数的分解给出描述，埃弗雷特也意识到在解释中对"分支"的理解起着关键性的作用。埃弗雷特进一步将讨论引向了形而上学，他提出了分支树（branch tree）的概念，且认为他的形式"放弃了唯一观测者的概念，而不考虑进一步哲学上暗示"[①]。他还把观测者比喻为一个有记忆的阿米巴变形虫（amoeba）来解释测量中的分裂过程，后来在惠勒建议下放弃了这一表述。不过，可以确定在埃弗雷特看来这些哲学暗示的奇异性，对其形式系统的明确性影响不大。他用氢原子的例子澄清了宏观自由度的本质，然后用关联的概念引出了相对态解释的进一步深化，虽然有很多隐喻，但都无根本意义，埃弗雷特最终也没有对这些术语赋予实在性的地位，甚至后来干脆导向了反实在论（或者说模型实在）。1957 在给德维特的信中他写道："当人们在使用一个理论时，自然假定理论的建构是真实（real）和存在的（exist）。如果理论是很成功的（正确预言感觉经验），那么对理论的信心就建立起来，其结构也被倾向于认为是真实的物理世界的元素。然而，这只是纯粹心理学上的安慰，没有哪个精神建构应被认为比别的更真实。"[②]他把科学理论看作建构的模型，而不是关于实在的描述，相关的论述后文详述。

　　当然，埃弗雷特自己特别反感过度形而上学的讨论，并尽量避免过多的形而上学的论述，在他看来分裂的观测者仅仅是一个语言表达的问题，仅仅是一个隐喻。他更重视的是理论的数学形式本身以及与形式本身紧密关联的经验部分。在给诺伯特·维纳（Norbert Wiener）的信中，埃弗雷特声称"所有分支都是以不同的方式实现的"。维纳表示他一直关心"某一事实或某一组事实已经实现"的问题，他认为埃弗雷特并没有充分地解决这个问题[③]。在维纳看来，这个问题其实就是如何描述波包坍缩的问题，和优选基问题一定程度上是等价的。

　　埃弗雷特回复"你指出一个事实或一组事实实际上已经实现，究竟指的是什么。现在我也意识到这一点在量子力学的正统解释中导致了很大的问题。这个问题在新形式中被消解了，因为在这个理论中根本就没必要讲'情形 A 被真实的实现了'"。在德维特的多世界解释中，波函数的分裂用不同的结果在不同的世界中被意识到来解释。然而，埃弗雷特认为一个结果在分支中发生，并不意味着结果被真实的实现了。埃弗雷特对于什么是真实给出了新的解释，他认为根本就不存在什么绝对的、唯一的真实状态，所有的态都是相对的。在给维纳的信中，他指出"'情形 A 被真实的实现了'这种表述在他的理论中是没有意义的，必须相对于其他的态才能定义。关联与不同的观测者的状态，所有的可能性都实现

　　① Hugh Everett. Probability in Wave Mechanics. Undated 9 Page Typescript Addressed to John Wheeler with Wheeler's Marginal Notes. In Thesis Drafts，Mini-papers File. UCISpace Everett Archive，8.

　　② Hugh Everett. On the Foundations of Quantum Mechanics[D]. Princeton：Princeton University，1957.

　　③ Letter：John A. Wheeler to Hugh Everett，Apr，9th，1957.

了"。埃弗雷特明确区分了"A 被真实地实现了"与"相对于观测态 B，A 被真实地实现了"两种表达之间的区别。前者的表述内在的假定只存在一个真实的世界，那就是我们现实感知到的世界；而后者加入了一个限定条件，似乎假设我们的观测状态实际上并不是唯一的，不能作为绝对的参考标准，而是必须要相对地定义。就像在相对论中参考系的选择，因为存在不同的可能选择，所以运动方程必须相对于特定的参考系来给出。所以说后者的表述便假定观测状态并不是唯一的，而且他们都是真实存在的。当然这里的真实与我们通常的理解不同，不能用我们的现实经验来理解，而是某种可能状态，或者说是一种模态。

5.2　相对态的核心特征

在埃弗雷特的解释中赋予了量子力学全新的物理意义，是经过埃弗雷特自己独特理解的一个全新的物理理论，其中很多概念的意义与正统解释的理解有着很大的差别。

5.2.1　波函数的核心地位

在埃弗雷特的解释中，一些传统的数学概念，特别是波函数被赋予了全新的物理意义，埃弗雷特将其适用范围做了很大的扩展，使之适用于宇宙中的所有事物，并且赋予了波函数很强的本体论意义。但是，这样也引发了很多问题，"在埃弗雷特的理论中，假如还用传统的方式对一些数学量进行理解，比如说波函数，就一定会带来很大的困惑。……关于实验的预言结果应当在量子论自身的形式下进行定义，而不是诉诸于波函数的认识论解释，埃弗雷特对于波函数适用范围和基本地位只是他个人的独特理解，且对于波函数可对量子形式进行完备描述的理解与传统解释完全不同"[①]。埃弗雷特试图用一个全新的思路，将量子力学的形式体系构建为一个演绎的逻辑体系，尽量用一个统一的假设，导出量子力学的全部经验。但是要构建一个公理化的演绎系统必须要预先假设一些基本的前提，例如在爱因斯坦的狭义相对论中，两个基本假设为相对性原理和光速不变原理。而埃弗雷特的相对态解释中假设波函数可以对所有物体进行完备地描述。这个假设在埃弗雷特的解释中就相当于光速不变原理在相对论中的地位一样，这个假设在理论中是作为不证自明的公理性地位而出现，且对其地位也没有给出进一步的说明。当然，假如该假设被证伪或被证明是不可靠的话，那么整个埃弗雷特解释的大厦也就坍塌了。当然，埃弗雷特的解释并没有引起玻尔的重视，玻尔更关心的是在特定实验中理论如何对实验结果给出明确的预言和说明，而不是诸如"波函数可以对我们的世界进行完备的定义"这样的带有明显假设性的论断。而且玻尔自身带有很强的实证主义的倾向，对于埃弗雷特与爱因斯坦类似的带有明显实在论特征的观点带有很强的偏见。玻尔从一开始就没有重视埃弗雷特的工作，因为在玻尔看来埃弗雷特解释的基本前提就是错误的，埃弗雷特首先断言：波函数作为基本的物理实体，本身不需要进一步的解释。在此前提下，才展开进一步的工作。而在玻尔看来，

---

①　Stefano Osnaghi, Fábio Freitasb, Olival Freire Jr. The Origin of the Everettian Heresy[J]. Studies in History and Philosophy of Modern Physics，2009，40(2)：114.

这种极度抽象的断言是有害的，从这个前提出发不光不能进一步澄清物理概念的含义，反而使得整个量子力学的基础更加模糊和混乱。玻尔始终坚持实证主义的立场，在他看来一个科学理论就是数学推理和实验验证的有机统一，除此之外任何对理论内在的，实在论的解释都是不必要的。当然玻尔自己在讨论量子力学的概念问题时所使用的也是非常哲学化的方式，他的互补性原理在物理学家看来也是难以理解的。不论如何，埃弗雷特的解释被玻尔彻底否定了，因为假如接受埃弗雷特的形式，整个量子力学都需要做出彻底的改变，整个概念体系都会发生混乱。

5.2.2　态的相对性

自量子力学诞生之后，很多物理学家都意识到，和相对论最初提出时的情形类似，对量子力学的性质也无法给出一个绝对的描述。不过在量子力学里不像经典力学那样，物体物理状态的确定需要依赖于参考系的选择，而是在希尔伯特空间中用波函数来对量子系统进行描述。而对于特定测量过程中本征态的确立无法单从形式体系本身来确定，而是要结合特定的测量过程，最终测得的结果只能是其中一个本征值对应的状态，并非是绝对意义上的。我们并不清楚对于最终得到的一个状态与可能存在的状态之间有着怎样的关联。埃弗雷特的相对态恰好就是为了对这种量子力学的模糊状态进行说明而提出，同时避免了正统解释中先天具有的主观性和二元性。而玻尔的互补性原理则试图重新定义测量，使其无法独立于具体的测量情境给出客观化的描述。对于系统的性质需要在特定的实验情境下，给出可以兼容的可观测量，最后得到经验性的数据。因此，由于量子力学天然具有的情境性特征，无法单从初始系统状态和数学形式给出量子状态的完备描述，仅仅在关联于特定的可观测量的本征态以及特定的操作下，才可以得出具体的观测值。"只有在特定坐标系下态矢量才有意义，在已知态矢量加上实验操作才可以进行预言。"[①]

德维特在研究量子引力问题时，首先注意到在大爆炸初期，宇宙处于密度极大的状态，其状态也极不稳定，此时必须要用量子力学的方式来对宇宙的整体状态进行描述。恰好埃弗雷特用宇宙波函数来对整个宇宙的状态进行描述的想法启发了德维特。他认为埃弗雷特的解释是当时唯一一个与相对论相容的量子解释。"正统解释中对外在的观测者的描述就和相对论提出以前的洛伦兹的解释类似，当时洛伦兹认为尺缩效应只是一个特设性的假定。埃弗雷特将观测者排除在外的工作，和爱因斯坦否认有绝对惯性系的存在有异曲同工之妙。"[②]

其实单从形式体系来看埃弗雷特并没有想要取代传统的量子力学形式，而是从概念的角度对量子形式给出新的解读。玻尔将量子力学的相对性，理解为在不同测量情境下表现出来的非唯一性，无法对测量过程给出绝对的描述。埃弗雷特将这种相对性理解为最终测量结果的相对状态。在一次测量中，只能得到一个相对的事实，而不是全部。我们无法通过唯一的一次实验结果来认识系统的客观状态，测量的结果可能有多个，只有相对于其他的测量结果而言，单个结果才有意义，因此，才称其为相对态。并且，相对态的形式体系

① John Archibald Wheeler. A Septet of Sibylis[J]. American Scientist，1956，44：360-377.

② Hugh Everett. Letter to Bryce DeWitt，May 31，In Correspondence，DeWitt-Wheeler-Everett Letters File. UCISpace Everett Archive.

完全可以用数学符号给出描述。在相对态解释中，一次测量之后，没有哪个结果比其他可能的结果更加真实，所有的结果相对于特定宇宙的状态都是真实的。这样就消除了在投影假设中不可解释的坍缩过程，其中只得到一个子空间中相应的结果，其他结果莫名其妙地全部消失了。当然，玻尔也不喜欢将坍缩理解为一个跃变的，魔法般的过程，不过这并不重要。在他看来，重要的是可以用数学形式对实验结果给出精确的预言，至于测量过程中究竟发生了什么他并不关心。态矢量仅仅是一个符号，用来对特定情境下的实验结果进行预测，"统计操作仅仅代表了一个有效的计算条件概率的方法，而且统计操作也是有条件的，它取决于系统被描述的方式，就像相对论中的坐标系一样"[①]。

5.2.3　动力学过程的可逆性

如果按照埃弗雷特的理解，波函数按照薛定谔方程，一直统一地、连续地、决定性地演化，其中不存在任何不连续的坍缩过程。这种理解方式和经典力学中对决定性的理解非常类似，似乎埃弗雷特的解释构架了一个经典决定论意义上的量子力学解释。而且整个波函数演化的动力学过程都是决定性的、可逆的，从现在的状态可以逆推之前的状态。埃弗雷特认为坍缩过程不存在，完全忽视了测量过程中从微观系统到宏观仪器，再到观测者之间的相互作用过程，在哥本哈根学派看来，这正是埃弗雷特理论的主要缺陷，他错误理解了不可逆性在量子物理学中的基本地位。"埃弗雷特似乎并不理解不可逆性的基本特征，以及测量在宏观尺度下的意义，我们不可能在观测中记录下仪器与原子系统之间的相互作用。这并不是说相互作用是不可控的，而是相互作用本身是很难定义的，这也与不可逆性紧密相关。整个量子现象也因此得以呈现。"[②]

在哥本哈根学派看来，测量链条的中断是必须的，测量过程必然是不可逆的，而且只能发生在宏观层面，而且宏观特征对于测量链条来说是决定性的。而在埃弗雷特看来，哥本哈根学派只是将宏观观测看做不可逆的根本原因，先天地假定微观系统和宏观系统之间具有本质的区别。但是对于这种分别的依据并没有任何说明，他们只是不停地强调不可逆性对于测量过程的重要性，但是并没有解释不可逆性出现的根本原因。

对于不可逆性，哥本哈根学派主要从以下两个方面进行理解：首先，他们先验的假定不可逆性是测量的基本特征，且只有在测量实际进行中才会表现出来，在未测量时，系统的状态按照薛定谔方程进行连续地演化，且不存在不可逆的特征。其次，在对不可逆性进行解释时，总是将其归结为态矢量的坍缩。坍缩被理解为宏观测量仪器的本质特征。

在埃弗雷特的解释中，所有的结果都同样地实现，不存在坍缩过程。整个测量过程都是按照薛定谔方程决定地演化，从根本上否认了哥本哈根解释对于测量过程的解释。整个过程都是连续进行的，没有任何突变的过程，当然也不存在不可逆性，从系统的任意状态开始，不论对于过去还是将来的状态都可以从薛定谔方程推导出来。这种理解方式在哥本哈根学派看来是极度令人费解的。"我不认为埃弗雷特是正确的。不存在没有态矢量坍缩的测量过程，那样意味着一次测量永远都没有完成。"[③]罗森菲尔德进一步解释到，"我们不

---

①　Stefano Osnaghi, Fábio Freitasb, Olival Freire Jr. The Origin of the Everettian Heresy[J]. Studies in History and Philosophy of Modern Physics，2009，40(2)：115.

②　同①.

③　Letters：Leon Rosenfeld to Belinfante，Jun，22nd，1972.

得不使用态矢量坍缩的概念，因为坍缩规则只不过是对理想记录结果的一般形式表述，否则的话，就无法对我们的经验给出描述"①。同时他还强调，坍缩规则并不是一个特设性的假设，它可以从热力学定律中推导出来。因为我们必须要记录实验的结果，而记录行为必然是在宏观尺度下进行的，必须有实验仪器才能进行测量，而实验仪器本身就是一个复杂的热力学系统，因此说坍缩是不可避免的。

5.2.4　消除微观和宏观的二元区分

在玻尔看来，数学符号只有在完全定义的情形下，才可以应用在物理中，因此，理论必须清楚地定义实验过程，其中包括被完成的测量和可能得到的结果。"数学只有在具有明确意义的情形下才可以使用到物理中，物理意义并不是任意给定的，正统解释确实有它的缺点，但并不是如埃弗雷特所说那样，不可能单从波函数的假定就可以推出整个量子力学。"②

斯特恩(Stern)也强调"形式体系的解释所包含的概念最终必须与我们的经验相关，我们称之为客观实在。关于科学的实验和抽象的数学形式一起构成了科学的外在表现和内在精神"③。他也用生物学的例子进行说明，"为了解释精神分裂现象，从基本的分子层面到可观测的症状表现层面，也可以看做一个测量过程，不可能给出完全的时空描述"④。这个例子意味着物理学理论在事实和经验之间建立关联，因为所有的观测量最终都表示为测量结果的统计关联，其只是一个宏观的记录过程。最终都必须用宏观语言来表达。除了强调经典概念的重要性，这里经典概念指日常语言中或者经典物理学中使用的概念，玻尔还坚持要使用经典来对现象本身进行描述，玻尔认为基于经典概念的解释就自动满足客观描述的条件。在玻尔看来，量子力学中不存在特殊的观测问题，因为观测的概念是在经典概念的框架下定义的，玻尔的目的仅仅是澄清基本物理概念的使用，而且这些概念在解释观测时是不可或缺的。

在哥本哈根解释中，不可能从量子论导出经典现象，因为必须首先假设经典仪器的存在。玻尔先验的假设在描述物理现象时必须在特定的概念框架下进行定义，而宏观仪器在解释中是不可消除的。这就暗示微观和宏观在本质上是不同的，宏观系统先天不可能表现出量子效应，而实在的概念是在经典物理学中定义的，因此不能运用到量子领域。在埃弗雷特看来，玻尔对物理描述的理解太过重视经典概念的基本地位，强行将其运用到量子力学描述中。他认为，经典物理学可以从量子力学中导出，因此，应当用量子力学的概念来取代经典概念，而不是相反。"量子力学基于经典物理描述只是一个临时性的阶段，现在需要给出一个更加基本的说明。在数学中有个很好的类比，复数一开始是根据实数引入的，然而，随着人们逐渐熟悉它的性质，可以从其自身给出定义，而不需要用实数来定义。在量子力学中同样，应该将其视为独立于经典力学的一个更基本的理论，并且从它导出经典物理学。最初，可能确实需要经典概念，但是现在我们已经对其形式有了充分的认

---

①　Letters：Leon Rosenfeld to Frederik J. Belinfante，Jul，24th，1972.

②　John Archibald Wheeler. A Septet of Sibylis[J]. American Scientist，1956，44：360-377.

③　Letters：Stern to Wheeler，1956.

④　同②.

识，不再需要借助于经典物理学。"①

　　但是，在玻尔看来，埃弗雷特试图在改变概念框架的基础上来解释实践的方式是行不通的。理论的构建和完善需要依赖于具体实验的参与和验证，一个理论不论在形式上多么完美，如果不能预测实验现象，就没有任何意义。虽然埃弗雷特的理论确实符合了经典物理学的很多特征，但是这种形而上学的安慰是没有意义的。

　　埃弗雷特试图单从形式体系构建一个公理化的量子力学理论。当然，在一个公理化的体系中也不是说就一定要澄清每一个概念，但是至少需要对实验过程的一些必要变量和信息给出描述，最终可以对所有的实验过程和实验结果给出描述和预测。但是不论在坍缩解释还是埃弗雷特解释中，都没有对测量过程给出必要的描述。在坍缩解释中测量过程的细节可以忽略，只需要关注测量的最终结果即可。而在埃弗雷特的解释中则完全消除了测量过程，在他看来根本就不存在坍缩，叠加态在测量后只是分裂为了不同的分支，所有的分支都是客观存在的。在科学理论中确实存在很多未分析的概念，比如在没有对超距作用给出解释的前提下，依然可以对万有引力进行数学描述；在化学反应实验中，我们也不知道其反应的具体过程，但是只要知道最后的反应结果就足够了。同样，对于测量过程，很多人也认为这个未经分析的概念出现在量子力学中并不会带来太多的问题。

5.3　埃弗雷特对相对态解释的辩护

　　德维特分裂世界的观点使我们重新认识了量子力学测量过程，可能我们的世界并不是唯一的，而是在叠加态中的一部分。在埃弗雷特解释中，关于世界的本质问题经常被认为是很重要的，且与关于测量中的分支问题和优选基问题密切相关。但是，形式体系本身并没有对量子系统给出任何定义，单从希尔伯特空间的形式本身出发是给不出优选基的。因此，形式体系不能直接对可观测量进行预言，我们也无法对一次测量中不相容的可观测量给出一致的预言。人们已经习惯于用一种决定性的方式对可观测量进行预测。而埃弗雷特更想要解决的是形式体系本身的一致性问题。因此，他认为优选基问题并不重要，并没有对优选基问题给出进一步的说明，也无法单从纯波函数形式来定义世界。同时，他也并没有描述过真实的分裂过程。那么人们可能会问，为什么埃弗雷特最终会声称他已经成功地建立了一个更基本的理论且与经验一致，这就需要我们对埃弗雷特自己关于成功理论的标准给出说明。在他的完整版论文最后标题为"关于理论物理的评述"的附录中，对自己的科学理论观给出了详细的说明。基于此我们可以对埃弗雷特的科学理论观以及他对自己理论的辩护给出一个清晰的分析。

5.3.1　埃弗雷特提出解释的动机

　　在 1973 年 9 月写给雅默的信中埃弗雷特详细描述了他的理论提出的动机，以及对自

---

　　① Stefano Osnaghi，Fábio Freitasb，Olival Freire Jr. The Origin of the Everettian Heresy[J]. Studies in History and Philosophy of Modern Physics，2009，40(2)：117.

已理论的一些辩护，在此有必要对其内容给出一个大致的描述①。

在信的开头，埃弗雷特首先交代，他最初的想法主要受他的大学同学查尔斯·米斯纳（Charles Misner），和当时在普林斯顿访学的玻尔的助手奥格·彼得森（Aage Peterson）等人的影响，他们私下对量子力学的基础问题进行了大量的讨论。后来在埃弗雷特导师惠勒的支持下正式选择为博士论文选题，并展开研究。当时对埃弗雷特影响最大的，也是作为他研究的基础和起点的，是冯·诺依曼的量子力学教科书和玻姆的量子力学著作。"有什么特殊的动机和原因使得我提出我的解释和测量理论？我必须坦白最初的动机，仅仅是为了获得一个博士论文选题。当然，第二个动机是为试图修复传统解释内在的不一致。我当时非常惊奇，正统量子解释存在非常明显的矛盾和特殊的假设，却依然被大部分人奉为正统。在我看来，波函数在坍缩时经历一个魔法般的剧变，而其他时候系统则完全服从自然连续的定律，这是非常不自然的。"②

埃弗雷特博士论文发表后，最初并没有引起人们的关注。曾经有一封寄给惠勒的私人信件中，最先指出"理论暗示观测者状态的分裂，这不可能是真的，因为我（批评者）并未意识到任何分裂的存在"。对此，埃弗雷特曾在他给德维特的信中给出了明确回应，人们不能因为感觉不到地球的运动，就否认地球的运动。这里埃弗雷特的看法与科学哲学中关于理论与经验的论证，观察渗透理论的命题相一致。经验本身并不能决定理论，理论不是经验总结的结果，而是理论本身要先做出断言，经验来检验，是理论先预言经验。不过一开始批评的声音并不多，但是很多物理学家也不愿接受这个理论。"我认为这是由于心理上的厌恶，该理论从内在的简单性出发解决了传统量子力学的矛盾。据我所知，理论并未被批评，而是被放弃、置之不理。""已有很多尝试构建不同的量子形式来克服测量解释中的矛盾。但在我看来其他解释也是不自然的，我确信我的理论是目前为止最简单的方式，因为它源于正统解释的内在简单性——放弃其中一个假设（测量过程中的坍缩假设），剩余的部分也能导出同样的结论。因此，我确信从公理化角度看我们的形式是目前最简单的。然而，接受程度完全看个人喜好。"③

后来在论文出版一段时间后，很多物理学家开始讨论这个论题（包括玻尔、罗森费尔德、波多尔斯基、维格纳及泽维尔大学会议中很多物理学家）。但是在埃弗雷特看来，令他震惊和可笑的是，没有人抓住他论文中的主要贡献。他认为他的主要贡献在于，单从波函数出发，"严格"导出了量子力学的概率解释。"严格"的意思指的是，他的论证同经典力学的概率一样，两者都需要依赖于先验空间中的测量选择。经典统计力学中测量是相空间的标准勒贝格测度（lebesgue measure）；而量子力学中，测量是希尔伯特空间中波函数正交集中系数振幅的平方。"两者都满足运动方程的几率守恒，逻辑上讲，不论是经典力学还是量子力学中，统计断言都依赖于守恒定律的唯一性测量。"这里可以看出，埃弗雷特自认为他自己的突出贡献主要在于在希尔伯特空间中用纯波动力学导出了量子概率，至于对形式本身的理解、分支、观测者分裂等问题，只是附加的部分，并非理论的主要部分。

① Hugh Everett. Letter to Max Jammer，September 19，In Correspondence，HE3-JAW-Jammer File. UCISpace Everett Archive.

② Hugh Everett. Letter to Max Jammer，September 19，In Correspondence，HE3-JAW-Jammer File. UCISpace Everett Archive.

③ 同①.

"我要表达的要点是，量子力学的概率解释——测量过程存在某种'魔法'过程，且波函数在坍缩前后服从不同的定律——没有独立假设的地位（不需要再添加独立的假设），可以从纯波动力学中单独导出。这点在当时被完全忽略，可能是由于我写论文时的失误。论文没能很好地表现出这一点，大部分读者在意识到这之前已停止了阅读。"[①]

5.3.2　埃弗雷特的理论观

在论文的附录中，埃弗雷特专门论述自己对一般科学理论的认识。他认为存在很多种量子力学解释，大部分在经验上都是等价的，可在实验上预言相同的结果。由于无法从基本物理学实验上对他们进行区分，我们必须转向别处，深入探求关于自然的基本问题以及一般物理理论的特征及目标，对不同的理论给出评价。只有在对于一般科学理论的角色有一定认识的基础上，我们才能对一些可供选择的解释给出合理的评价。在此，他认为单从经验上是无法对不同的解释进行评价的，因为实验对于理论是非充分决定的，同一组经验数据可以有很多潜在的解释理论，但是对于不同的理论，显然其地位和价值是不同的。因此，需要在更深入的层面探究不同理论的评价标准。

埃弗雷特认为，每个理论都可分为两部分，形式部分和解释部分。形式部分主要由纯逻辑的数学结构组成，包含一系列的符号以及相应的运算规则；解释部分则包含一系列关联（associations），这种关联将形式部分的一些要素（elements）与感觉世界相连。理论的实质就是一个数学模型，模型与经验世界是同构（isomophism）关系，个体的感觉经验的"真实世界"取决于一个人的认识论选择。这句话很关键，埃弗雷特没有说感觉经验取决于人的感官、知觉，也没有说取决于理论，而是说取决于认识论。可见埃弗雷特既非经验论者，也非完全唯理论，而是类似于建构经验论。

模型化的本质在一些理论中非常明显，比如原子核理论以及物理学之外的领域，如博弈论、各种经济学模型等。模型的可应用程度和范围都是有限度的，不可能无限制地推广。然而，当一个理论取得极大成功，且形式也很严密，这个模型就会被认为是"实在"本身，理论作为模型的实质也被忽略（掩盖）了。经典物理学为此提供了很好的例证。经典物理学和其他理论一样都是我们自己大脑虚构出来的，我们只是对它更有信心，但要是认为它比其他理论更"实在"是错误的。

一旦我们认为物理理论本质上只是经验世界的一个模型，我们就必须放弃寻找终极正确理论的企图。很多不同的模型可以说都是在不同程度上与经验相符的，没有办法完全地确认一个模型是否完全正确，因为我们永远不可能触及所有经验。存在两种不同的预言，一种是关于已知现象的预言，其中，理论只是总结了所有已知的结果，他称之为工程师的视角。另一种预言预言了之前理论中不存在的新现象，甚至一个理论会超越其领域的限制，推广到更一般的结论中。这才是大多数物理学家感兴趣的，物理学家拥有强烈的动机去建构新理论，而非像工程师那样修修补补。换言之，他认为物理学家应该如库恩所讲的那样做出独特的贡献，推动科学的进步和革命，而不是在常规科学中做一些修修补补的工作。埃弗雷特自己认为他做的正是物理学家应该做的工作，他在原来正统解释的基础上，

---

　　① Hugh Everett. Letter to Max Jammer, Sep. 19th, In Correspondence, HE3-JAW-Jammer File. UCISpace Everett Archive.

构建了一个更加基本的元理论，从相对态解释可以推出正统解释的所有结论，这也是他做理论的野心所在。同时他还认为不能因为支持新理论而放弃旧的。甚至有时不同的模型在经验上是等价的，不同模型往往适用于不同的情形，正如当下量子论适用于微观领域的描述，而经典力学则适用于宏观领域的描述。接受新理论而放弃旧理论是不可取的，它们在各自的范围内可以共存。

从第一类预言的观点(工程师的视角或者工具论的观点)看，最好的理论能很容易地导出最精确的预言。但是埃弗雷特认为物理学家还应有更高的追求，如使用经典物理学推导出一些现象比相对论和量子力学更容易，但后者则更精确、更基本。物理学家有着强烈的希望来建构一个可以适用于整个宇宙的统一理论。这种渴望来自哪里？答案就是上述讲的第二种预言——发现新现象。一开始时，这很困难，但随着证据的积累，我们的信心开始建立。一旦新理论在处理多个现象时取代了旧理论，成为一个更加综合的理论，我们对新理论的信心将比旧理论更大。因此，似乎人们更渴望更加基本、更加综合的理论。

另一个相关的标准是简单性，他指的是概念上的简单性，而不是使用时的方便。一个很好的例子：广义相对论在概念上是简单的，但在计算上很复杂。概念上的简单性，正如综合性一样，可以增加对理论的信心。若一个理论包含很多临时添加的常数和限制，及很多独立的特设性的假设，一定不如一个有较大自由度的理论更吸引我们。结合这一点我们就更容易理解，埃弗雷特为什么对于正统测量中的两类演化感到不满。因为坍缩假设存在瞬时的坍缩过程，没有对测量给出清晰的描述，这个特设性假设的存在，使得正统解释丧失了简单性。

另外，埃弗雷特特别强调了，关于物理学理论不应该包括不可观测量的说法。这个立场下，似乎理论的唯一目标就是为了总结已知的数据，而忽略了第二个目的——去发现新现象。这个观点的主要动机似乎仅是构建一个绝对安全的理论，永不被反对，坚持这样一种保守哲学很可能会严重阻碍科学的进步。在一个理论中，对于可观测量的检验确实很重要，因为它可以在必要时为我们提供修正理论的依据。比如在狭义相对论发展过程中，从实证主义角度看，将观测仅作为修正理论的依据是可以的，但不能将其视为评价一切理论的一般原则。

总之，埃弗雷特认为一个物理学理论是一个逻辑结构，包含符号及其操作规则。其中一些要素要与感觉经验相关。理论基本的要求是逻辑的一致性和正确性。很多理论都可以满足这一要求，进一步的标准，如有效性、简单性、综合性、形象性等，必须用这些标准给出进一步的限制。即便如此，也不可能给出一个安全的排序，因为不同理论关联于不同的标准，最好都保留。最后，埃弗雷特讨论了因果性的概念。他认为因果性是一个合理的模型，但不是一个经验性的性质(见休谟的相关讨论)。因果性的概念只有关联到一个理论中才有意义，其中元素之间具有逻辑相关性。一个理论中，A 导出 B"A→B"可视为"A 为因，B 为果"。在不依赖于理论的原则下，我们的经验无法解释任何现象，因果性不是先验存在的性质，而是依附于理论的逻辑框架本身，存在的仅仅是 B 和 A 之间的关联。

尽管埃弗雷特在关于一般物理学理论中强调，物理学理论应包括逻辑符号及相关经验，但是他并没有评论自己的工作，尽管其中充满了大量的暗示。埃弗雷特在整个写作博士论文以及后来被问及相关问题的过程中，充满了一种矛盾的心理。一方面，他认为自己的工作对量子力学形式做出了很大推动，但似乎很少有人认识到这一点；另一方面，反而是绝大多数人关注的是如何给埃弗雷特的相对态解释一个合理的实在性解释，埃弗雷特确实也试图给出解释，他首先在一个小论文中讨论过关于一个有记忆的阿米巴变形虫的分裂。他最初的论文初稿中有很多关于"分裂"的描述。但是在导师惠勒的坚持下，原文做了大量删改，仅余原文三分之一。不过似乎埃弗雷特也意识到了进一步实在性解释似乎怎么都逃避不了"世界分裂"（不论是主观还是客观），可能他自己也难以接受，为避免不必要的误解，在多数情况下选择了回避的态度。同时埃弗雷特的形而上学也是混乱的，一方面，他强调理论应与经验同构，但又说可观测原则不能视为普适于所有理论的原则。他似乎暗示在多个标准下，所有理论都有合理性，不应随意放弃。另一方面，由于埃弗雷特对于波函数的形而上学解释未做深入说明，为波函数的实在解释留下很大余地，这也为后来的"多世界""多心灵""多历史"等解释埋下伏笔。不过埃弗雷特认为一个成功理论的基本要求是与世界同构，而不是一定要对形式结构本身给出实在的描述。

5.3.3　埃弗雷特辩护的三个要点

埃弗雷特从来没有想过要推翻传统的量子力学解释，而是从测量难题入手，对传统解释进行补充。在他看来，传统解释在处理测量问题时有很多问题，特别是冯·诺依曼将测量前后两个过程进行了严格的区分，测量前波函数处于连续演化的叠加态，测量后则突然坍缩到了一个随机的状态。一方面，传统解释完全无法解释这两种完全不同的动力学过程为何会在一次测量中同时出现；另一方面，传统解释无法对观测者在测量中的地位给出明确的定位。对此，埃弗雷特在他的相对态解释中给出了完整的解答，其主要内容包括以下几点：

首先，从整体思路上看，传统解释试图从哲学上来解决测量难题，将其看作一个认识论问题；玻姆的隐变量解释认为量子力学的形式体系是不完备的，需要添加隐变量来进行补充；而在埃弗雷特看来量子力学的形式体系是完备的，只需基于波动力学的基本形式，便可构建完整的解释体系，并解决测量难题。他试图从波动力学出发，"将概率作为一种主观呈现，使理论与经验相符合。最终的理论在客观上是连续的、因果的，而在主观上是不连续的、概率的"①。其次，为了更好地描述人的经验，埃弗雷特将观测者的状态也作为一个变量，代入到了波动力学方程中。他认为波函数也可以描述观测者这样的宏观物体，不存在微观和宏观的区分。这样，用一个宇宙波函数便可以描述包括被测物体、测量仪器以及观测者在内的所有的事物，被测物体和观测者作为一个整体带入到方程中，不需要再对两者进行区分。最后，方程中的宇宙波函数，作为一个整体，在薛定谔方程中线性地、决定性地演化，没有两类演化也没有坍缩。在一次测量之后，"不存在单个的测量态，而是一个组合系统的叠加态，其中每一个观测态都有一个确定的、相对的客体系统态与之对应"②。

相比于德维特的多世界解释，埃弗雷特希望用一种简单明确的语言来解释波函数的特征，不包含任何先验的主观假设和形而上学。埃弗雷特主要从以下几个方面来对相对态解

①　Hugh Everett. The Theory of the Universal Wave Function[M]//R. Neill Graham, Bryce Seligman DeWitt (Eds.). The Many-worlds Interpretation of Quantum Mechanics. Princeton: Princeton University Press, 1973: 3-140.

②　Hugh Everett. Letter from Hugh Everett III to Bryce DeWitt dated May. 31st, 1957. Forthcoming in the UCISpace Everett archive funded by NSF Award No. SES-0924135, 10.

释进行了辩护。

第一，基本理论层面持逻辑经验主义的观点，反对形而上学。在 1957 年，埃弗雷特写给德维特的信中，明确地表达了自己对物理学理论的本质和目的的看法。"首先，必须澄清我对物理学理论的一般看法。在我看来，任何物理学理论都是包含自身涉及的符号和规律的逻辑结构（模型），该理论中的一些要素，如规则和定律，与经验世界具有某种联系。如果这种联系是同构的（isomorphism），至少同态（homomorphism），我们就可以说这个理论是正确的，或是可信的。任何理论的基本要求是逻辑的一致性和经验的适当性。但是，并非所有理论都满足此条件，其他标准，如有效性、简单性、统合性等，都必须依赖于以上要求。不用问理论是否为真或实在，能做的只是去拒绝那些与经验感觉不同构的理论。"[①]接着，埃弗雷特进一步论述，对理论进行形而上学地描述是一种方法论错误。在此，埃弗雷特持逻辑经验主义的观点，认为理论仅仅在逻辑和经验层面进行讨论，不应当与"实在"等形而上学的论证相混淆。

第二，支持模型实在论。埃弗雷特认为科学无法对实在做出最终的说明，无法描述自在实在，而只能在科学自身构建的模型中认识实在。"当一个理论取得成功（经验上）并且有坚实基础，这个模型便倾向于与'实在'（reality）本身相符，理论作为模型的本质便被掩盖了。经典物理学的发展为此做了一个极好的展示，经典物理学本质上与我们头脑中虚构出的其他理论一样，说经典物理学比其他更实在是错误的，我们仅仅是对它有更高的信任度。"[②]"一旦我们认为物理学理论本质上仅仅是一个经验世界的模型，我们就必须放弃任何寻求正确的理论的企图。可能存在很多不同的模型都与经验相符。"[③]在此，埃弗雷特的观点与建构论者的观点相似，他试图将科学理论局限在模型中，仅从逻辑与经验相符两方面进行验证，而其他评价标准，诸如简单性、完备性、统合性，都可以还原到这两个标准。而至于实在论等相关的形而上学讨论都应当从物理理论中排除出去，交给哲学家们去讨论。"理论物理学的目标仅仅是提供有用的模型，且随着时间的推移新的模型会淘汰掉旧的模型。"[④]而德维特的解释则一开始就试图给相对态解释一个实在论的解释，试图将相对态中的分支对应到实在世界中，从而产生了多世界解释。在此看来，德维特的解释与埃弗雷特的解释之所以不同，就在于他们各自对实在的理解完全不同。德维特理解的实在是在经典实在的层面上的，与爱因斯坦的观点类似，而埃弗雷特理解的实在仅是模型意义上的。或者更直接地讲，埃弗雷特本质上是反实在的，他多次使用"reality"一词都仅仅是局限在自己理论的框架下理解的，而不是与经典的实在定义相对应。

第三，站在实用主义的立场。从根本上讲，埃弗雷特是一个实用主义者，在量子力学中之所以会出现各种各样的悖论和争议，究其根源是因为人们过度关注物理学现象的形而上学解释。在埃弗雷特看来，一个实用主义者不应当将精力放在形而上的层面，因为最终

---

①　Hugh Everett. Letter from Hugh Everett III to Bryce DeWitt dated May. 31st, 1957. Forthcoming in the UCISpace Everett archive funded by NSF Award No. SES-0924135, 134.

②　同①.

③　同①.

④　Hugh Everett. Letter from Hugh Everett III to Bryce DeWitt dated May. 31st, 1957. Forthcoming in the UCISpace Everett archive funded by NSF Award No. SES-0924135, 111.

不可能有结果，人们的认识论是无法统一的。每个人都坚持不同的信仰和价值判断，而物理学作为一门追求客观知识的学问，应当排除这种先天的价值预设，并将所有关于理论的评价和分析归结到两个明确无疑义的标准：逻辑一致性和经验适当性，而且其他的标准都必须最终还原到这两点。最终对一个理论的整体评价中，应当遵守"成本—效益"原则：两个理论相比较，取逻辑性更强、解释更丰富的一个，对于某一个理论也尽量使用最少的假设，得到最多的经验检验。这种认识论与他长期研究博弈论有很大的关系。

埃弗雷特并没有对他的相对态解释结合这些原则做出更多的解释，只是就一般意义讨论物理学理论的一般特征，但是从他这些对物理学根本层面的认识中，我们基本可以推测出他对相对态解释的看法。埃弗雷特的主要目的是在既定的形式体系的基础上，做出一定的修正，来消除测量难题带来的矛盾，而在进一步的解释方面并没有深入发展，而且很含糊。从上文分析中可以看出，埃弗雷特似乎仅仅在相对态的框架下发展其理论，反对再做进一步的形而上学解释，从他的个别论述中，他似乎曾试图将其理论解释为分裂的观测者，也试图解释为多世界，不过最终还是放弃了。

本章详细分析了埃弗雷特对相对态解释以及一般科学理论的认识，对于我们进一步理解相对态解释的含义，研究埃弗雷特的原创思想具有重要意义。

第 6 章　疯狂分裂的平行宇宙

　　前文已经对相对态解释的内容及其相关的问题给出了详细的论述。而实际上人们了解更多的是多世界解释。分支问题在对埃弗雷特解释的进一步解读中具有很重要的地位，德维特将相对态解释解读为多世界解释，之后又发展出多历史解释和多心灵解释等，这些解释几乎全是围绕对分支的不同理解而展开的。但是，人们习惯上并不对这些解释进行明确地区分，而是经常用多世界解释来泛指。因此，在本书中为了表达的明晰性，在强调所有基于相对态解释而发展出的理论时称为埃弗雷特解释，以区别于多心灵解释，而将德维特的本体论解释按照一般称谓，称为多世界解释。埃弗雷特解释体系作为量子力学解释的一种，由量子力学的"测量难题"出发，在不同视角和对分支不同的理解下，发展成的包括多世界解释、多心灵解释、多历史解释等一系列解释方案集合。它们都基于相同的形式体系，只是在对分支不同的理解下，做出了完全不同的实在建构，形成了完全不同的解释。整体来说这些解释都是对形式体系的一种理解，缺乏经验上和常识上的验证，完全是在理性推理和逻辑演算的基础上加入了个人的理解而做出的论证。因此，要深入理解相对态解释的本质和内涵，需要从整体上对各个解释的结构及其转换进行全面地理解和透视。

　　相对态解释最初是严格建立在量子力学的形式下而提出的，但是到了德维特之后，将其内在一直隐喻的分支概念直接解释为宇宙本体论层面的分裂。多世界解释一时间吸引了大量的关注，成为哲学家们津津乐道的话题。科学解释从本质而言，就是将形式语言和理论术语通约为观察术语的过程，将理论命题转化为经验命题，将形式系统翻译为语言系统。而在此过程中，形式体系对于其解释是非充分决定的，同一个数学形式可以产生很多完全不同的解释，从量子力学解释的发展，玻尔与爱因斯坦的著名争论中可以很清楚地看到这种状况。多世界解释经历了"相对态解释——多世界解释——多心灵解释——多历史解释"不同解释的更迭，在对分支的本体论含义的理解上，产生了"态——宇宙——心灵——历史"的演变[①]。多世界解释内部不同理解的发展和演变，不光使我们对于数学形式体系与物理解释之间的关系有了更深入的认识，而且在哲学上也对我们的一些传统观点产生了深刻的影响。

6.1　平行宇宙理论横空出世

　　多世界解释对相对态的解读颠覆了人们的常识观念，首先从科学的角度对世界或宇宙的唯一性提出质疑，这个惊人的思想迅速在整个科学领域蔓延开来，在宇宙学、弦论等领域也发展出了很多种版本的多宇宙理论（平行宇宙理论）。如今平行宇宙在宇宙学中已经是

---

①　贺天平. 量子力学多世界解释的哲学审视[J]. 中国社会科学，2012(1)：48-61.

一个普遍熟知的假设，很多宇宙学家也将其作为严肃的科学课题开始研究和讨论。在笔者看来，多世界假设的提出是人类认知视野又一次的极大提升，就像哥伦布发现新大陆、哈勃发现河外星系一样，而这场"运动"的发起者最终一定会追溯到埃弗雷特和德维特。本章主要聚焦于德维特的多世界解释，对多世界解释的主要内容以及其面临的问题给出详细的分析，另外通过对量子自杀理想实验的分析，更加深入而形象地揭示出多世界解释面临的困境。

埃弗雷特从量子力学的核心问题——"测量难题"入手，对波包坍缩做出说明，来获得对量子力学的完备描述。在相对态解释中，埃弗雷特怀着对理论简单性、完备性的信念，在传统形式的基础上，去掉了坍缩假设，仅保留了波函数的线性演化这一假设，构建了一个符合其观念的相对封闭的解释体系。但是，对于其解释中的分支一词，在本体论上该如何理解，埃弗雷特却采取了刻意回避的态度。因为从物质的角度解释为世界的分裂，将与他"身心平行论"的假设和观念严重冲突，从心灵的角度解释为心灵分裂同样面临这种冲突。在完整版论文中，埃弗雷特确实提到，态矢量没有发生坍缩，而是作为一个整体，一直按照薛定谔方程决定性地演化，物理世界只有一个，但是他也说所有分支中的观测态都是存在的，虽然我们只能获得其中一个局域的观测态，但是其他的相对态也是客观存在的。

而在德维特看来，埃弗雷特的相对态描述只会使问题更加混乱，对分支最直接而清晰的解释就是宇宙本体层面的分裂。"宇宙连续地分裂为大量的分支，所有的世界都能从一次测量的可能结果中给出，而且这种转变可以发生在任何地方，每一个星球、每一个星系以及宇宙的任何地方都不停地分裂出自身的拷贝。"[1]

在一次测量中，设测量装置 M 要对系统 S 在 x 自旋方向上进行测量。假设 S 最初处于 z 方向上的本征态，M 处于准备进行测量的状态，那么单个宇宙中最初的状态可表示为：

$$|ready\rangle_M 1/\sqrt{2}(|\uparrow_x\rangle_S + |\downarrow_x\rangle_S) \tag{6.1}$$

这个态描述了一个包含两个系统的状态，一个是测量装置 M 的态（$|ready\rangle_M$），另一个是被测系统 S 的态（$1/\sqrt{2}(|\uparrow_x\rangle_S + |\downarrow_x\rangle_S)$）。在测量相互作用之后，态函数演化为：

$$1/\sqrt{2}(|up\rangle_M |\uparrow_x\rangle_S + |down\rangle_M |\downarrow_x\rangle_S) \tag{6.2}$$

从这个态中可同时读出两个结果互不相容的结果，那么应该如何理解这种状态？格拉汉姆（Graham）认为"根据埃弗雷特的解释，这个叠加态同时存在多个世界的集合。每个世界中仪器都有唯一的读数，与叠加态的其中一个元素相对应[2]"。正统解释认为，测量后波函数发生了坍缩，我们只能随机观测到其中一个结果，当然正统解释中本身就暗含了世界唯一性的假设，因此也只能观测到一个结果。而多世界解释则认为，这个叠加态分解出的两个状态分别描述了两个世界中观测到的状态，每个世界中都各自存在一个完全相同的被测系统 S、仪器装置 M 以及观测者。只不过在一个世界中，测量装置 M 测量到的结果是

① Bryce Dewitt. Quantum Mechanics and Reality[M]//R. Neill Graham, Bryce Seligman DeWitt(Eds.). The Many-worlds Interpretation of Quantum Mechanics. Princeton: Princeton University Press, 1973: 161.

② R. Neill Graham. The Measurement of Relative Frequency[M]//R. Neill Graham, Bryce Seligman DeWitt (Eds.). The Many-worlds Interpretation of Quantum Mechanics. Princeton: Princeton University Press, 1973: 232.

自旋向上，相应观测者也观测到自旋向上；另一个世界中测量装置 M 测量到的结果是自旋向下，相应观测者也观测到自旋向下。一次测量相互作用之后，原来的世界分裂为同样的两个，每个都在各自的世界中观测到不同的结果，这样就一致地解释了人们只能得到一个确定性的经验的事实。分裂的世界如图 6-1 所示。

图 6-1　分裂的世界

经过德维特的重新解释，分裂世界理论的观点总结如下原则[①]：

(1)存在一个态矢量代表了整个宇宙的状态。

(2)全域宇宙态依照决定性的线性动力学方程演化，没有坍缩(可假设一个全域哈密顿量来决定演化)。

(3)宇宙包含多个同样真实的世界，这些事件及状态彼此独立地存在，相互不可观测。

(4)对物理实在一个完备的描述要求指定整个宇宙的态矢及动力学变量。

(5)代表全域宇宙的态矢自然地分解为正交矢，代表了不同世界的态。存在精确唯一的世界对应于全域态优先分解的每一项，每一项都描述了一个对应世界的局域态。

(6)全域态矢的自然分解中，每项好的观测结果都有一个确定性的记录，这就解释了我们确定性的观测记录。

首先，有必要先对两个不同的态函数做出区分：一个是全域的宇宙波函数的状态，用宇宙波函数 Ψ 来描述；另一个是与各个分支世界相关联的局域态，用波函数 ψ 来描述。一个处于全域态的函数，如果选择不同的基底展开，会得到完全不同的分支局域态。在现实中，我们所观测到的结果是固定的，要么自旋向上，要么自旋向下，除此之外没有第三种选择。于是为了解释我们总能得到这两个结果，而不是其他选择，就需要对全域波函数指定一个演化的优选基，来与我们的经验结果相对应，这就是优选基问题。另外，在测量中，什么样的相互作用才能算作一次测量，多世界解释也没有交代，德维特只是说所有的世界都能从一次测量的可能结果中给出，而且这种转变可以发生在任何地方，每一个星球、每一个星系以及宇宙的任何地方都不停地分裂出自身的拷贝。假如任何能导致全域态优先分解的相互作用都可看作一次测量，那么就必须要选定优选基，而对于

---

① Jeffrey Alan Barrett. The Quantum Mechanics of Minds and Worlds[M]. New York：Oxford University Press，1999：151.

优选基问题埃弗雷特和德维特都未能给出很好的解答，对此后文会专门论述，此处暂不展开。

其次，德维特从本体实在的角度对相对态解释进行了本体论意义的解读。埃弗雷特认为实在是所有世界的集合，虽然观测者仅能观测到一个事实，但是其他相对的事实也是客观存在的。不过埃弗雷特谈到同时存在的事实和观测态，但是并没有承认多个本体世界。在德维特看来，这种处理在逻辑上是矛盾的，实在和本体是不同一的。事实上，埃弗雷特对实在的理解自身就有矛盾的地方：一方面，他认为物理学理论是一种逻辑的建构模型，实在是在模型的意义中去解释的，没有客观的唯一性[1]；另一方面，他又坚持理论中的物理实体具有排除主观的客观性。也就是说他认为理论本身是主观建构的，而理论内部的描述却必须是客观的。德维特认为物理的形式和实在本质上是同一的，数学形式与实在世界是完全对应的。德维特将相对态的范围扩展到本体世界，大胆地假设宇宙连续地分裂为大量的分支，所有的世界都能从一次测量的可能结果中给出，而且这种转变可以发生在任何地方，每一个星球、每一个星系以及宇宙的任何地方都不停地分裂出自身的拷贝[2]。对宇宙波函数最直接的描述就是一次测量相互作用后，整个宇宙复制出自身，使不同的可能结果在不同的宇宙中被唯一、确定地观测到。

多义奇是多世界解释的主要支持者之一，他指出：如果我们想要合理地解释所观察到的事物及其行为，首先需要承认还存在大量我们未观察到的物体，且他们有可能具有与我们已知物体类似的性质。同样，相信多世界解释及承认平行宇宙的存在对于全面理解真实世界至关重要[3]。他认为，我们现在所认识的世界只在真实世界中占很小的比例，甚至只是冰山一角，但是由于认识、时间、空间、技术等因素的限制，我们无法从经验的角度直观而全面地认识真实的世界，所以，应该用一个开放的视野去接受新的思想和理论。

最后，多世界解释本身还带来了很多形而上问题，它预设多重世界物质本体论上的存在，虽然很快吸引了人们的注意，但也引来了巨大争议。首先，每一次测量都必然导致一次分裂，每一次测量意味着一次相互作用，但是如果仅仅一次在亚原子水平的相互作用就会导致一次分裂，凭空出现一个分支世界，最终出现的分支世界将不计其数。德维特估计从大爆炸至今有大于10^{100}个分支，对应地也存在10^{100}个世界。这在常识上非常令人费解，从经济的角度，微小的相互作用导致的如此大数量级的世界分裂，造成了本体论上的巨大浪费，是否有必要采用如此不经济的解释？其次，怎样的相互作用才能算作一次测量？同一个全域态函数，选择不同的基底展开会得到完全不同的局域态。宇宙间的事物都是处在不断的相互作用之中，如果任何作用都导致宇宙的分裂，世界便完全无法认识。在测量相互作用的过程中，究竟怎样的相互作用才能算作一次测量，多世界解释未给出明确的说明。按照经典的概率描述规则，每个局域态函数的结果都用振幅的平方代表相应的概率。但是，按照多世界的解释，每个世界都平等的实现了，而且是决定性的。那么经典量子的

① Hugh Everett. The Theory of the Universal Wave Function[M]//R. Neill Graham，Bryce Seligman DeWitt (Eds.). The Many-worlds Interpretation of Quantum Mechanics. Princeton：Princeton University Press，1973：132.

② Hugh Everett. The Theory of the Universal Wave Function[M]//R. Neill Graham，Bryce Seligman DeWitt (Eds.). The Many-worlds Interpretation of Quantum Mechanics. Princeton：Princeton University Press，1973：161.

③ 多义奇. 真实世界的脉络[M]. 梁焰，黄雄，译. 桂林：广西师范大学出版社，2002：44.

概率描述似乎是不必要的。最后，根据多世界解释，叠加态的不同分支最后都实现为不同的世界，形成了完整的全部世界，所有的"潜在"在多世界理论中都成为"实在"。但是，是否亚里士多德哲学中的古老概念潜能该理解为只要有倾向便必然能实现？只不过实现在了别的世界，无限的本体也就消解了本体实在的明确含义。

6.2 争议中的多世界解释

多世界解释对相对态解释中不太明确的分支的含义给出明确的解释，而且大大促进了埃弗雷特解释的发展和传播，但是也带来了很大的争议。

6.2.1 不是对埃弗雷特的忠实解读

德维特在他论文集的前言中这样评价埃弗雷特："否认经典领域独立于量子世界而存在(经典世界和量子世界不是对立的)，声称谈论整个宇宙的态矢量是有意义的。这个态矢量永远不坍缩，因此实在作为一个整体是严格决定性的。这个实在是用动力学变量和态矢量描述的，并非我们通常理解的实在，是一个多世界组成的实在。由于当下态矢动力学变量会自然地在正交矢上演化，反应了宇宙连续分裂为多个相互不可观测，但同样实在的世界，其中每个世界中每一个好的观测者都会产生一个确定的结果，其中大多数都符合量子统计定律。"[①]从这段话中可以看出，德维特对埃弗雷特解释的评价基本是正确的，但是他在提到世界分裂时，宇宙连续分裂为多个相互独立的分支，这些世界同样实在地存在，但相互不可观测，其中每个世界中每一个好的观测者都会产生一个确定的结果。他将埃弗雷特所说的存在多个不同的观测态，直接解读为实在的世界，而且埃弗雷特也曾特别强调只有一个物理态存在。德维特抓住了埃弗雷特关于多个同时存在的连续分裂的世界的相关描述，尽管这种直接的表述在埃弗雷特的文本中只出现过一两次，其中有很强的隐喻暗示，而非实在世界的对应。德维特忽视了这层隐喻，而直接将其解读为分裂的世界。整个宇宙在测量相互作用发生后分裂为多个与自身相同的拷贝，就如同用硬盘拷贝了一份一模一样的文件一样。但埃弗雷特只提及连续的线性演化，但什么样的线性演化可视为测量相互作用并不清楚。我们只知道测量结果来源于好的测量，且每个世界都只得到一个确定的结果。这里需要注意的是，确定性与决定性的含义不同，决定性意味着预先知道结果，确定性只意味着测量结果是一个唯一的状态而非叠加态。以上便是多世界解释对经验的解释。

其次，尽管德维特声称他们的理论是对埃弗雷特最直接的解读，但实际与埃弗雷特的解释存在根本上的差异。对于在上一节中德维特总结的六个原则埃弗雷特确实清楚地提到过原则①和②，他认为存在一个可以描述整个宇宙状态的宇宙波函数，而且宇宙波函数总是线性演化，不存在坍缩。但是③直接将分支解读为不同的世界，埃弗雷特肯定是反对

---

① Hugh Everett. The Theory of the Universal Wave Function[M]//R. Neill Graham, Bryce Seligman DeWitt (Eds.). The Many-worlds Interpretation of Quantum Mechanics. Princeton: Princeton University Press, 1973: 2.

的，埃弗雷特在极力避免引入这种解释。正如我们前文分析的，他确实提到态矢分支描述了不同世界，每一项都代表一个分支，这些分支都同样真实，每一个分支描述一个不同的观测者经验序列，但他也提到观测后，仅有一个物理态，而不存在多个本体论意义上的分支世界。另外，埃弗雷特坚持波函数本身可对物理态提供完备而精确的描述，而④则要求除了波函数之外，还要指定一个动力学变量。在分裂世界理论中考虑了优选基的选择，要想有确定的可观测量，必须先选定想得到的物理量，也就是要选定一个优选基。没有优选基，从一个全域态就不能分解出确定的局域态。但是一旦除了波函数以外还要增加一个优选基，就和埃弗雷特的解释相违背了，埃弗雷特明确指出他的解释中不存在优选基，同时他引入相对态原则正是为了解释不存在优先基，而在德维特的解释中已经完全放弃了埃弗雷特的相对态原则。对于⑤⑥提出的全域态和局域态的描述，在埃弗雷特的文本中也出现了，基本符合埃弗雷特的原意。[1]

最后，也许多世界解释确实不符合埃弗雷特的本意，但不可否认的是多世界解释确实澄清了一些埃弗雷特解释中一直含糊不清的问题，清楚地解释了观测者的经验。测量后，一个局域态世界中，观测者看到自旋向上，是因为客观物理态就是自旋向上的。尽管解释还存在很多问题，但是单从解释的角度看，它确实对分支给出了更合理的解释，物理态客观决定了观测者的观测结果，符合"身心平行原则"。

6.2.2　本体论的过度浪费

关于多世界解释最直接、争议最大的问题恐怕就是关于存在多个本体论层面的世界，在测量后世界分裂为不同的副本。在埃弗雷特解释刚提出时，就有很多人意识到了这个问题，这在物理学家看来简直就是天方夜谭、奇谈怪论，简直无法用常人的思维理解。后来经过德维特更加清晰地解读，更使得整个问题从隐喻暗示变为直接的讨论。连德维特自己刚了解到这个理论时也受到了极大的触动，"我清楚地记得当我第一次听到多世界的概念时的震惊。10^{100+}个世界不停地复制自身，同时分裂为更多的拷贝，最终变得互不相识。这与常识严重冲突，就像精神分裂"[2]。很多人奇怪这样一个离奇的理论，为了解决测量问题就假设存在分裂的世界，付出了这么大代价真的值得吗？假如接受这个理论的话，似乎我们几百年构建的科学大厦整个都会坍塌。"这个理论有很多令人不安的特征，他违背了假设的经济性原则（奥卡姆剃刀原则）。确实他（德维特）并没有考虑这样的约束，因为他假设存在无数个不可观测世界。"[3]一般而言我们在解释理论时，都内在地默认在一个世界的框架下来解释我们的经验，在多世界解释中为了符合波函数确定性演化和完备精确描述的特征，就假设本体论上多个世界存在是否值得？

当然对于奥卡姆剃刀原则还存在一些不同的理解。一种理解是"如无必要，勿增实体"，也就是说在理论中尽量不要引入太多关于新的理论实体的描述，比如说很多问题都

①　Jeffrey Alan Barrett. The Quantum Mechanics of Minds and Worlds[M]. New York：Oxford University Press，1999：152.

②　Bryce Seligman DeWitt. Quantum Mechanics and Reality［M］//R. Neill Graham，Bryce Seligman DeWitt（Eds.）. The Many-worlds Interpretation of Quantum Mechanics. Princeton：Princeton University Press，1973：161.

③　d'Espagnat B.（Eds.）. Foundations of Quantum Mechanics：Proceedings of the International School of Physics "Enrico Fermi" Course XLIX［M］. New York：Academic，1971：445.

可以从科学的层面解决,那么就不需要假设一个万能的上帝。同样,在假设一个世界存在的前提下,就可以对经验给出很好的解释,为什么要假设存在无数个世界?常规科学中解释经验都是在假设仅一个世界存在的前提下进行的,在此意义下,假设存在多个物理世界似乎并不是必须的。在多世界解释中,引入多世界是为了扩展量子力学的适用范围,为了解释波函数的连续演化而导出的推论。在实验上,我们只能在微观世界中确认粒子会处于叠加态,而在宏观世界中我们并没有感觉到叠加的存在,而且对于测量过程如何从微观的分裂过渡到宏观,多世界解释也没有给出任何说明。另一种理解是从理论内在的假设看,埃弗雷特只引入了一个假设——波函数可以对一切尺度下的物体给出完备的描述,整个量子力学中只有一种连续的动力学存在,没有坍缩,也没有意识的介入。在不考虑经验的情况下,多世界解释确实要比正统解释更加简单、逻辑更加连贯。但是,一切理论最终都需要能解释我们的经验,从这个角度看多世界解释并没有太大优势。

另外,多世界假设实际上与埃弗雷特的解释还有所不同,它区分了全域的波函数和局域的波函数,认为在全域态的波函数向局域态的波函数演化时,还需要添加一个优选基,才能对测量过程给出完备描述。贝尔认为一个成功的多世界解释,可以通过添加一个与真实世界相对应的参数,只要可以恰到好处地解释我们真实世界的经验就足够了,从而否认其他世界的存在。如果这样的话,我们似乎又得到一个隐变量理论,如将位置设为优先的可观测量,那么粒子的位型空间便会在全域态的位置基上选择一个项,这个项描述了单个世界中真实粒子的位置。这样,玻姆的理论便可作为该理论的特例,当然前提是在理论中,不可能令波函数单独对物理态提供完备描述。多世界解释认为全域态函数可对整个宇宙的物理态进行完备而精确的描述,而局域态函数只能描述特定的分支。即便添加一个优选基,从全域态也只能演化出一系列的分支局域态,还是无法说明我们究竟处于哪个分支,会得到什么样的测量结果。因此说,从波函数的完备性假设出发,在解释我们的经验方面,还存在很大的解释鸿沟。在假设多个本体世界存在的前提下,却只得到一个依然残缺不全的理论,我们不禁怀疑我们付出的代价是否值得?

6.2.3　理论本身难以自洽

从经验检验的角度看,多世界解释是无法直接检验的。因为德维特认为两个局域态的分支在测量后,在正交基上分别独立地演化,不再相互影响。不同的世界在分裂后不能再产生任何相互作用,这样就从根本上否定了对理论进行直接经验检验的可能性。当然对于多世界解释体系,有一些间接的验证,后文还会详细讨论,这里暂时不展开。这里想要指出的是,哪怕暂时搁置经验检验问题,单纯对理论本身的一致性进行考察,也会发现多世界理论本身很难给出自洽的解释。

从多世界理论自身的一致性上看,该解释很难自洽。首先,假设宇宙在测量后发生了分裂,那么测量后有了更多的物理系统,创造了新的宇宙,那么新宇宙是如何被创造的?显然仅仅说测量导致宇宙创生是远远不够的,必须对宇宙本体论层面的创生给出解释和描述。其次,多世界解释对一个随时间演化的世界的同一性无清楚定义。直接将全域态在优选基下展开,每个局域态分别对应一个世界,但无法解释随着时间进行,分裂前后世界的同一性。人们太关注如何解释全域态分支,而忘了我们自己也身处世界中,没办法解释在分裂状态下我们的大脑意识如何保持连续的记忆。我们需要一个连接规则能将不同时间节点的世界连接为一个连贯的世界，形成一个连续的历史。如有这样的规则，每个历史中都连接了不同世界，可得到一个同一性的世界。但如果没有这个规则，观测者的连续性就会被破坏，我们无法知道我们身居何处，不同的时间节点分裂后是否还是同一个观测者。总之，由于分裂世界没有对世界的同一性给出定义，也就无法对将来给出预测。缺乏同一性的定义，是造成多世界解释经验不连贯性的根本原因。但是如果像贝尔指出的那样，在指定优选基的基础上，添加一个人为的变量，构造一个新的隐变量理论，这种方式又太过人工化，使理论大大丧失了简单性。

从多世界理论与其他科学理论的一致性来看，多世界解释很难与其他物理理论兼容。首先，不断产生的本体世界与质量守恒矛盾，因为世界不断地分裂出自己的副本，需要不断地产生新的物质来组成新创造的世界。尽管可以说局域态的分支世界中一直包含着同样多的物质，满足能量守恒定律，但是从全域态的角度看，世界并不守恒，而且从一个世界中不断分裂出世界，这个质量增加的规模是不可想象的。其次，根据狭义相对论，世界中不存在绝对的运动状态，参照不同的惯性系将得到不同的事件序列（order of events）。分裂世界中的运动状态如何与狭义相对论中的参照系相一致呢？"测量引起时空分叉"究竟是从怎样的意义上来理解？是仅物质分裂还是时空本身也随之分裂？除非我们可以用一种不依赖于惯性系的方式来描述分裂，否则会与相对论直接冲突。当然多世界解释的支持者可能会诡辩道：正统解释和玻姆解释也无法与相对论调和。但这并不能缓解分裂带来的巨大冲突，我们需要的是一个更加完善的理论，而不是另一个更加残缺的解释。

6.3   在平行宇宙中"永生"

量子自杀实验（Quantum suicide experiment）又被称作量子俄罗斯轮盘（Quantum Russian roulette）、量子永生（Quantum immortality），是一个人们假想的对多世界解释进行经验判决的思想实验。它从多世界解释的基本假设出发，类比了薛定谔的猫思想实验的操作过程，对实验结果进行了重新审视，加深了我们对多世界解释内涵的理解，对于我们进一步认识量子力学的本质具有重要的意义。

6.3.1   量子自杀实验

量子自杀实验最初是由泰格马克[①]提出的，他认为理论上讲多世界解释并非是不可验证的，量子自杀实验中多世界解释和哥本哈根解释会做出不同的预言，从而可以通过该实验对两者进行判定。

量子自杀实验的实验装置是在薛定谔猫实验的基础上改装而成。在一个封闭的箱子里，一个自旋粒子与一个宏观的实验装置相连，不同的是，薛定谔猫实验中连的是一个毒气瓶子，而量子自杀实验连的是一个可以连续射击的量子枪。假设在实验中量子枪对粒子

---

① Max Tegmark. The Interpretation of Quantum Mechanics：Many Worlds or Many Words[J]. Fortschritte Der Physik, 1998, 46：855-862.

的自旋叠加态（|↑〉＋|↓〉）/√2不断地进行测量，如果自旋向下，则射出一个子弹，发出"砰"的声响；如果自旋向上，则只会发出一声"滴答"声，并不射出子弹。这里我们假设整个装置都按照预想完美地运行，同时只关注实验的预期结果而对实验的具体细节和真实可行性不予考虑。假如我们打开实验开关，按照经典的量子力学预言，我们将会交替地听到"砰—滴答—滴答—砰……"一连串无规律的声音，粒子会随机坍缩到或上或下的其中一个状态，假如一个名叫凯特的志愿者自愿进入实验箱，脑袋正对着枪口，随着"砰"的一声枪声，人也会死在里面。

但是，按照多世界解释的预言，凯特会一直活着，永远不会死。因为在多世界解释看来，处于叠加态的粒子永远不会坍缩，而是分裂为两个世界，其中一个世界中粒子自旋向上，另一个世界中粒子自旋向下。在上述实验中，如果被测粒子是自旋向上的，则量子枪只会发出一声"滴答"声，凯特正常地活着；如果被测粒子是自旋向下的，则量子枪会射出子弹，凯特会死掉。但是对于凯特来说这个死亡状态是没有意义的，因为从意识连续性的角度看，凯特的意识一直都在其中一个分支链条中连续地存在，所以在凯特看来自己可以一直活着，没有死亡威胁。整个过程用公式描述如下：

粒子的初始叠加态：

$$\frac{1}{\sqrt{2}}(|\uparrow\rangle+|\downarrow\rangle) \tag{6.3}$$

测量后的系统状态：

$$\frac{1}{\sqrt{2}}(|\uparrow\rangle|_{人活}\rangle+|\downarrow\rangle|_{人死}\rangle) \tag{6.4}$$

传统的量子解释认为最后的结果为：50%的概率人活，50%的概率人死，最终只有其中一个状态存在。而多世界解释则认为：从凯特连续经验的角度看，死亡状态不被认知故无意义，应排除，最后结果为：100%人活。

需要强调的是，量子自杀实验中预设了两个重要的前提：前提一，假设多世界所描绘的世界图景是正确的，测量后世界会按照多世界解释所描述的分裂为相同的两个副本；前提二，假设一个人的历史是按照连续的意识状态来定义，死亡状态下意识中断，不再计入个人的历史经验中。在此，可能有人会提出疑问，即便假设前提一和前提二是正确的，但是在一个分支世界中安然无恙的同时，在另一个分支世界中的你必然会被打中，然后痛苦地死去，你的朋友会为此非常悲痛，这个结果非常糟糕，所以应该拒绝进入实验箱。

后来路易斯（Lewis）[①]进一步对实验装置进行了修改，他假设与粒子自旋叠加态相连的装置不是一个量子枪，而是一个无痛蒸发装置。假如触发了装置，人不是被枪打死，而是瞬间完全蒸发，同时假设相关技术细节不存在任何问题，且蒸发时间极短，远远快过人的反应时间，因此期间人不会感到任何痛苦。那么，实验的结果便是，一个分支世界中的人活着，另一个世界中箱子里的人消失得无影无踪。当我们打开箱子，发现里面什么也没有，我们不会感到悲伤，因为我们确定无疑地知道，在另一个世界中凯特依然活得很好。我们可以想象，就像电影《爱丽丝梦游仙境》中描述的，凯特只是和爱丽丝一样进入了另外

①　Peter Lewis. What is it Like to be Schrodinger's Cat[J]. Analysis，2000，60：22-29.

一个世界。接着，路易斯还进一步拿帕菲特(Parfit)[①]著名的"分脑实验"进行类比。假设可以通过外科手术将一个病人大脑的左右半球完全分离(尽管在实际中左右半球大脑的功能并不相同，不过这里作为理想实验，假设其功能完全相同)。那么就可以认为病人的一个身体中拥有两个意识，如果将病人麻醉，然后切去其中一半，类似于量子自杀实验中的死亡分支，仅留下另一半。在假设手术不会对病人产生任何不良后果的前提下，等病人醒过来完全不会觉察到自己已经失去半个大脑。所以，在量子自杀实验中，被测者的意识中也丝毫不会意识到另一个世界中的蒸发，所有不必考虑。最后，路易斯指出正统量子解释中有50%的存活概率，而量子自杀实验中有的100%存活概率，两者其实并不冲突。这里的概率是指观测者在进行大量实验之后，得到的统计分布，在此我们谈论的是主观概率，不是用数学形式计算得到的量子概率，必须相对于特定的观测者来谈。正统解释中的概率分布是观测者在仪器之外，作为记录者统计得到的；而在量子自杀实验中，概率是被测者站在仪器之内，作为实验参与者统计得到的，两者是在两种不同的情境下得出的。从内部被测者的经验视角来看，随着实验的进行，死亡分支会被不断地抹去，最终从被测者连续的主观经验看，他只感觉到自己一直活着的事实，因此他的预期概率也应是100%[②]。

6.3.2　质疑量子自杀实验

　　量子自杀实验被提出后，引发了人们广泛的关注和讨论，量子"永生"这一结论如此离奇，以至于不得不更加深入地思考这一问题的实质。帕皮诺(Papineau)[③]对整个实验的推理和结论均表示质疑，他认为路易斯论证过程加入了太多人为的因素，不论是前提假设还是推理过程都是在单一的主观视角下确立的，缺乏严密的逻辑基础，因此最终也推不出"永生"的结论。总的来看，对于量子"永生"的质疑，主要集中在上文中提到的两个前提，在此帕皮诺主要就前提二的理解对路易斯提出质疑。在路易斯的进一步论证中，是基于一个人在单个分支下的选择。而实际上，如果假设多世界解释是正确，世界按照多世界解释所描述的平行地分裂为多个分支世界，每个世界中的所有一切都真实存在，那么我们作为下一个世界分裂的源头，就必须综合考虑所有分支中的所有可能结果，而不是仅考虑一个分支。路易斯的论证内在地只认可单个分支的选择偏好，而不是综合地考虑整体利益，是不合理的。接着，帕皮诺从以下三个方面进行了反驳[④]：

　　反驳1：依据单个分支的经验不具有普遍性。在路易斯看来分支世界中唯一的价值在于可经验，在死亡分支中，人不可能再有任何经验，因此没有任何价值，应该从凯特的预期中排除，不予考虑。而实际生活中，每个人都拥有很多不同的身份，凯特可能是一个父亲、儿子、我们的朋友等。哪怕在死亡分支中的人被突然蒸发，没有任何痛苦也没有任何痕迹，也不能抹掉他已经死去的事实。我们会为失去一个忠诚的朋友而悲伤，他的家人也会为此承受诸多后果。对凯特来说，一个负责任的人无论如何也不应该选择进入箱子。而

---

　　① Derek Parfit. Reasons and Persons[M]. Oxford: Oxford University Press, 1984: 245-248.

　　② Peter Lewis. How Many Lives has Schrodinger's Cat[J]. Australasian Journal of the Philosophy, 2004, 82: 3-22.

　　③ David Papineau. David Lewis and Schrodinger's Cat[J]. Australasian Journal of the Philosophy, 2004, 82(1): 153-69.

　　④ David Papineau. Why You Don't Want to Get in the Box with Schrodinger's Cat[J]. Analysis, 2003, 63: 51-58.

对于外面的人来说，通过幻想凯特像爱丽丝一般神游于另一个世界来得到安慰，也不过是一种愚蠢的自我欺骗而已。帕皮诺认为这种极端自私的行为是不可取的，大部分的人应该会在意自己的死亡所带来的后果，尽管他自己死后不再有任何意识。

因此，帕皮诺认为应该用一种功利主义的视角来处理这个问题，并不是说凯特进入箱子就一定是坏的，而是说应该对所有可能的结果带来的收益和损失进行整体的衡量。假如说进入箱子后，一个分支中的收益大于另一个分支死亡带来的损失，那么对凯特来说进入箱子就是一个理性的行为。比如我们可以将实验进行修改，只要凯特可以活着出来，就给他 100 万美元。从路易斯的视角看，一个极端自私的凯特一定会乐意进入，因为他完全不考虑他死亡的分支，而就他自己的意识经验看，他必然能得到这笔钱。而在帕皮诺的视角看，一个理性的功利主义的凯特会衡量自己生命的价值，如果他的预期价值大于 100 万，则不进入；反之，则应该进入。如果坚持路易斯的逻辑，不可经验的事实没有意义，那么就完全没必要惧怕死亡，也不需要假设多世界存在。哪怕从正统解释的角度看，结果有两种可能性，要么无伤，很好；要么死，也无所谓，因为死后无经验无感觉。而事实上正统解释不可能得出如此荒谬的结论，因此路易斯的假设是有问题的。

反驳 2：需要客观概率而非条件概率。 帕皮诺认为路易斯关于概率的讨论也有很大问题，路易斯的概率是从一个非常独特的分支视角下得到的，没有普遍性。路易斯认为：传统解释中的 50% 的存活概率与量子自杀实验中 100% 的存活概率并不冲突。这里谈论的概率是相对于特定观测者的主观概率，概率通过重复的统计经验得到，对于箱子外面的观测者而言，看到存活的概率是 50%；而对于凯特来说，他存活概率是 100%。而在帕皮诺看来，这样理解概率是有问题的。确实一个人的行为选择会依赖于主体对主观概率的估计，但并不代表说这种估计是任意的，主观概率估计应当建立在客观概率的基础之上。那么，在量子自杀实验中应该如何用客观概率来对主观概率进行约束？帕皮诺认为客观概率应当关联于所有我们知道的分支，从外在观测者的视角得出。因为只有外在的观测者是全域的视角，而内部的被测者只是局域的视角，不具有客观性。因此，在进入箱子前，凯特通过计算不同的结果之后，预期自己活着的概率应当是 50%，而不是 100%，路易斯通过限定条件而得到的概率预期是不可取的。

反驳 3：分支定义过于模糊。 该实验中对于可能分支中的主观世界与现实的客观世界的关联性界定非常模糊，主要有两个方面：其一，在量子自杀实验中，我们对于整个实验过程进行了相对严格的限制，我们选择了一个只有两种可能的自旋态粒子，从而控制其可能的结果。而在真实世界中，存在着千千万万的粒子，它们都有着自己的自旋态，如果每一个粒子都产生一个分支世界，那么世界的分支便多到无法统计。在如此庞大的分支世界中，一切可能性都必然在其中一个世界中实现，这种暗示颠覆了人们的认知，必然导致严重的哲学后果。其二，在数学上，对于一个叠加态有无数种展开方式，选择不同的基底展开，会得到完全不同的结果，这就是著名的优选基问题。那么我们应该如何定义实在的分支呢？难道就是如路易斯所讲的，取决于我们是否经验？换句话说，意识需要一些优选基，来决定未来哪些元素是可认知的，就像舞台上的聚光灯，只能照亮（意识到）极小的一部分区域。如果这样的话，那多世界解释和用意识解释坍缩的正统解释又有什么分别？在一些分支中完全可能会存在大量与意识无关的世界（聚光灯之外的区域）。这样的话，你完全可以选择进入箱子，但不是基于路易斯的理由，而是因为你在箱子里不止有死和活两个分支，还有可能是子弹射出来，走了一个完美的弧线而你毫发无伤；还有可能在子弹射到你的瞬间消失，发生量子隧穿，又在另一个地方出现……总之，各种各样的可能，不管是你想到的，没想到的，全都在不同的分支实现了。

6.3.3　对质疑分析和评述

帕皮诺对路易斯的质疑对于我们深入认识量子自杀实验的本质具有很强的启发性，但是在笔者看来帕皮诺质疑也有很大的缺陷。他反驳的实际上是路易斯论证的两个前提，而不是其推理逻辑。反驳 1 和反驳 2 实际上在反对前提二，主张从外部视角，而非内部的视角讨论问题。反驳 3 实际上在反对前提一，即对多世界解释本身提出质疑。而实际上，整个量子自杀实验的论证逻辑，必须经过严格限定才能最终推出 100% 存活这一结果，中间有任何一点条件有稍微的修正，导出的结论也会不同。帕皮诺质疑两个前提，试图修改假设的论证，不光没有澄清问题，反而使得问题更加扑朔迷离，混乱不堪。下面将对帕皮诺的三个反驳逐一进行评述。

在反驳 1 中，帕皮诺主张从外部观测者的角度来进行说明，反对路易斯基于从内部被测者视角的论证。而事实上，在转换视角之后必然会得到不一样的结论。似乎帕皮诺一直都在用传统解释的观点来处理问题，而没有真正进入到该思想实验内部的论证框架，也没有真正理解多世界解释的基本假定。他总是试图从一个"上帝视角"考虑所有与当下分支无关的其他分支世界，从而破坏了路易斯论证的基本前提。另外，帕皮诺用实用主义的预期来权衡是否进入的论证也是不成立的，在通常的实用主义讨论的语境中，都内在地假设真实世界只有一个，我们只是给可能出现的结果分配不同的收益和损失，任何一个结果的出现只是具有可能性。而在多世界解释中，伴随着世界的分裂所有的结果都出现了，任何事情不是可能发生，而是必然发生。对于一个必然发生的事情进行功利主义的考量是很愚蠢的，就好像对着一枚已经正面朝上的硬币打赌说"假如硬币朝上我就如何"一样。

在反驳 2 中，帕皮诺认为应该用客观概率代替主观概率，也是不合理的。客观概率的估计需要考虑所有分支的整体分布情况，将每个分支看作一个可能世界，然后给每个分支赋予一个概率值。而实际上，在多世界解释中所有的分支都必然实现，而非可能实现。在量子自杀实验中，100% 人死同时 100% 人活，而不是各 50%。多世界解释中的分支概率是无法归一化的，但是从单个分支的主观概率来看归一化是可能的。在分支中的人可以通过对每一次结果的统计得出自己的主观概率值。我们简单对实验进行一个修改，假设在实验中粒子自旋向下时量子枪只是发出一声"砰"的空响，而没有射出子弹，如果自旋向上，则是发出一声"滴答"声，也没有子弹。那么凯特完全可以通过统计"砰"和"滴答"的出现次数，得到相应归一化后的概率值。在量子自杀实验中，由于死亡分支中意识主体被不断地排除，最后在仅存的一条主体意识连续的分支序列中，统计得到的结果必然是 100% 活着。因为这一序列的分支是经过严格筛选得到的。按照帕皮诺的说法，在特定的分支中的人，还要考虑整体分支的客观概率是不可行的。

在反驳 3 中，帕皮诺确实指出了多世界解释中的一个核心问题——优选基问题。但是，优选基问题是多世界解释本身的问题，与量子自杀实验无关，路易斯从一开始就指出他的论证是在两个前提的基础上导出的。如果多世界解释本身就是错的，那么由多世界解释导出的任何推理也都失去了依据，似乎也就没有进一步讨论的必要了。帕皮诺否定了路易斯论证中预设的两个前提，进而否定其结论，似乎有些蛮不讲理，而且在多世界解释中，也并没有试图用意识来解释分支的选择。最新的退相干理论认为，测量系统会和周围环境产生相互作用，使得相干态的粒子自发地产生了退相干作用，相干态减弱甚至消失，在一定程度上解决了优选基问题，不需要用意识作用来解决。

总之，在假定两个前提的基础上，路易斯的论证是没有问题的，理想实验中的凯特可以一直活着，但是并不代表现实中该实验也是可行的。跳出理想实验的框架，从现实世界的角度看，帕皮诺对两个假设的质疑是有道理的，多世界解释本身是有很大缺陷的。

6.3.4　量子自杀实验揭示多世界解释的内在矛盾

尽管在理想实验中，在特定的限定条件下，我们可以推出凯特不会死的结论，但是一旦取消限定，回到现实情形中情况就完全不同了。从量子自杀这一匪夷所思的思想实验中，暴露出了多世界解释深刻的内在矛盾，主要体现在以下几个方面：

1. 验证疑难

尽管最初泰格马克提出量子自杀实验，是为了检验多世界解释。因为在此实验中，正统解释认为叠加态的波函数会随机坍缩到其中一个结果，实验结果是 dead or live；而多世界解释的预言结果则是 dead and live。要区分这两个结果是很困难的，假如没有死亡消除，凯特进入实验箱只是客观地记录"砰"和"滴答"的出现次数，那么在一个很长的时间序列之后，每个分支中的凯特都会得出和正统解释一样的结果，无法验证多世界解释的预言。然而，即便引入死亡排除，量子自杀实验也无法真正验证多世界解释。一方面，凯特在实验箱中经历了很多次死亡实验后，活着出来并不能说明多世界解释是对的。用正统解释的观点看，虽然在多次实验后凯特能存活的概率很小，但是这样的事也是可能的。作为一个小概率的特殊事件，理论上与正统解释也是相容的，无法区分两个解释；另一方面，由于实验箱本身是封闭的，哪怕凯特在箱子里已经经历了无数次的实验，当他最后走出实验箱，宣称自己已经验证了多世界解释，恐怕也很难说服别人。因为实验只能在一个单向的分支中验证，无法重复验证，假如实验进行了 5 次，必须是"L_1——L_2——L_3——L_4——L_5"这一分支中的人才能活着做出验证，而其他 5 个分支（这个分支估算不能按照无死亡排除的 $\left(\dfrac{1}{2}\right)^5$ 来估算的，因为死亡排除实验中只有一个连续的分支，死亡的分支中无后续分支）中都看到一个已经死亡的凯特，无法验证。世界分裂示意图如图 6-2 所示。

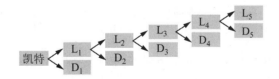

图 6-2　世界分裂示意图

L_1、L_2、L_3、L_4 和 L_5 代表生存的状态

D_1、D_2、D_3、D_4 和 D_5 代表死亡的状态

总之，可以验证多世界解释的只能是一个极为特殊的分支，在进行 n 次实验后，在一个分支中被验证的同时，在 n 个分支中也无法验证。有人主张用人择原理来进一步解释，

但是我们几乎不可能处于那个被精心挑选过的分支，也就无法验证。更致命的是，从整体来看，多世界解释的验证度是很低的，而且每进行一次就降低一点，甚至随着无数次实验的进行，可以无限低。量子自杀实验不光没能验证多世界解释，反而证伪了多世界解释。泰格马克、路易斯等多世界解释的支持者，都注意到了凯特想要说服别人是很困难的，但是并没有注意到该实验反而证伪了它的前提。

2. 概率疑难

量子自杀实验揭示了多世界解释另一个致命的难题，即在多世界解释的框架下，概率该如何理解？除了上文所提到的归一化难题，多世界解释还面临着另外两个关于概率解释的困难：其一，在科学中，人们用玻恩规则来对量子行为进行预测和描述，玻恩规则下的概率预言的准确性，已经经过了大量的经验检验。而实际中却很难使玻恩规则与多世界解释相调和。尽管在路易斯的论证中，通过限定条件和死亡排除，最终可以在某个分支中得到归一化后的期望分布，但是这种条件化概率处理无法推广到其他情形，只要对实验过程稍加改动结果就会显著不同。跳出量子自杀实验，从整体来看，薛定谔方程一直在连续地演化，叠加态的元素也不会选择性地重新分布。条件化操作通过移除部分事实的方式，来获得重新归一化后的概率分布。然而，条件化毕竟只是一种主观选择下的特殊操作，无法适用于任意情形。多世界解释作为一种量子力学解释，需要对量子力学的几率现象做出普遍的、客观的说明。其二，在通常的量子概率预言中，存在着各种各样的概率分布，而多世界解释解释说所有的概率值都对应于一个分支世界，所有可能出现的结果都在不同的分支各自出现，而且这些分支元素都是"实在的"，没有哪个比别的更加"实在[1]"。埃弗雷特似乎在暗示所有的分支世界都是"平等"的，那么假如有一个(99％，1％)的分布，难道两者也是各代表一个分支？难道大概率值和小的概率值没有什么分别？那概率的振幅似乎也是不必要的，玻恩规则也就没有意义了，只需要给出可能的结果就行了，没必要给出每个结果的概率值。

为了维护多世界解释，使玻恩规则与多世界解释相协调，多世界解释的支持者们做了大量的努力。戴维德·多义奇(David Deutsch)[2]提出了他的"决策论证"(decision-theoretic proof)，后来戴维德·华莱士(David Wallace)又进行了大量的修正[3][4]。他们的论证又启发西门·桑德尔(Simon Saunder)[5]从操作假设(operational assumptions)出发进行了论证，希拉里·格里弗(Hilary Greave)用贝叶斯主义进行了论证[6][7]。下面我们简要介绍一下决

---

①　Bryce Seligman DeWitt. Quantum Mechanics and Reality[J]. Physics Today，1970，23：30-35.

②　David Deutsch. Quantum Theory of Probability and Decision[J]. Proceeding of the Royal Society of London，1999，A455：3129-3137.

③　David Wallace. Everettian and Structure[J]. Studies in History and Philosophy of Modern Physics，2003，34：87-105.

④　David Wallace. Quantum Probability from Subjective Likehood：Improving on Deutsch's Proof of the Probability Rule[J]. Studies in History and Philosophy of Modern Physics，2007，38(2)：311-332.

⑤　Simon Saunders. Derivation of the Born Rule from Operational Assumptions[J]. Proceedings of the Royal Society of A，2003，460：1771-1788.

⑥　Hilary Greaves. Understanding Deutsch's Probability in a Deterministic Multiverse[J]. Studies in History and Philosophy of Modern Physics，2004，35：423-456.

⑦　Hilary Greaves. On the Everettian Epistemic Problem[J]. Studies in History and Philosophy of Modern Physics，2007，38(1)：120-152.

策论证的基本内容。所谓的决策论证，类似于一个赌博游戏，通过建立一个预测模型，使概率预测取决于一个理性决策者的主观偏好。首先，在一个优选基的作用下，经过线性演化推理，确立一系列可能的结果；其次，在不确定结果的前提下，决策者根据当下掌握的所有证据，对每个结果出现后的收益值进行评估，然后给每个值赋予一个主观概率。这个主观概率不是固定不变的，而是会随着证据的积累，可以用贝叶斯公式进行动态地修正；最后，决策者会根据自己通过模型计算得到的概率值，指导自己的行为。行为的内在不确定性不是由预测结果决定，而是由决策者的理性偏好所反映。多数情况下，决策论的概率是和玻恩规则相一致的，极个别情况下会略有不同。就这样，通过决策论证便将概率重新引入多世界解释。但是这个贝叶斯主义（或决策论证）下的概率模型是一个普遍的概率解释，其核心是为了解释玻恩分布与量子概率之间的关系问题，更多的是一种哲学的解释，而非形式体系上的解释。

3. 信任疑难

可能在理想实验的假设下我们感觉不到，但是如果按照将量子自杀实验的逻辑，将其推广到现实世界中，我们就会立即直观感受到其荒谬之处。量子自杀实验还有另外一种形式，被称作量子俄罗斯轮盘。俄罗斯轮盘是一种自杀游戏，游戏参与者在一个左轮手枪中放入一颗子弹，然后将弹巢旋转，再将枪口对准自己的头开枪。如果装有子弹的那个弹巢正好在枪膛上，则射出子弹，人死；反之，只会发出一声"咔嚓"声，人安然无恙。如果将量子自杀实验的逻辑推广至此，那么在开枪后，世界分裂为两个，一个世界中人被打死，另一个世界中人没事。那么，人们大可以放心地开枪，因为总有一个分支中自己会一直活在。照此逻辑，进一步推广，世界上的任何事物都可以看作一个量子事件，任何一个可能发生的事都全部会在不同的分支发生，那么一定存在一个分支世界，在那个世界中我们永远都死不了（量子永生）。

尽管上文中我们已经论证，在假设多世界解释正确的前提下，凯特可以不被杀死。然而放到现实情形，恐怕没有人会愿意进入实验箱，哪怕是那些多世界解释坚定的支持者。目前，多世界解释已经成为量子哲学领域的热点问题，在英国的牛津大学，华莱士等人对多世界解释做了大量的研究，形成了著名的"牛津学派"。但是，在科学界对于多世界解释的质疑也一直没有停止。尽管在量子引力、量子计算等领域埃弗雷特的思路启发了很多科学家，但在科学界很少有科学家会将多世界解释作为具体的研究对象。当一个坚定的多世界解释支持者，在那里大谈多世界解释如何优于正统解释，如何如何合理，我们不用去听他的长篇大论，直接扔给他一把左轮手枪，然后说：如果坚持自己的信仰，请开枪。在此情形下，恐怕没有一个人愿意冒这样的风险。一个人的行为和一个人的信仰出现如此大的偏差，我们必须反思，究竟是我们的精神出了问题，还是我们的理论出了问题。总之，一定是在哪里出了问题，不仅仅是出于形而上学的偏见。正如普特南所言：我不认为多世界解释的图景是对的，除了形而上学层面的安慰，我们什么也得不到[①]。

很多科学理论中确实不可避免地给出很多先验的形而上学假设，这种预设对进一步发展理论，然后更深刻地认识世界，解释经验是必要的。但多世界解释预设本体世界的分裂，似乎并没有更清楚地澄清量子的矛盾，更合理地解释经验，反而又产生了更多问题。

① Hilary Putnam. Realism with a Human Face[M]. Cambridge：Harvard University Press，1990：10.

但是，即便我们放弃多世界解释的本体论预设，将分裂理解为隐喻，虽然可以避免本体分裂的问题，但还是要对量子态的存在状态给出合理解释。最后，本章系统分析了量子自杀实验的核心内涵，指出即便不考虑现实情形，单从逻辑上讲该实验也无法验证多世界解释。

第 7 章　无穷的精神分裂

　　多世界解释虽然从本体上扩展了相对态解释的边界，但却打破了埃弗雷特谨慎建构的实在框架，导致了实在概念的进一步模糊。很多学者对此并不满意，他们认为多世界解释是对相对态解释的误读，分裂的不是本体世界，而是人的"视域"或"心灵"。在埃弗雷特的文本中，很明确地指出，只有一个物理系统态存在，但是埃弗雷特似乎暗示了多个观测态存在。"在这点上我们遇到一个语言困难，测量前我们有一个单个的观测态，测量之后又有多个不同的观测态，所有都发生在叠加态中"[①]。"我们得到的是一个客观形式上是连续的因果的，而主观经验上是不连续的概率的理论。最终，这个理论也可以对正统解释的预言给出评判，使我们得到一个逻辑上一致的形式，同时允许其他的观测者存在"[②]。另外，埃弗雷特曾提到量子态可以描述包括人的精神状态在内的所有事物，因此相对于德维特将分支解读为本体世界的分裂，大卫·阿尔伯特（David Albert）、马修·唐纳德（Matthew Donald）、巴里·洛伊（Barry Loewer）、迈克尔·洛克伍德（Michael Lockwood）、尤安·斯奎尔斯（Euan Squires）等人认为要使分裂的概念得到理解，必须将心灵作为一个独立于物理世界的变量进行分析，在哲学上将"心—物"的二元分离作为前提，才能建构成一个完备的解释体系。

7.1　纷繁复杂的多心灵解释

　　多心灵解释虽然都假设心灵实体独立于物质实体的存在，以心物二元论为前提，但是在发展过程中因其侧重点不同，也产生了好几种不同的解释。

7.1.1　多视域解释

　　1987 年，尤安·斯奎尔斯在《欧洲物理学》杂志发表了《单个世界的多视域——一个量子论的解释》[③]，在文中斯奎尔斯对量子力学中波函数的演化给出了一个全新的解读，认为可以从一个新的角度解释波函数的分支结构，并将其称作多视域解释（the many-views interpretation），下面将对多视域解释的基本内容进行介绍。

　　斯奎尔斯认为埃弗雷特的相对态解释中，量子态可以对系统给出完备描述的假设是正确的，但是在具体解释中埃弗雷特没能澄清分支的经验意义。在客观的量子态演化和我们

---

　　① Hugh Everett. The Theory of the Universal Wave Function[M]//R. Neill Graham，Bryce Seligman DeWitt (Eds.). The Many-worlds Interpretation of Quantum Mechanics. Princeton：Princeton University Press，1973：68.

　　② Hugh Everett. The Theory of the Universal Wave Function[M]//R. Neill Graham，Bryce Seligman DeWitt (Eds.). The Many-worlds Interpretation of Quantum Mechanics. Princeton：Princeton University Press，1973：9.

　　③ Euan Squires. Many Views of One World[J]. European Journal of Physics，1987，8：171-173.

的主观经验之间仍存在一定矛盾，因为在形式体系中认为所有的分支都是"实在"的，而我们的意识却只能得到一个状态，也观测不到宏观叠加态的存在。正如前文所论述的，埃弗雷特试图引入相对态和关联信息的概念来化解这一矛盾，但是并没有得到人们的认可，德维特从本体论的角度来对分支给出解读，但是带来很多问题。斯奎尔斯试图将分支解读为不同的视域的分裂，而非本体论的分裂。

设在一次观测中，用态函数 ξ 来表示最后得到的观测结果的集合，那么这个系统的态函数可以表示为：

$$|\psi\rangle = \sum a_i |\xi_i\rangle \qquad (7.1)$$

$$\xi|\xi_i\rangle = \xi_i |\xi_i\rangle \qquad (7.2)$$

其中，$|\xi_i\rangle$ 代表了被测系统的本征态，每个值都对应一个可观测态。另外，我们假设存在另一个测量系统，其状态可写为：

$$|\varphi\rangle = \sum b_a |\eta_a\rangle \qquad (7.3)$$

其中，η_a 代表了被测系统的本征态。

式(7.1)和式(7.3)分别代表了两个系统在测量后系统的可能状态的本征态的集合。现在，我们将这两个方程进行组合，统一写为一个组合状态，则这个组合态的波函数可以写为：

$$|\psi\rangle = \sum c_{i\alpha} |\xi_i, \eta_a\rangle \qquad (7.4)$$

此时，我们对两个波函数的含义给出不同的解读，$|\psi\rangle$ 表示客观系统的状态，$|\varphi\rangle$ 表示观测者的状态，可看作是用观测者来读系统的状态进行测量，于是组合态方程可写为：

$$|\psi_{\text{meas}}\rangle = \sum_i d_i |\xi_i, \eta_i\rangle \qquad (7.5)$$

在测量之后，客观系统和观测者各自得到一个关联的值 ξ_i 和 η_i。在正统解释中，由于没有将观测者状态作为一个单独的变量来考虑，而只写出式(7.1)和式(7.3)其中一个来描述。其中暗含的假设就是观测态和物理态是同一的，两者没有分别，因此只需要一个变量即可描述。而如果按照埃弗雷特的假设，量子态可以对一切系统给出完备的描述，那么可以推断量子态可以对客观系统和观测态分别给出描述。那么意识变量作为一个独立的变量，便区别于物理态，使得客观状态和意识态之间不再是完全同一。从而对埃弗雷特的测量前我们有一个单个的观测态，测量之后又有多个不同的观测态，所有都发生在叠加态中，在意识态的层面给出解释，而不必假设世界本体论层面的分裂。

意识在量子力学中的作用，最早可以追溯到维格纳和冯·诺依曼。在前文中"维格纳朋友"的理想实验中，薛定谔认为是人们在打开盒子后，粒子的态函数发生了坍缩，导致猫从叠加态变为要么死要么活的确定状态。而维格纳则假设一个穿着防毒面具的人——维格纳的朋友站在盒子里来对猫进行观测，由于人不可能观测到宏观叠加态，所有必然会看到猫要么活要么死。因此看起来似乎是站在盒子里的人的意识导致了波函数的坍缩，这样意识便作为一个决定性变量引入到了对量子测量的描述中，最终似乎是人的意识使得波函数被迫做出了选择。但是，意识作为一个变量应该如何引入到形式体系中呢？对此，维格纳没有给出进一步的描述，但是斯奎尔斯认为只要将意识变量作为一个独立的变量，对物理态描述给出补充，便可以解决埃弗雷特解释中的经验不一致问题。

　　斯奎尔斯认为，在式(7.5)中，整体的波函数描述了所有状态的集合，而我们的经验只关联于其中一个状态。于是对式(7.5)最好的解释就是方程整体的全域态代表了客观系统的物理状态，但是我们的意识态只能用方程内部的局域态表示，只能观测到一个确定的状态。我们的经验只能看到实在世界的一个部分，我们只能局限在我们自己的视域内来对世界做出描述，而非站在世界外部去给出描述。我们对方程展开后可以直观的看出：

$$| \psi_{\text{meas}} \rangle = d_1 | \xi_1, \eta_1 \rangle + d_2 | \xi_2, \eta_2 \rangle + d_3 | \xi_3, \eta_3 \rangle + \cdots \tag{7.6}$$

　　按照斯奎尔斯的观点，首先，正如埃弗雷特指出的，上述的量子态可以对整个系统进行完备的描述，物理系统处于纠缠的叠加状态；其次，态函数中包含有 η_1、η_2、η_3 等多个不同的观测者，如果我们意识中测量到了 η_1，那么就可以确定对应的物理态为 ξ_1，每一次观测都会得到一个 η_i，从而间接推断出相应物理状态为 ξ_i。看起来似乎是人的视域（意识）决定了局域物理态的状态，不是多世界解释中世界本体发生了分裂，而是说观测者在意识层面的视域发生了分裂，世界一直按照波函数描述的连续地演化。斯奎尔斯的观点与埃弗雷特关于"截面"的隐喻描述非常类似，整个波函数作为一个整体是没有确定状态的，但是在一个特定的视域下切入，会在一个"截面"上得到一个确定的局域态，这个状态在特定视域下看是确定的。总之，斯奎尔斯认为视域是相对于物理态另一个独立的变量，不是世界分裂，而是视域分裂，因此将这种多个观测者视域同时存在的解释称为"多视域解释"。

7.1.2　不带偏见的"裸"理论

　　1988 年，艾伯特和洛伊（下面简称 AL）在多视域解释的基础上，进一步提出了他们的心灵解释。他们还是抓住了埃弗雷特解释中，关于"客观形式上是连续的因果的，而主观经验上是不连续的概率的理论"，以及埃弗雷特关于坍缩是作为一种主观表象而被推出的相关论述。一方面他们赞同埃弗雷特线性波动力学为物理世界的演化提供了完备而精确的描述，另一方面他们认为，除了物理态之外还存在一个非物质的心灵动力学决定着心灵的状态演化，在补充了心灵动力学之后，才最终构成了整个测量过程的完备描述。不过在添加了心灵变量之后，心灵解释实际上已经放弃了埃弗雷特解释中波函数可对世界完备描述的假设，更像一种新的隐变量理论。不过这里不是将位置作为确定量，而是将心灵的状态作为首选的确定量。在玻姆的解释中，只将位置作为确定量，不足以最终解释我们确定性的经验和信念，而心灵解释则可以给出描述，心灵状态客观决定了我们的意识状态，意识状态决定了我们的直接经验。当然，很多人一开始就会质疑心灵是否能独立于物理态，这里我们暂不评论。

　　AL 首先提出了裸理论（the bare theory）[①]。裸理论在标准量子力学解释的基础上，唯独放弃了坍缩动力学，保持了本征值和本征态的连接。裸理论的含义就是在不附加任何假设情况下，最直接的解释，不考虑任何与经验的符合问题，可能是目前对埃弗雷特最激进的解释。

　　在裸理论中如何解释人们的经验？答案是，它根本就不解释。而是试图解释我们得到了确定性的经验的直觉是错误的。也就是说，观测者实际上不能观测到确定的结果，不论

---

①　David Albert. Quantum Mechanics and Experience[M]. Cambridge：Harvard University Press，1992：33.

我们实际经验如何。在一次自旋测量中，假设其态函数如下：

$$\Psi_{M+S}(t_1) = \frac{1}{\sqrt{2}}[\Psi_M \mid \uparrow \parallel \uparrow\rangle_S + \Psi_M \mid \downarrow \parallel \downarrow\rangle_S] \tag{7.7}$$

假设观测者观测到了 $\Psi_M \mid \uparrow \parallel \uparrow\rangle_S$，那么观测者会说"我得到了确定的结果，要么自旋向上要么自旋向下"。若观测到了 $\Psi_M \mid \downarrow \parallel \downarrow\rangle_S$，观测者也会说同样的内容。因此如果要对式(7.7)中的叠加态进行描述，上述描述"我得到了确定的结果，要么自旋向上要么自旋向下"就是错误的。所以看起来似乎观测者得到了决定性的结果，尽管既不能说他得到了自旋向上，也不能说他得到了自旋向下。

裸理论试图将我们的直接经验解释为一种幻觉，也就是说实际上我们一直得到的都是叠加态。裸理论存在两个非常严重的问题，首先，这种解释与我们的经验是冲突的，得不出任何连贯的经验预言，即便它是对的，我们也找不出经验证据来支持它。其次，假如裸理论是正确的，我们就不可能得到任何单个结果的经验，因为全域态一直处于叠加态，也就无法给出任何预言。

7.1.3 单心灵解释

AL 的单心灵解释(the single-mind interpretation)[1]认为应该在原有相对态形式的基础上补充一个意识变量，将大脑的物理状态和心灵的意识状态分开来考虑。如按照埃弗雷特所假设的，波函数一直按照薛定谔方程线性地连续地演化，那么在观测后，观测者及客观系统的物理态仍将处于结果互不相容的纠缠叠加态，也就无法从叠加的量子态中读出单个确定性的结果。但是，由于人们完全意识不到叠加态在心灵中的存在，若想对我们意识到的确定结果状态给出完备的描述，必须要附加一些新的变量，那么最直接的方式就是规定观测者总是拥有确定的意识态。物理态和意识态是两种不同的状态，两个状态都可以用波函数来描述，物理态存在于客观的物理世界中，而意识态存在于人的心灵或精神中。因此，就要在量子形式中补充关于观测者心灵状态的描述。

在单心灵解释中，首先要求物理态和心灵态只存在部分关联，物理态不能完全决定心灵的状态，心灵状态有着自己独立的动力学规律，称之为心灵动力学。在一次观测中，设 M 为观测者，意识态 $B_M[x](t)$ 代表 M 相信 x 在 t 时刻的状态。从物理态 $\Psi_M[x](t)$ 可以推出 $B_M[x](t)$，但反之不成立，两者之间是非充分决定的关系。由于物理态总是处于叠加状态，没有发生坍缩，而观测者却只能观测到对应于叠加态中的一个结果。在这个仪器的物理态——大脑的物理状态——心灵态——意识态的链条中，肯定了物理态是叠加态，而意识态是单个状态。由于是心灵态决定意识态，所以叠加态就不存在于心灵之中，而是存在于人大脑的物理态中。在物理态和心灵态之间存在一个断裂，两者各服从于不同的动力学。那么，既然物理态一直处于叠加态，又该如何解释测量中的坍缩呢？最直接的方式就是，当前获得确定的心灵态的概率完全由物理态决定，等于整个态函数相应状态系数的模的平方。心灵动力学的基本特征就是概率演化，这样就可以对概率特征给出很多的解释。不过，单心灵解释也存在很大的缺点。

---

① David Albert, Barry Loewer. Interpreting the Many-worlds Interpration[J]. Synthese, 1988, 77(11)：195-213.

首先，单心灵解释无法描述我们连续的经验。比如，在一次自旋测量中，设 M 来对系统 S 进行测量，在一个子方向上，本征态为：

$$\Psi_{M+S}(t_1) = \frac{1}{\sqrt{2}}\left[\Psi_M|\uparrow\rangle||\uparrow\rangle_S + \Psi_M|\downarrow\rangle||\downarrow\rangle_S\right] \tag{7.8}$$

这个态描述的就是客观物理系统的状态。而在人的意识态中，只能有一个结果，因此心灵动力学中会随机得到一个结果，$B_M[x(\uparrow)](t)$ 和 $B_M[x(\downarrow)](t)$ 的概率都为 1/2。假如，在一次测量后意识态为自旋向上，第二次测量后意识态为自旋向下，两次结果不同。但是如第二次意识态为自旋相下，则心灵态自动也认为第一次结果也是自旋向下。由于线性动力学的作用，观测者会得到不可靠的记忆而观测者自己却意识不到，每次观测都会抹除其过去的记忆。

其次，单心灵解释无法描述不同观测者之间的经验。假如存在两个彼此隔离的观测者 A 和 B 同时对上面的物理态进行测量，那么由于心灵态是随机分布的，而且 A 和 B 的心灵态会各自独立地演化。那么，在测量后，A 的心灵态为自旋向上，B 的心灵态为自旋向下，A 和 B 一交流就会发现他们各自得到了不同的意识态。同一个测量得到完全不同的心灵态，那么人们便无法彼此交流，各自活在自己的心灵世界中。

最后，在单心灵解释的描述中，认为大脑态处于一种叠加态，而心灵只能意识到一个结果，那么其他的没有被意识到的大脑状态便没有相应的心灵意识与之对应，形成无心的大脑（mindless brains）。

总之，单心灵解释从根本上否认了心灵态随附于物理态，完备的物理态无法决定心灵态。物理态无法对观测者的心灵态进行约束，我们无法了解别人的心灵态。尽管单心灵解释一定程度上解释了经验，但是在该解释的图景中，观测者的交流不再可能，得到了一个悲凉、混乱、又孤独的世界。对此，他们又进一步提出了多心灵解释（the many-minds interpretation），以对单心灵解释进行进一步的修正。

7.1.4　艾伯特和洛伊的多心灵解释

多心灵解释认为和叠加态的大脑状态相连的心灵意识不止一个，而是无穷多个心灵的集合。

首先，在客观描述问题上，为了解决无心大脑的问题，AL 假设每个观测者不只有单个心灵，而是有连续的无限的心灵，每个大脑的状态都有对应的心灵，不存在无心的大脑。一个人的意识状态由心灵态表示，而心灵态则由人的大脑态唯一的决定。这样，便给每一个大脑态都分配了一个心灵态，消除了无心大脑的问题。每个心灵都依然按照单心灵解释中所描述的那样演化，只是每个观测者有多个心灵。每个观测者心灵都独立于其他人的心灵独立地演化，这样的话每次测量之后都会分配一个心灵态，连续的观测便会得到多个心灵态，每次测量的单独的心灵态都会储存在记忆序列中，这样心灵关于自身过去的心灵态就是可区分的，不会出现记忆的消失和更改。不论何时测量，观测者的心灵都会关联于一个分支的物理状态。

不同于裸理论，多心灵解释中尽管存在无数个心灵，但是心灵彼此都是独立的，不互相叠加。整个系统的物理态，整个宇宙完全是决定性的，线性的演化，不需要假设非量子的坍缩过程。但是相比于物理态，多心灵解释还假设非物理实体——心灵的存在，在心灵中存在局域态和全域态的区分，非连续性的概率演化发生在心灵中。确实，埃弗雷特也相信心灵态演化不同于物理态，他反复强调，在他的量子形式中，宇宙量子态总是线性地、确定性演化，而主观表象的演化则是随机的、概率的。从这一点看，多心灵解释似乎对埃弗雷特解释给出了合理的解释。

其次，在概率问题上多心灵解释认为，概率由客观的大脑状态所决定，而不是在心灵系统中靠信念去分配。波函数展开项中每个系数模的平方决定了每个心灵得到相应状态的概率。每个观测者的心灵代表了对同一个物理世界不同的视角。尽管每个心灵都到了单个、确定、连贯的事实，而在全域的观测者看来，人的心灵是多个心灵的集合，可拥有多个不相容的经验。若观测者进行自旋测量，所有的观测者心灵集合里的心灵都关联于确定状态，但不一定相同。AL 论证说多心灵解释在解释概率时不存在矛盾，概率是完全客观的，尽管他们不是物理意义上的，但是从意识上看个体总是得到一个意识序列。由于每个心灵在心灵动力学的支配下伴随着一个随机的概率，可以预期一个观测者所有的意识态的统计中展现出通常的量子概率。正统解释中的坍缩和概率分布，是意识态随机分布的结果。AL 认为在多心灵解释中"个人的意识，正如在单心灵解释中那样，并不是一个量子系统，他们从不叠加。这就是它区别于物理态的含义。多心灵解释中每个心灵的演化都是概率性的。然而不同于单心灵解释的是，有足够数量的心灵态关联于叠加态中每个元素。测量后出现的无限个测量结果必然要求有无限数量的心灵存在。在测量过程中，不必考虑单个心灵演化的概率性，从整体来看，整个测量过程的演化必然是确定性的（线性的）。所以，观测者的心灵演化的集合就是确定的，可从多心灵态中得到有限的分布"[1]。因此，整体来看 1/2 的心灵得到自旋向上的状态，1/2 的心灵得到自旋向下的状态。从这个角度看，多心灵解释是物理主义的，符合物质决定意识的基本原则，但不得不承认心灵的多元存在。AL 认为多心灵解释避免了优选基问题，不过事实上并非如此，他们只是将物理学层面的非连续演化放到了心灵中，本质上还是将确定的意识作为理论的优选确定量。

最后，多心灵解释中，心灵态是随附于客观系统的物理状态的。为了澄清心灵态确定性的演化方式的内涵，至少要区分三类不同的心灵态[2]。第一种为观测者心灵中的一个状态称为局域心灵态（local mental state）。单从局域心灵态的视角来看，心灵动力学是随机性、概率性演化的，正如单心灵解释中描述的那样。而且心灵态是不随附于观测者的物理态的，物理态无法充分地决定心灵态。第二种为包含有一个观测者所有的心灵态的完备心灵态（complete mental state），它们也按照每个心灵局域态随机演化，也不随附于物理态。第三种为关联于观测者波函数全域态的每一个展开项的全域的心灵态（global mental state），只有观测者的全域心灵态是连续确定性演化，随附于物理态的。多心灵解释之所以优于单心灵解释，就是因为全域的意识态可以被物理态充分决定。最终"我们得到了意识对物质的随附性，但代价是需要假设每个意识观测者都关联于无限个意识态"。不过这个代价是不是有点太大了。

① David Albert, Barry Loewer. Interpreting the Many-worlds Interpretation[J]. Synthese, 1988, 77(11): 207.

② 成素梅. 在宏观与微观之间——量子测量的解释语境与实在论[M]. 广州：中山大学出版社，2006：118.

7.1.5 洛克伍德的多心灵解释

1996 年，洛克伍德在《英国科学哲学杂志》上发表《量子力学的多心解释》，他接受多心灵解释是理解埃弗雷特的最好方式，但是不完全同意 AL 的多心灵解释。洛克伍德认为 AL 的多心灵解释中关于独立心灵假设和心灵随机过程是可以消除的，但同时 AL 也反驳说洛克伍德的理论没有精确的概率解释，因此经验上没有理由接受[①]。相比于 AL 的多心灵解释，洛克伍德的多心灵解释接受有多个心灵的存在，但是否认 AL 对概率以及意识同一性的解释。

首先，洛克伍德接受埃弗雷特解释的基本假定，认为态函数展开的每个分支都是真实存在的，而且这个分支不存在于物质本体世界的分裂，而是心灵世界中的分裂。测量后，对应于展开项中的分支，存在无限个心灵，每个分支都有一个意识态与之对应，不存在无心的大脑。在洛克伍德看来，连续无限的主观心灵组成了观测者的多元心灵（Multimind）或者心灵（Mind）。"第一，同时存在不同的最大经验集合，每个都存在于一个连续无限的同一性的拷贝；第二，在最大经验集合中存在自然的优选测量[②]"。洛克伍德假设每个观测者都有无限的心灵，这些心灵处于不同的意识态，有一个自然的测量可以自然生成最后测量结果的比例。洛克伍德的多心灵解释主要由下面三个假设组成[③]：①心灵是我们大脑的一个子系统；②存在一组意识基，在不同的分支中，我们在时间 t 拥有的最多经验，在主观上是相同的；③心灵的混合态可以表示为互相垂直的纯态对应的投影之和，我的心灵包含连续、无穷多个最多经验。通过退相干使得纠缠在一起的系统的关联很快被破坏，意识过程也可以通过退相干作用使得大脑的叠加状态消失。

其次，洛克伍德试图消除 AL 解释中关于心物二元论和先验的意识同一性假设。洛克伍德认为 AL 的理论尽管承认心灵拥有着完全不同于物理态的性质，但是却完全继承了物理宇宙的规律，直接假设意识态的表象也可直接还原为一般的统计规律。"为了解释量子力学，诉诸于二元论，这一点非常令人失望"。洛克伍德的目标是，"在得到 AL 理论优点的同时，不必拥抱二元论或者引入不可还原的随机过程[④]"。为了消除二元论，使得心灵态直接随附于物理态，而不是独立地演化，他放弃了意识先验的同一性。所谓意识的同一性指的是在一个确定的时刻我们的意识只能得到一个确定的经验状态，我们无法意识到叠加态。在测量电子自旋的实验中，尽管对应自旋向上有无数个心灵，自旋向下也对应无数个心灵，但是我们无法同时意识到两个状态，意识优选基已经假设了一个时刻人的意识只能对应于一个心灵态，否则就会出现混乱。但是洛克伍德认为应该放弃意识的同一性，担心在特定时间哪个心灵拥有什么样的意识态，以及意识态如何随时间改变是没意义的。因为在 AL 解释中，先验概率之所以出现就是因为需要在众多心灵态中选择出一个意识态，通过放弃先验的意识同一性，洛克伍德相信可以排除所有的量子随机过程。

---

① Jeffrey Alan Barrett. The Quantum Mechanics of Minds and Worlds[M]. New York：Oxford UP，1999：206.

② Michael Lockwood. Many Minds Interpretations of Quantum Mechanics[J]. British Journal the Philosophy of Science，1996，47(2)：182.

③ 成素梅. 在宏观与微观之间——量子测量的解释语境与实在论[M]. 广州：中山大学出版社，2006：119.

④ Michael Lockwood. Many Minds Interpretations of Quantum Mechanics[J]. British Journal the Philosophy of Science，1996，47：176.

　　洛伊对洛克伍德的观点进行了回应，他区分了两类不同的多心灵理论。第一类，他称为连续心灵的观点（continuing minds view，CMV），AL 的多心灵解释就坚持这种观点。此观点认为心灵状态具有连续性，在某时刻与大脑量子态关联的一个特定心灵与一段时间后此大脑量子态关联的心灵是相同的。因为没有物理事实支持这种同一性，洛伊认为这种观点天然就是二元论的[①]。第二类为瞬时心灵观点（instantaneous minds view，IMV），此观点认为心灵不具有连续性，整体的心灵态是由无数瞬时的心灵组成。这种瞬时的心灵没有经过大脑颞叶的意识过程，也不具有同一性，似乎可以避免二元论。问题是瞬时心灵观点不能像连续心灵观点那样可以解释意识态的概率演化过程，不存在随时间演化的意识的同一性，甚至不能谈论特定心灵态随时间的演化。而洛克伍德认为他的理论可以通过意识基为概率提供满意解释。每一个瞬时的心灵都会在意识基的作用下发生退相干，概率由系数的模的平方给定，每一个瞬时心灵都对应波函数的一个确定性的展开项。但是，由于不存在心灵随时间保持同一性的概念，我们得到无数散乱的瞬时心灵，无法生成确定的意识态，使得谈论瞬时心灵从一个意识态演化到另一个意识态完全是没有意义的。

　　最后，洛克伍德否认意识超验的同一性使得他的理论很难与我们的经验相一致。首先，坚持瞬时心灵的观点，就和裸理论一样，永远不可能用经验来判断和验证理论的真实性。由于心灵只能瞬时地出现，使得连续的意识和记忆变得不可能，而且洛克伍德否认意识的同一性，也就否认了我们通过经验来验证理论的基础。其次，洛克伍德解释中概率的概念也令人迷惑。我的个人经验无法意识到一个叠加态维度的经验，只能被全域态展开项中的一项来精确描述。我们的经验只能用单个的心灵态（mind）来解释而非多元心灵（multimind），多元的心灵没有对应的经验内容，因此不可认识。

　　总之，洛克伍德的多心灵解释虽然试图消除心物二元论假设，但是他却放弃了意识的同一性，不光没能消除二元论，反而使得整个解释更加混乱。在多心灵解释中，一个关于经过大脑意识过程的心灵描述是观测者拥有可靠记忆的基础，但整体来看所有的多心灵解释，都是建立在粗略的心物二元论的基础之上的，只是将其割裂为两种不同的实体，而对于两者之间的关联，以及意识对物质的随附性以及意识的同一性都没有给出很好的解释。

7.2　争议中的多心灵解释

　　上文已经对量子力学中的几种多心灵解释的发展脉络给出了简要的说明，心灵解释作为当代的笛卡儿二元论的支持者，为我们进一步深入思考物质与意识的关系提供了很好的素材，对于我们进一步认识量子力学与意识的关系提供了新的思路，但是也存在很大的问题。

7.2.1　先验的心物二元论假设

　　多心灵解释为笛卡儿二元论给出了一个新的方案。唯物主义哲学认为心灵事件不过是

---

①　Barry Loewer. Comment on Lockwood[J]. British Journal for the Philosophy of Science，1996，47：229.

对大脑客观物理化学过程的反映，心灵与大脑是同一的，没有独立性的地位。物理主义的假设和信念为我们研究意识与大脑的关系提供了很多的思路，现在很少有人再坚持笛卡儿的二元论，几乎所有科学家都坚持物理主义。多心灵解释先验地假设心灵过程是独立于物理系统的，物理过程中态函数一直连续地演化，而心灵状态则是不连续地，概率地演化。这样确实对埃弗雷特"我们得到的是一个客观形式上是连续的因果的，而主观经验上是不连续的概率的理论"①，给出了清楚的说明。但是，对埃弗雷特观点的解读本身无法提供对一个理论合理性的支持，而且对埃弗雷特的解读还包括裸理论、多世界解释、多历史解释、多纤维解释等解释。假如我们接受埃弗雷特的观测者模型，假如我们确信我们会有一个确定的倾向，假如我们确定我们自身经验以及其他观测者经验之间的关系是真实的，假如我们要求独立的动力学，那么我们就能从纯波动力学的主观表象，导出标准坍缩解释的所有预言。波动力学本身对辅助动力学构成了一个强约束，似乎我们得到了一个确定性的辅助动力学，主导着意识态，因此完成了埃弗雷特想要的，从主观经验层面导出量子力学的经验预言的目标。

在多心灵解释中，观测者的意识并不影响他的物理态，两者服从不同的动力学，是两个完全不同的实体。但是，多心灵解释并没有对意识动力学给出明确的定义，而且他们也没有把这当作一个严重的问题。艾伯特指出："我所说的并不完全是意识态演化的一般规律，而是虚构的定律，而且这种虚构方式保证了我说的都是真实的。"②但是，正如多世界解释在不同时间需要明确的链接规则，没有明确的意识动力学整个心灵解释便都是不完备的。不论你喜欢的是世界本体还是意识本体，都需要一个辅助性的动力学来描述局域态确定性的演化，同时还要保证物理态宇宙波函数一直线性地演化。虽然埃弗雷特直接将系数模的平方指定为对应局域态分支的概率，但是这种方式只是从整体上在一个外部视角下给出了描述，而对于我们只能处于具体分支世界中的人，这种方式还是没有办法说明我们的经验。

7.2.2　怪异的随附性假设

多心灵解释使得我们必须重新反思随附性的定义。我们通常所说的随附性，并不是说心灵完全依赖于大脑的物理信号的状态，而是在随附于物理态的基础上，心灵还能进行思考、想象和认识论的反思。我们的直觉使我们相信，每次测量后我们都会稳定地观测并意识到一个确定的意识状态，但同时我们也可以纯主观地想象有很多互相冲突的信念。多心灵解释告诉我们存在无限多个心灵，而且其中很多都代表了完全不同的信念，很多意识态是我们在局域态下无法得知的。同时多心灵解释声称只有全域的意识态是随附于物理态的，局域态不随附于物理态，但是我们并不知道全域态是什么。这种状况和多世界解释面临的状况非常类似，在多世界解释中也是说全域波函数描述所有世界的集合，我们经历的世界只能用局域的波函数来描述，我们只能观察到局域态的事实，不可能观测到其他的局域态。在多心灵解释中我们想得到的随附性都是随附于特定的局域态，虽然存在无数个心

① Hugh Everett. The Theory of the Universal Wave Function[M]//R. Neill Graham, Bryce Seligman DeWitt (Eds.). The Many-worlds Interpretation of Quantum Mechanics. Princeton：Princeton University Press, 1973：9.

② David Albert. Quantum Mechanics and Experience[M]. Cambridge：Harvard University Press, 1992：129.

灵态，但是每次我们只能意识到一个心灵态，我们直接意识到的永远都是局域态。只有全域的心灵态是随附于物理态的，但是我们永远也感觉不到。

多心灵解释假设每个观测者关联于无限多个心灵态，物理态一直是叠加态，而我们在意识中只能看到一个分支中的局域态，这个假设严重地违背我们的经验直觉，我们不得不反思这样做的代价和意义。单心灵解释虽然存在无心大脑的问题，先不管该解释的问题，单从假设每个观测者只有一个意识态，基本符合我们的常识经验。而多心灵解释似乎就是为了解决无心大脑的问题，强加了存在无限个心灵这个假设，看起来非常的奇怪，而且脱离实际。

整体看来，多世界解释和多心灵解释在解释的逻辑上区别并不大，代表了对分支两种完全不同的本体论认识，形式体系完全相同，只是在处理什么是优选的确定量方面有所差别。在多世界解释中假设局域态中的物理态是确定的，而多心灵解释中假设局域态中的心灵态是确定的。两者都是对埃弗雷特线性动力学演化的进一步解释和扩展，二者在内在逻辑上是一致的。

7.2.3　违背直观经验

科学知识要求我们自身的经验以及其他观测者的经验都应当是可靠的，这种可靠性假设是进一步探究科学知识的前提。因此，我们必须假设一个观测者在报告他的经验和信念时，一定是为真的。但是，多心灵解释和裸理论类似，试图剥离我们的常识经验，在自己的理论结构下重构我们的意识经验。在自旋测量实验中，埃弗雷特认为观测者作为一个自动机，将会得到一个确定的意识态，客观地记录仪器所测得的结果。可以肯定的是，相对态解释——多世界解释——多心灵解释都承认态函数的连续演化，承认叠加态的客观存在，但是在处理理论与我们经验之间的关系时，它们使用了不同的方案。相对态解释试图从概念上来解决，提出了相对态和关联信息的概念，将现实中的分支看作一种隐喻；多世界解释用局域的世界本体论来解释我们的经验；多心灵解释用局域的心灵本体论来解释我们的经验。

一个经验连贯的理论，最基本的条件就是我们得到的经验必须是稳定可靠的，不同观测者得到的经验也是一致的、可交流的。但是，多心灵解释在这两个方面都存在问题。首先，在经验的稳定性层面，正如前文所述，单心灵解释只能记录当下的状态，无法得到可靠的记忆。多心灵解释假设存在无限个心灵虽然避免了这个问题，但是对无限心灵的本体论问题以及其概率分布的可靠性都没有进一步的论证。另外，在经验的可交流性方面，不论是单心灵解释还是多心灵解释，都仅仅对每一次测量中的心灵态给出了概率解释，但是两个独立的人分别在自己的心灵中随机得到的结果不一定相同。除非再指定一个超验的全体意识态，将世界上所有人的意识关联在一起，但这样的假设离谱到根本不可能有人相信。

多心灵解释排除了多世界解释中无限世界本体的责难，用多重的心灵实体去取代物质实体，本质上还是某种隐变量理论，增加了一个心灵的变量。只不过在玻姆的隐变量理论中，将粒子的位置是确定的作为前提，而心灵理论是将心灵的意识状态始终看作是唯一确定的。另外，心灵解释都是将人的意识作为一个独立的过程，并且作为一个和物理态不同的变量一起引入方程，用方程同时描述意识过程和物理过程，承认物质和意识心灵的二元分离，将一切物理世界解释不了的矛盾都放到心灵中去解决。就目前来看笔者并不认同他们的解释，他们的解释虽然用的是物理学的方程和符号，却更像是一种形而上学的探讨。对此我们必须回到逻辑实证主义最初提出的基本问题，即科学研究的方法和划界问题，科学的疆界应该在怎样的原则指导下进行扩展和演进，需要我们进一步地深入研究和探讨。

第8章　物理主义的回归

　　多世界解释和多心灵解释试图从本体论层面对分裂做出彻底的解释，遭到了很多物理学家的反对。他们的讨论已经远远超出了物理学理论的边界，进入了形而上学的层面，更像是打着物理学的旗号，做着哲学家的工作。尽管多世界解释得到了较为广泛的传播，但是很多人并不认同这种极端的解读，并且提出了几个新的解读。下文将对主要的三种物理主义解读进行说明。

8.1　多历史解释——在历史中分支

　　20世纪80年代退相干理论提出后大大推动了量子理论的发展。盖尔曼（M. Gell-Mann）和哈托（J. B. Hartle）看到了在纯粹物理学的框架下，对相对态解释进一步发展的可能性。于是在相对态的基础上，吸收退相干的相关理论，结合一致历史解释的基本结构，提出了他们的多历史解释（the many-histories interpretation）[1]。关于一致性历史解释的内容，在前文测量问题中已大致给出了叙述。

　　盖尔曼和哈托在海森堡的矩阵力学的体系下提出了两个核心的概念，来对相对态解释进行进一步的修正和重构。

　　第一个概念是"可择历史（alternative history）"。其定义为：在矩阵力学中用投影算符所表征的特定的时间序列，每一个在可择历史集合中的历史表示我们现实可经历的历史。所有的历史中不存在单独的历史，而是在每个可择历史集合中所有的可择历史。可择历史给出了所有的时间序列，在选择不同的退相干历史，不同的优选基下可能序列的全部描述。也就是说比传统的描述增加了不同退相干因素造成的不同历史这一变量，一旦发生退相干，便只经验到一个确定的结果。于是在新的解释下，实在与我们经历的实际历史相一致，分裂被理解为可能历史在环境作用下的现实结果。

　　第二个概念是"近似概率（approximate probability）"。由于外界环境对量子系统的干扰作用，一个粒子一旦与确定的位置信息相联系，粒子本身的相干特性便会减弱甚至消失，如果相干性彻底消失，便符合宏观的经典物理学中的概率描述。但是，近似概率只适用于粗粒可择历史（coarse-grained alternative history），而不适用于精粒历史（fine-grained history）。粗粒历史指的是相干性较弱甚至消失的历史，而精粒历史指的就是经典量子历史，也就是粒子在较强相干作用下的历史。精粒历史不考虑环境作用，完全是理想的实验条件

---

　　[1]　Murray Gell-Mann, James B Hartle. Quantum Mechanics in the Light of Quantum Cosmology[C]//Wojciech Hubert Zurek(Eds). Complexity, Entropy, and the Physics of Information. Proceedings of the Santa Fe Institute Studies in the Sciences of Complexity, Addison-Wesley, Calif. 1990, 8: 425-458.

下才能实现的，而粗粒历史则是考虑了外在环境的影响，更符合现实实际情况，因为在通常的情况下，特别是在宏观世界中，退相干是不可避免的。

这样，通过引入外界环境的作用，便对量子状态相干性的消失给出了过程性的说明。坍缩的根本原因在于外界环境的作用，而不是什么主观意识影响。一定程度上基本解决了测量难题，故而基于测量难题中的分裂而提出的多世界解释和多心灵解释，被彻底解构。不过近似概率在逻辑上是不一致的，其概率积分总和不等于 1，无法归一化。盖尔曼和哈托完全从实用主义的角度来理解近似概率，在具体使用时，其计算的精度可以根据实际使用时的目的和需要来给出近似值，并且在他们描述的粗粒历史中可以有非常高的精确性，和经典概率的计算非常接近。另外，在实际历史中只有一个结果出现，但是单纯从多历史解释对量子态的描述中，我们无法直接地判断出到底哪一个可择历史和真实世界对应。尽管人的意识是稳定的，但是由于环境的不稳定性，造成了可择退相干历史集最终无法选择出确定的，可预言的历史。

8.2 多纤维解释——分支世界的通道

巴雷特(Jeffrey Alan Barrett)于 1999 年在他的《心与世界的量子力学》[①]一书中提出了自己的解释。对于多历史解释，其数学形式只可以用来描述，却不能对我们个人经验的同一性的世界给出说明。巴雷特试图从一种全新的视角对相对态解释给出决定性的描述，给出一个类似牛顿力学的结构，提出了没有分裂的量子解释——多纤维解释(the many-threads theory)。

首先，巴特雷认为对宇宙状态的合理描述不是像多世界解释所揭示的那样，用某一时刻的态去描述，而是将每个测量后得到的局域态的节点连接起来形成一条一条的轨道，每条轨道都代表一个世界，我们所经验的世界就是由所有可能轨道中的一条来描述的。在多纤维理论中，可以通过选定不同的优选基，不同的连接规则以及不同的初始概率，形成不同的多纤维世界的描述。其中，通过确定优选基确定每次测量的起点；通过确定初始概率确定一次测量之后可供选择的局域态分量；通过确定连接规则将不同的时间点之后，可能的局域态连接起来形成一个时间上连续的世界。每条纤维都可以看作一个真实连贯的世界，而在每个世界中不存在分裂，反映到经验中同时也就不存在观测者的感觉连续性问题，所有可能的世界只有其中一个是我们可以经验到的。因此，只要确定优选基、连接规则、初始概率便可以做出决定性的描述。这些历史永不分裂，因此不存在同一性问题，可认为每个世界都是真实的，其中仅有一个世界是我们的世界。

其次，多纤维解释中对可能世界的理解与经典力学类似。给定一个哈密顿量，每个经典力学中的初始态下，选择不同的轨道通过相位空间，形成不同的历史。可以认为在相位空间的可能世界都对应一个历史，并认为这些经典可能世界都是真实的。最后，这些可能

---

① Jeffrey Alan Barrett. The Quantum Mechanics of Minds and Worlds[M]. New York：Oxford UP，1999：184-197.

世界中的概率测量值提供了我们世界的先验概率。类似地，可将量子力学中的多历史视为真实世界的历史，也将玻恩规则视为我们世界的先验概率。

另一个与经典力学相类似的是，可以从理论上给出一个决定论的描述。给定一个哈密顿量，在演化规则确定的情况下，经典的可能世界被初始态所决定，初始态完全决定了那个世界的历史。但其中初始的局域态并不能完全决定世界的历史，因为还有很多不同的历史同时穿越同一个局域态。单从一个局域态出发不允许我们计算那个世界将来的状态，因为我们不知道全域态。如坚持从物理态描述将来的状态，必须包含全域态波函数作为每个局域世界描述的一部分。同时给定世界的局域态和全域态，可用线性动力学以及特定的连接规则对自己世界未来状态给出预言。但假如不知道完备的局域态，可用线性动力学、连接规则和先验概率来给出概率预言。

最后，若将全域态作为每个世界描述的一部分，那么我们又得到了一个隐变量理论。巴雷特通过引入轨道的概念，将连续不同的局域态连接成的轨道看作可能的世界，构建了决定性的纤维理论。但是对于我们的真实世界遵循怎样的连接规则，巴特雷并未给出详细的说明，也很难给出说明。巴特雷认为，可以通过完备的局域态和全域态波函数，对世界纤维做出决定性的预言。当没有完备的局域信息时则可用经典量子概率进行统计预言。但是除此之外，巴特雷对于具体的形式上的具体细节没有给出任何描述，只是提出一个大致的决定性理论的构想和大致框架。对于理论中描述的，怎样去计算和描述一个完备的局域态，如何选择连接规则，选择规则有什么标准，和现实世界如何对应等我们所关心的核心问题没有任何论述，因此这样看来，多纤维理论还只是停留在构想阶段，没有实质性的进展。

8.3　交叉世界解释——宇宙之外的宇宙

围绕多世界解释，哲学家们展开了深入的讨论。很多学者对多世界解释的不可证伪以及形而上学的特征进行了尖锐的批判，同时自 1990 年盖尔曼和哈托提出多历史解释之后，量子多世界理论一直没有发展出新的形式。可喜的是，2014 年 10 月 13 日澳大利亚科学家怀斯曼等人在《物理学评论》上发表了量子力学多世界解释的最新形式交叉世界理论（many interacting worlds approach）[1]。该解释几乎完全颠覆了传统的德维特的多世界解释体系，构建了一个"交叉世界"解释。以下将对交叉世界理论的内容特征和哲学内涵进行深入分析[2]。

在量子多世界解释中，基于相对态解释的基本数学形式，德维特将其解释为世界本体的分裂，而艾伯特等人将其解释为心灵的分裂来回避多重本体存在的责难。但本质上讲它们在本体论上都认为世界是一种类似树杈的分支结构，而分支世界在分叉后便都向着各自

　　[1]　Michael J W Hall，Dirk-Andre Deckert，Howard M Wiseman. Quantum Phenomena Modeled by Interactions between Many Classical Worlds[J]. Physical Review，2014，10.

　　[2]　乔笑斐，张培富. 从"平行世界"到"交叉世界"[J]. 南京晓庄学院学报，2015，31(2)：66.

的方向演化，形成平行的世界，平行的世界有着共同的历史但是从分裂后便不再相同，也不会再有相互作用。在弦理论中也有类似的关于平行宇宙的假设，弦理论的最新形式膜理论认为世界是 11 维空间中的四维曲面，这些曲面世界不是唯一的，单个世界在四维空间中构成一个相对封闭的世界，多个平行膜世界会在彼此之间产生相互作用，而相互作用会在世界中产生可观测的现象。在此，交叉世界的构成方式和膜理论揭示的世界有很相似的地方，都基于一个更大的视野，以世界的非唯一性作为前提，来对物理世界的规律进行解释，并给我们呈现出一幅新奇的关于世界本体存在的图景。

交叉世界理论中关于世界本体的存在有如下几个特征：

(1)世界本身的存在不是唯一的，有很多和我们一样的世界同时客观的存在着。至今为止，所有关于世界起源的说法，如中国古代神话传说中的盘古开天辟地，基督教的上帝创世说以及宇宙学中的大爆炸理论，都没有给出世界唯一性的判断和论证，也就是说不论世界最初是怎样产生的，都可以按照相同的方式产生多个。最新的大爆炸理论表明，宇宙本身就是一场免费的午餐，一切都是从一次大爆炸中产生出来，而且只要条件满足，大爆炸会重复的产生。而 universe(宇宙)一词在英语中本身就有世界全部的含义，在多个世界存在的假设下必须使用 multiverse(多元宇宙)才能明确其含义。

(2)所有的世界和我们所处的世界一样，拥有相同的宇宙结构和物理学特征。我们在一个世界中观测到的自然现象和物理规律，在其他世界中也是一样的，最基本的规律在不同世界中是普遍适用的。而一个世界中最基本的物理实体就是场和粒子，所有的世界都服从牛顿定律和相对论等宏观定律，本质上是决定性的。世界的数量是有限的，而不是多世界解释中的世界是无限增殖的。

(3)不同的世界之间是相互交叉的，而不是平行的存在。在此，交叉世界的存在机制和多世界解释完全不同。多世界解释是基于测量之后的不同统计结果来分配世界的，一次简单的测量就导致世界的分裂，如前面所论述的，这种本体论解释给多世界解释带来了很大的问题。虽然后来用多心灵解释对此进行了修正，但是多心灵解释先天的心物二元论假设也存在着极大的争议。总的来说，多世界解释将波函数看作最基本的实体，坚持一种量子态的实在论，其预言的本体世界很难与物理学中的其他理论以及观察事实相协调。而交叉世界关于世界的本体论预言基本和新的宇宙学理论中所揭示的一致，虽然怀斯曼等人在文章中并未对世界的形成给出论述。

(4)量子效应的存在，源于不同世界之间的相互作用。交叉理论认为量子现象本身并不是独立的、终极的现象，而是由于不同世界之间存在的相互作用所派生出来的。也就是说，量子论不是终极的不可还原的理论，而是由于另外的原因所导致的。既然量子现象不是基本的，那么量子力学中的概率就不是世界的本质特征。由于不同的世界之间存在的特殊的排斥力，造成不同世界内的宏观物质难以产生交流，物质不可能从某一世界穿越到其他世界，使各个世界得以相对独立的存在。然而，在量子世界中，通过量子隧穿效应，一个粒子却可以打破不同世界之间的排斥力，穿透看似不可逾越的屏障。交叉世界理论对此解释为：不同世界中，由于排斥力的作用，一个世界中的粒子面对不同世界间的壁垒会自然地弹回，若其中某个世界突然加速，彼此相邻世界间的壁垒就会打破，世界之间彼此连通，粒子便可以挣脱不同世界的排斥力，穿越看似不可逾越的屏障。另外，在交叉世界理论中，通过假设存在 41 个相互作用的世界，就可以解释著名的"双缝干涉实验"，解释粒子表现出的波动特性。

在交叉世界理论中，给出了一幅关于世界全新的本体论图景。整个理论在多个世界具有相互作用的假设下，用数学形式推导出了包括双缝干涉、零点能、量子隧穿、波包的传播等大部分的量子现象，甚至也可以通过假设无限多个世界存在，推导出波函数的存在，从而还原到埃弗雷特最初的理论，理论在一定程度上是自洽性的。这样，交叉理论用最少的假设，导出了在量子力学中的诸多现象，具有明显的简洁性和统合性。

在新的数学形式和假设下，交叉世界理论构建了一幅和传统解释完全不同的实在图景。但是，怀斯曼自己也在文章中指出，目前交叉世界理论刚刚提出，和多世界解释以及玻姆的解释长久建立起来的体系无法相比。不过这三个理论有一个共同点，就是试图对世界做出因果决定论的解释，而不是概率解释。交叉世界理论假设有限个世界作为最基本的实在的存在，并且它们之间有相互作用。每个世界都是真实的在三维时空中存在的。一个独立世界 A 中的分子和独立世界 B 中的分子，只要它们在空间中相互接近就会产生固定的相互作用。在宏观尺度上这种相互作用的效果很难察觉，但是在微观尺度上，这种相互作用导致的非定域性便可以观测到。至此，从整个量子力学解释的发展看，产生了哥本哈根解释、多世界解释、隐变量解释等，乃至多世界解释内部也产生了相对态、多心灵、多历史等各种解释。在如此多的解释中，每一种解释都给出自己独特的关于实在的理解，那么在如此多的内容迥异的关于实在的理解中，如何确立实在客观的真实面目，而不仅仅是人们各自的主观理解？

交叉世界理论也有很多问题。首先，整个理论先天假设多个世界的存在，来展开推导和论证。但是对于多个世界的存在特征，以及世界的数量，世界的存在和演变等没有给出进一步的论述；其次，交叉世界理论目前还仅是对一些已知现象进行较好的解释和推导，尚未提出新的量子现象的预言。不过，交叉世界理论优于平行世界理论的一点在于：多世界解释中，所有的世界都是平行的，没有相互作用，不会产生任何可观测效应，既无法证实也无法证伪。而交叉世界理论中，世界的交叉作用，必然会产生很多可观测现象，如果该理论能预言出新的量子现象并证实的话，必然引发极大的轰动，基于此理论的实在观也必会为人们接受。

以上三种不同的物质主义解读，放弃了多世界、多心灵等本体论的预设，不过也都各自存在一些问题。多历史解释通过引入外界环境的作用，便对量子状态相干性的消失给出了过程性的说明，但是只能从实用主义的角度来给出近似的描述，最终无法选择出确定的可预言的历史。多纤维解释通过完备的局域态和全域态波函数，对世界纤维的状态做出决定性的预言，但是对于理论中描述的，怎样去计算和描述一个完备的局域态，如何选择连接规则，选择规则有什么标准，和现实世界如何对应等我们所关心的核心问题没有任何论述。交叉世界解释在假设世界交互的前提下，推出了很多量子效应仍有待进一步验证。

第 9 章　多世界解释体系的困境

前文已经对相对态解释的整体发展脉络进行了详细的梳理和评述，从整体来看，相对态解释的最基本的前提就是认为量子力学的形式体系是完备的，假设波函数可以对实在世界进行完全地描述。尽管埃弗雷特本人持反实在论的立场，但是整体来看相对态解释坚持用实在论的视角理解科学中的数学形式，为我们理解量子力学提供了一个全新的思路。埃弗雷特解释近十几年间在量子哲学界特别流行，尤其是在英国[①]，而且对于相对态解释的态度也呈现出极端对立的状况。支持者认为，相对态解释已经成为新的正统解释[②]；而反对者则非常不屑，认为它太过荒谬以至于完全不值得严肃对待。

对相对态解释的争议主要集中于五个方面：①如何理解相对态解释中最初提出的"分裂"（splitting）和分支（branches）的含义，对此前文已给出了详细的论述；②如何解决优选基问题（preferred basis problem）；③如何解释量子概率在相对态解释中的意义；④如何理解波函数的实在论地位；⑤如何对理论进行检验和验证。这一问题主要是从多世界解释引出，很快扩展到弦论、宇宙学等一般科学的领域，多世界，平行宇宙存在吗？对于完全基于数学形式体系，预言了不可观测实体，而且很难给出直接经验检验的理论，我们该如何对其合理性给出恰当的评价。下面我们将对这些问题的内容及其可能的解决路径一一给出评述。

分支（分裂）是人们所熟知的多世界解释中最为重要的特征，也是整个相对态解释体系发展脉络的核心问题。但是对于分支该如何理解，不论是在字面上，还是其内在涵义都产生了极大分歧。其中，相对态解释试图引入相对态和关联信息的全新概率来解决，甚至埃弗雷特本人都不认为这是一个严重的问题；多世界解释将其理解为世界本体层面的分裂，整个世界连同观测者一起分裂；多心灵解释将其解释为观测者意识的分裂；多历史将其理解为整个历史集的分裂；惠勒将其理解为整个空间及其中信息的分裂[③]；甚至可以将其视为一种隐喻，仅仅是埃弗雷特为了引出相对态的概念而产生的副产品，其本身并无实在对应；另外，普特南将其理解为视角（perspectives）或相对事实[④]；华莱士认为分支既非本体的，也非隐喻的，而是一种突现的结构，是环境退相干的结果；还有的观点认为分支概念并不重要，包括贝尔的埃弗雷特解释[⑤]、希利（Healey）的模态实在论、艾伯特的裸理论、巴雷特的多纤维解释、怀斯曼的交叉世界理论。这里列出的解释都是相对态解释的变种，其中大部分本书都给出了详细的介绍和评述，至于最终应该如何解释分支，很难给出确定的结论，这涉及形式体系与解释之间的非充分决定性关系。鉴于前文已对分支问题给出了

①　在牛津大学聚拢了大批相对态解释的支持者，进行了大量的讨论，形成了著名的牛津学派。

②　Max Tegmark，John Archibald Wheeler. 100 Years of the Quantum[J]. Scientific American，2001，2：68-75.

③　John Archibald Wheeler. Include the Observer in the Wave Function[M]. Netherlands：Springer，1977.

④　Hilary Putnam. Quantum Mechanics and the Observer[J]. Erkenntnis，1981，16：193-219.

⑤　John Bell. Speakable and Unspeakable in Quantum Mechanics[M]. New York：Cambridge University Press，2004：117.

较为详细的分析和介绍，这里便不再重复论述。下面我们将重点对相对态解释的优选基问题、概率问题进行分析。

9.1 基矢的"选择困难"

相对态解释面临的首要问题在于，波函数的结构分支并不是任意的，而是选择特定的基矢来进行分解的，而选择不同的基矢会分解出不同的分支结构，这就是著名的优选基问题。换言之，我们为什么一定要将波函数解读为多重的分支，因为要按照埃弗雷特的说法，波函数一直连续确定性地演化，那么波函数根本就不应该演化为分支结构，而是一直以叠加态的方式演化。正是由于波函数从叠加态变为单个确定的态，才最终将波函数写成几个解的相加，而现实测量只能得到其中的一个解。

9.1.1 优选基问题

对于优选基问题主要有两种解答方案[①]。第一种方案是最为人们所熟知的多世界解释。多世界解释认为态矢量直接代表了全体世界，测量后，分支并没有消失，而是在不同的世界中都同样地实现了。在薛定谔猫的实验中，一个世界中是活猫，另一个世界中是死猫，我们所感知到的世界只是全体世界集中的一个。第二种方案是多心灵解释。相比于多世界解释将分支理解为本体世界的分裂，多心灵解释将分支理解为意识或心灵层面的分裂。测量后，观测者和猫进入纠缠态。

$$\langle \varphi \rangle = \alpha \mid Live\ cat \rangle \otimes \mid Observer\ sees\ live\ cat \rangle + \beta \mid Dead\ cat \rangle \otimes \mid Observer\ sees\ dead\ cat \rangle$$

$$(9.1)$$

每个观测者并非仅关联于一个精神态而是全部，存在一个意识基对不同的经验进行分配。

多世界解释假设对应于每个线性展开元素都存在一个世界，这些世界中的仪器会客观地记录下相应的物理状态，然后观测者观测到这个状态，整个过程都是符合身心平行原则的，不需要对意识态进行单独处理。但是，由于态的展开存在多种可能，虽然全域的态函数一直连续地演化，一直处于叠加态，而局域态却是不确定的。需要在一个基底上对全域态进行展开和分解才能得出，全域态本身无法完全确定局域态的状态，需要通过选择一个优选基来决定那个物理量总是确定的，但这种选择并不容易。多心灵解释关于全域态和局域态的关系的认识基本与多世界解释类似，只是将物质本体世界中的分裂转移到了心灵本体层面。

首先，我们并不清楚应该选择什么样的优选基。埃弗雷特认为不需要优选基，多世界解释将每个局域世界中的确定状态作为优选量，多心灵解释将每个时刻意识的唯一确定作为优选量。我们希望我们的世界和意识是稳定存在的，这也是我们进一步客观地认识世界的前提。直觉告诉我们，每个世界中的观测者都应当拥有确定的记忆，因此我们希望选择一个基，每一个元素对应一个态，而且其中每一个有意识的观测者都拥有确定的记忆和知

① 乔笑斐，张培富. 量子多世界理论的范式转换[J]. 自然辩证法研究，2016，5：101-106.

觉。但是基的选择不能仅仅是出于我们的主观意愿，我们需要对整个测量链条中的细节，从物理态到人的大脑再到人的意识态都有一个基本的认识，但目前看来这种认识暂未达到。多世界解释和多心灵解释都没有足够的科学性的依据作为辅助，来对它们优选基的依据给出支持，更多的是形而上学的探讨。我们必须承认，我们的理论假设是特设性的。

其次，我们不知道需要什么样的物理性质来决定和解释我们的经验。德维特认为可以从进化的角度来解释，生物为了生存，需要进化出可以感知确定物理性质的感官意识特性。也有的人认为在选择优选基时，可以不用考虑大脑的生理态和意识态与物理态的关系，但我们的目标是解释我们确定的经验，经验又是建立在意识的基础上的，问特定优选基是否可对确定经验提供解释，似乎无法绕开意识仅用物理态单独进行说明。在相对态解释的框架下，要解决优选基问题不可避免地要谈论大脑意识过程的具体细节，这着实令人头痛。不过假如我们不坚持实在论的立场，不要求物理理论一定要合理解释我们的经验，而只是从实用角度判定不同理论经验上的优点，可能走向实证主义和工具主义。在他们看来，好的物理理论只是预言经验的工具，我们不必要去知晓大脑工作的具体细节。不过总会有人不满足于实证主义，而是超出纯物理理论去追问更多、更深入的基本问题。

9.1.2　退相干与优选基

1970 年，泽(Zeh)首先指出宏观系统并不是封闭的，而是不停地与周围环境相互作用的，并首先对其动力学进行了讨论，但是在当时并未引起重视。到了 20 世纪 80 年代，基瑞克(Zurek)等人进一步对退相干给出了明确定义，并指出了优选基(The preferred basis)的重要性[①]。

设物理系统对应于一个希尔伯特空间 H，则有：

$$H = H_M \otimes H_E \tag{9.2}$$

H_M 是我们关注的希尔伯特空间的自由度——宏观客体中心质量的自由度，或固体的低动量振动模型。H_E 是与我们关注客体相互关联的包括所有相互作用在内的希尔伯特空间自由度。简单来讲，H_M 代表系统，H_E 代表环境自由度，而且环境不一定是空间外部的，也包括系统的内部自由度。

假设有一些基 $\{|z\rangle\}$，H_M 有如下性质：

$$\left(\int dz \alpha(z) |z\rangle \right) \otimes |\psi\rangle \tag{9.3}$$

积分表示对所有 z 的积分，对于 $|\psi\rangle \in H_E$ 有

$$\int dz \alpha(z) |z\rangle \otimes |\psi(z)\rangle \tag{9.4}$$

$\{|z\rangle\}$ 作为一个波包基，处于中心质量的位置和动量，因为系统——环境相互作用是定域的，不同位置的波包将引起不同的环境演化，同时两个不同动量的波包会迅速演化为不同位置。如果这些发生，我们将说系统相对于 $\{|z\rangle\}$ 基被环境退相干。退相干对于测量问题的重要意义就在于，说明了环境退相干作用会自发地产生优选基，而不需要引入观测者这个概念，从而将测量过程解释为一个客观的自然过程。另外，优选基可以从环境中自发选出，从而一定程度上解决了优选基问题。

---

① 赵丹. 退相干理论的意义分析[J]. 哲学研究，2009，11：83-88.

总之，退相干的提出为相对态解释提供了很好的辩护。退相干效应使得不需要先验地假设一个优选基，环境的相互作用能自发地选择出稳定优选基。不过退相干也是一个近似的定义，无法精确地描述，系统与环境的区分也不是根本的，且相互作用只是变弱没有完全消失。

9.1.3　对优选基问题的评述

在笔者看来，相对态解释中的优选基问题本质上而言就是正统解释中测量问题的变形。在正统解释中，用坍缩过程来解释最后得到的确定结果。而在相对态解释中，通过优选基来确定不同局域态世界拥有的确定状态。正统解释只是说测量后，波函数发生坍缩，但是没有解释测量的具体过程。类似地，相对态解释只是说测量发生后，波函数产生了分支，分支中的结果都实现了。正统解释只是没有对测量给出很好的定义，而相对态解释虽然逃避了对测量的解释，却不得不解释什么样的优选基导致了分支，以及分叉的本体论该如何解释，除了多世界、多心灵等较为极端的解释，我们很难对分支给出清楚的、经验性的解释。从这一点看，相对态解释并不能说优于正统解释。即便相对态解释从解释的角度优于正统解释，但不论理论多么简单完美，都不能逃脱经验的约束。贝尔也指出，由于优选基问题的存在，相对态解释并不优于坍缩解释。"对特定操作基的选择并不被波函数的数学结构所决定，……它是被人为添加的，以反映人的经验。这个可变基的存在使得埃弗雷特的理论与德布罗意类似——粒子位置扮演特殊角色[①]"。相比之下贝尔更喜欢玻姆的解释，因为它明确地告诉我们只有位置总是确定的。在玻姆的解释中必须选择位置作为优选基，这或许来源于我们在传统物理学中根深蒂固的观念。选择位置似乎比其他更合乎经验，因为位置总是确定的。但考虑量子场论，位置便不能自然地作为优选基，因为粒子并非基本。

优选基问题从本质上可以看作测量问题在相对态解释中的翻版。相对态解释作为对测量问题一个可选方案，最初就是在对传统解释批判的基础上给出的替代方案。但是埃弗雷特坚持，在整个测量过程中，波函数一直连续地演化，不存在坍缩，似乎可以避免讨论关于测量过程中的一些难题。但是，在相对态解释中认为波函数在测量后分裂，而关于测量时分裂的条件和机制却没有给出进一步的说明。原本波函数一直按薛定谔方程连续演化，是什么决定了分裂的发生，每个分支中对应的结果状态是如何产生的？虽然在论文中埃弗雷特指出优选基的选择是任意的，但实际上他已预设了一个优选基（可观测量），只有这样，不同分支中的可观测要素对应于真实测量中的可观测量才是有意义的。而埃弗雷特却没有意识到这个基对于解释分裂的时间及结果具有重要意义。他对分支的理解某种程度上讲，与正统解释中的坍缩过程的发生非常类似，尽管埃弗雷特极力试图去除正统解释中这个未能充分定义的坍缩概念，却依然没能避开关于测量的内在核心问题。因此说，波函数的分支结构实际上从根本上是来源于测量假设，而埃弗雷特的解释恰恰是废除了测量假设。这样就导致了一个循环论证，埃弗雷特想要取消的测量假设，又经过"乔装打扮"换了一个形象出现在了他的解释中。只要优选基的选择，最后还是要取决于实际测量后给出的

①　John Bell. Speakable and Unspeakable in Quantum Mechanics[M]. New York：Cambridge University Press，2004：95.

结果，那么测量假设就没有从形式中消失。如果不能很好地解决优选基的问题，相对态解释就从根本上丧失了自身的特殊性和合理性，与坍缩解释和隐变量解释相比没有本质区别。

9.2 概率疑难——决定论的回归？

相对态解释还面临着另一个难题，就是关于概率的解释。如果世界真的如多世界解释所说的那样，整个宇宙的波函数都一直决定性地演化，那么量子论的概率描述该如何理解？埃弗雷特似乎并没有真正意识到这个问题，他认为"概率作为一种主观呈现，使理论与经验相符合。最终的理论在客观上是连续的、因果的，而在主观上是不连续的、概率的[①]"。这里他把概率理解为一种主观层面的现象，将客观世界和主观认识割裂开来，直接导致了多心灵解释这种极端的二元论解释。

9.2.1 埃弗雷特对概率的认识

埃弗雷特认为他理论中的概率与经典热力学中概率的地位类似。他认为，他从纯波动力学导出了量子概率，并证明了量子力学中模方系数测量与热力学中勒贝格测量的地位一样。1962 年，在泽维尔(Xavier)大学会议上埃弗雷特指出"在统计力学中存在唯一一个相空间的测量——勒贝格测量。这是因为在相空间变换中被保留的，本质上是保证几率守恒唯一的测量。这和我使用的态函数分支非常类似，所以我说量子力学的概率解释可以从纯波动力学中严格地导出，正如在统计力学中的推导一样"。概率在经典热力学中很平常，物理态能否被获取完全是概率性的。埃弗雷特认为量子概率和热力学的概率是类似的，这与我们大部分人解读的关于每个埃弗雷特分支都事实上实现了的解读矛盾。另外，鉴于经典热力学概率的认识论，埃弗雷特对概率的认识上应该是与传统决定论对概率的认识相类似。但是，在埃弗雷特的证明中存在很大的疑问。勒贝格测量在热力学中确实权威，其中一系列可能的相位被保存，同时相位集合在决定性的经典动力学下演化。但这并不意味着人们获得了关于可能状态的概率认识，概率也不需要一定用勒贝格测量给定。确实，概率分配仅仅在 6N 维相空间的勒贝格测量中出现，这个条件事实上几乎不可能完全满足。勒贝格测量并不构成经典热力学概率的推论。所以说，假如热力学与量子力学存在如埃弗雷特那样建议的关系，线性动力学下模方系数将也不会构成纯波动力学概率的推导。

另外，埃弗雷特试图从分支形式推导出玻恩规则。设整个分支空间的测量是分支振幅的一个方程，而方程本身附加着测量假设，分支是通过测量之后才定义的。由于分支的导出本身就预设了测量结果，所以整个分支的集合就定义了一个概率空间，分支系数的模的平方就代表了相应分支出现的概率。这里埃弗雷特的论证是一个循环论证，我们还是不清

① Hugh Everett. The Theory of the Universal Wave Function[M]//R. Neill Graham, Bryce Seligman DeWitt (Eds.). The Many-worlds Interpretation of Quantum Mechanics. Princeton：Princeton University Press，1973：19.

楚系数模的平方与现实的概率究竟是什么关系。尽管埃弗雷特声称他用类似经典的方式推出了概率，但实际上他并没有严格地导出玻恩规则，而且对于概率在他解释中的意义也没有给出说明。

9.2.2 分支的概率解释

德维特在他的多世界解释中指出，叠加态分支会自动满足量子统计，且量子力学的概率解释可以从形式体系推出，不需要引入额外的假设[①]。但实际上从相对态解释，无法直接推出量子统计，且存在很多疑难。

首先，相对态解释认为态函数一直都在连续、决定性地演化，所有的分支结果都实现了。而在正统解释中概率之所以出现，就是因为最后测量结果只能得到一个随机的结果，而非所有结果都出现。而在量子力学中，玻恩规则作为量子理论与经验之间最为重要的一个连接，如果相对态解释与玻恩规则的概率描述相冲突，那么相对态解释也就没有存在的必要。这样，为了使相对态解释与概率描述相协调，我们就必须在一个决定性的理论和概率解释之间，重新建立一种新的联系。这就需要在原有理论的基础上添加一些新的解释内容。或许我们可以假设，我们自己经历的世界比其他分支世界更加真实，我们可以将概率解释局限在我们自己世界中识别出的结果。但是这样的话，就将我们自己的世界进行了特殊对待，否认了其他分支世界的真实性，也就从根本上否认了相对态解释的基本假设——态函数可对物理世界完备描述。而且埃弗雷特还特意强调了，所有分支都是平等的，没有哪个比其他更真实。当然，分支的含义在相对态解释中本身就充满分歧，直接将分支对应的系数模的平方指定为相应分支的概率也存在很多疑问。

其次，假如所有分支都是真实的，我们就无法对不同分支系数的意义给出合理的解释。设一次对电子的自旋测量波函数表示为如下形式：

$$\psi = \frac{1}{2} \mid \uparrow x \rangle_M \mid \uparrow x \rangle_S + \frac{\sqrt{3}}{2} \mid \downarrow x \rangle_M \mid \downarrow x \rangle_S \quad (9.5)$$

在正统解释中，我们可以直接将其解释为，电子有 1/4 的概率被测得自旋向上，3/4 的概率被测得自旋向下。但相对态解释告诉我们两个世界都同样真实，每个世界都是一个真实的拷贝。从这个角度看，似乎所有的分支概率都应该等概率才对，其概率应该是(1/2，1/2)。如果要强调所有分支世界都实现了，而且我们的世界没有更加真实，我们只能坚持中立原则，假如有 N 个分支，应预期每个分支的概率为 $1/N$，那么所有统计定律似乎都失效了。

这个问题确实令人困惑，怎样才能在分支解释的基础上，推出量子概率。对此格拉汉姆试图在大量分支的情形下，用分支计数的方法来给出计算。设进行了 n 次测量，产生了 2^n 个分支，初始态概率为(1/2，1/2)，大部分世界就能得到正确的量子统计。而在此计算中，不论系数多少，n 次测量后会有 2^n 个结果，设任意一个序列中 P 次出现自旋向上，则其组合方式为 $(n, p) = n! / P! (n-P)!$，设自旋向上的相对频率为 r，则所有分支中自旋向上的比例为 $(n, rn)/2^n$。设 $r = 1/4$，则 $n = 10$，$r = 0.656$；$n = 20$，$r = 0.826$；$n =$

---

① Hugh Everett. The Theory of the Universal Wave Function[M]//R. Neill Graham, Bryce Seligman DeWitt (Eds.). The Many-worlds Interpretation of Quantum Mechanics. Princeton：Princeton University Press，1973：163.

100，$r=0.965$①。相对频率随 n 不断变化，几乎没有一个世界中的相对频率为 1/4，也就是说几乎没有世界展示出正确的量子概率。所以说用分支计算的方法，无法得出正确的量子概率，无法直接用分支来解释概率。

尽管用分支计数计算相对频率的方法被证明是错误的，格拉汉姆仍然试图证明量子统计也可适用于多世界解释，他通过定义一个典型的观测者，预言在大多数分支世界都可以测到标准量子统计的模型，从而推出正确的量子统计。"如果我们假设我们自己的世界是有代表性的(typical)，那么我们便可期望一个人类观测者或机器观测者可依据玻恩规则感知相对频率。为什么可以假设我们的世界是有代表性的，当然，这是个有趣的问题，但超出了本书范围"②。此处格拉汉姆打乱了我们推理的一般逻辑，一般的思路是从普遍推出特殊，在量子形式和现实建立关联。而他的思路是存在有很多世界，没办法直接用形式或计数推出正确的相对频率，那么只需要找出一个最有代表性的，就可以从这一最有代表性的世界，逆推出其他世界的规律。而我们经验的世界恰好是一个典型世界，我们的世界中量子统计按照玻恩规则分布，因此我们就可以推断出其他大部分世界中的量子统计也按照玻恩规则分布。他把所有世界看作是性质相类似的集合，只需考虑一个便可逆推大多数。就像为了研究狗的行为，只须看一只狗具有爱吃骨头的天性，便可大致推出大多数狗也如此，当然前提是这只狗是一只正常的狗。这种推理形式看似合理，但问题是它转换了问题的侧重点。我们想知道的是为什么狗会爱吃骨头，而非大多数狗也爱吃骨头。人们想知道的是，如何从相对态解释出发推出正确的量子统计，而不是说其他分支是否也符合量子统计。即便换一个模型，其中大部分世界展示出了正确的量子统计，理论仍无法解释为何我们的世界也能得到量子统计，我们的世界——→典型世界——→多数世界——→我们世界，最终是个循环论证。

9.2.3 意识同一性与概率假设的矛盾

关于量子力学中的统计预言，正统解释用玻恩规则来给出概率预言，在电子的自旋测量中，最后电子自旋向上和向下的概率均为 1/2。但在相对态解释中，两个结果都实现了，也就是说向上和向下的概率都为 1。这种解释与我们的经验相矛盾，因此在不添加其他假设的情况下，很难直接从相对态解释中得到正确的概率解释。德维特也只是直接断言大部分世界模方振幅代表了量子统计，并没有说真实世界应如何给出预期。

为了得到一个满意的概率解释，我们必须清楚，我们是在我们真实经历的世界中来解释概率的。从一个全域态的视角去看，确实所有的结果都在不同的局域态实现了，但是在全域态下的概率是没有意义的，我们不可能将我们无法经历的世界，也包含进我们自己世界的概率描述中。比如问观测者 M 测得结果是 x 自旋向上的概率是多少？如果同时还存在一个观测者 M* 也在进行测量，而且 M 和 M* 处于不同的分支世界中，从全域态的视角看，无法鉴别两个观测者有什么区别。也就是说，假如在理论中没有一个经颞叶的意识过

① Jeffrey Alan Barrett. The Quantum Mechanics of Minds and Worlds[M]. New York：Oxford University Press，1999：169.

② R. Neil Graham. The Measurement of Relative Frequency [M]//R. Neill Graham, Bryce Seligman DeWitt (Eds.). The Many-worlds Interpretation of Quantum Mechanics. Princeton：Princeton University Press，1973：252.

程(transtemporal identities)的观测者身份鉴定，就不能假设他将来的经验的概率。故为了得到概率解释，首先需要提供一个经历意识过程的观测者的解释。没有规则告诉我们，我们会在哪个世界，因此分裂世界不能提供将来经验的统计预言。由于我们没有对于观测者同一性的定义，我们自己也不知道自己是哪个观测者，也不能对未来的经验给出概率预期。

相对态解释本身内在蕴含着主体意识的同一性难题。为了便于理解，结合前文量子自杀实验的内容，我们假设一个赌徒 A 对(50%，50%)的测量结果进行押注，测量后如果粒子自旋向上，他会获得 100 万美元奖金；如果粒子自旋向下，他会被送到一个酷刑室，承受各种非人的虐待(在此任何人道主义的和道德上的关怀不计入考虑)。如果让 A 自己选择，他很可能会从功利主义的角度考虑，认为自己有 50%的概率得到奖金，50%的概率被虐待，他可能会很犹豫，毕竟 50%的概率是很大的一个概率。我们再对实验进行一个大的修改，假设粒子有 10000 种可能的状态，相应地有 10000 个分支，其中 9999 个分支中会得到 100 万美金，而只有一个分支中会遭受酷刑，那么 A 会怎么选择？显然，按照功利主义的逻辑，A 大可以放心地进行实验，毕竟 1/10000 的概率是如此之小，几乎不可能发生。但是，请注意，这只是经典世界中对概率的认识。正如上文所指出的，这里讨论的不是可能世界，而是多世界，不论在传统解释中看来多么小的概率，都必然 100%地发生。当 A 幻想着自己该怎么挥霍这一大笔钱时，睁眼一看，会悲惨地发现自己正在被推进酷刑室。从概率的角度看，我们面临的是无法归一化的难题，而从主体意识的角度看，我们面临的是意识主体的同一性难题，而这才是相对态解释在解释概率时所面临的真正问题。某个分支中的主观经验无法和整体的客观世界相统一，主体必然会随着世界的分裂而分裂，在无限的主体经验世界中我们找不到自己的位置。而在现有的分支解释的框架下，该问题几乎是无解的，我们只能是被动地接受这个混乱的现实。

9.2.4　决策论证与概率解释

关于概率主要有两个问题：①在一个决定论的解释中，所有的可能都"实现"了，概率的意义如何体现？②如何理解概率在解释中的意义？首先，我们必须强调的是，概率在理论的数学形式中有着明确的定义。每一个结果都对应于一个态空间，通过玻恩规则可对每个结果出现的概率值进行计算。格拉汉姆曾指出，相对态解释中的概率与量子力学概率是冲突的，"所有的分支都同样地实现了"，似乎暗示每个分支是概率都是相同的，如对于一般的概率分布(10%，90%)(30%，70%)，在相对态解释中都是(50%，50%)[1]。而事实上，用分支定义的本体论本身需要预设多个时间进程同时存在，这种定义规则是不连贯的。而且，在退相干中，一个量子态分支中，某结果要么出现要么不会出现，说有多个分支中某结果出现是无意义的。在多历史解释[2]中，态空间中存在一系列历史集，每个历史

①　Hugh Everett. The Theory of the Universal Wave Function[M]//R. Neill Graham, Bryce Seligman DeWitt (Eds.). The Many-worlds Interpretation of Quantum Mechanics. Princeton：Princeton University Press，1973：3-140.
②　多历史解释与一致历史解释在形式上基本相同，只是加入了一个用相对态解释的视角，将历史集看作相对态解释中的分支世界，在一致性历史的基础上加入了解释的部分。

子集都对应于一个概率值，退相干效应确保每个历史集满足模振幅的平方，现实从一个可能的历史集中突现出来。其中只有历史集的概念，没有分支的概念，一定程度上消解了问题①的责难。对于问题②其实已经不光是相对态解释的问题，而是整个量子论的问题，即如何辩护振幅模方就等同于概率。桑德（Simon Saunder）认为，任何正面的辩护都是不可能的，我们并不知道物理学中概率究竟意味什么，我们仅仅是假定它①。类似地，在经典物理学中，概率仅等同于相对频率，也无法对概率本质给出定义。帕皮诺（David Papineau）则认为，一个好的概率理论应当满足两个标准："决策论连接"（decision-theoretic link）即为什么使用概率指导我们的行动？和"推理规则"（inferential link）即为什么我们能从相对频率的观察就能得到概率？他认为虽然埃弗雷特解释对两者都没有给出满意的解释，但是其他概率理论也无法给出，因此说相对态解释在概率问题上并不特殊②。

　　近年来，多义奇③提出了用决策论证（decision-theoretic proof）推出量子力学的概率，并得到了很多哲学家的响应，后来戴维德·华莱士又进行了大量的修正④⑤来对相对态解释的概率问题进行解释。决策论对主观概率进行了量化，澄清了主观概率与客观概率的关系。一个理性的决策者，为了可以对实验结果给出精确的描述和预言，必须使用模方振幅来定义概率，在这个意义上玻恩规则被导出。决策论认为，出于实践的目的，一个理性的决策者会假定振幅模方为量子概率，并在实践中不断更新对概率的认识，通常两者是等同的，极个别情况会不同，因此说概率本身不是一个认识论层面的哲学概念，而只是作为一个假设在实践中的应用。有人质疑这个论证是循环论证，不过关于概率的本质，在哲学上一直没有达成确定的结论。不论如何，从哲学的角度看，一个人的理性决策是不可忽略的，信任度也是很重要的。至于究竟应当如何理解和解释客观概率仍然是一个值得继续探讨的话题。

　　总之，对概率的理解必须基于相对态解释理论本身，太多附加假设只会使问题更加复杂。不论如何，如果相对态解释无法对量子概率提供合理的解释，无法提供与正统解释相当的经验预言，便无法预期得到正确的量子统计，该解释也就无法成立。有相对态解释的支持者认为，在解释概率的问题上，几乎所有的量子力学解释都遇到了困难，在这一点上相对态解释起码不比其他解释更坏。但分支问题是相对态解释的核心问题，如何使得分支与概率解释相一致却是相对态解释必须要面对的问题。

　　在优选基问题上，相对态解释只假设态函数的连续演化，无法对分支结构分解的方式给出描述，其问题本质与测量问题是相同的，退相干效应认为环境的作用导致优选作用，但是仍然是个近似的描述。优选基问题从本质上看可以看作测量问题在相对态解释中的翻

　　①　Simon Saunders. Time, Decohenrence and Quantum Mechanics[J]. Synthese, 1995; 102: 235-266.

　　②　David Papineau. A Fair Deal for Everettians[M]//Simon Saunders, Jonathan Barrett, Adrian Kent et al. Many Worlds? Everett, Quantum Theory and Reality. Oxford: Oxford University Press, 2010: 206.

　　③　David Deutsch. Quantum Theory of Probability and Decisions[J]. Proceedings of the Royal Society of London, 1999, A455: 3129-3173.

　　④　David Wallace. Everettian and Structure[J]. Studies in History and Philosophy of Modern Physics, 2003, 34: 87-105.

　　⑤　David Wallace. Quantum Probability from Subjective Likehood: Improving on Deutsch's Proof of the Probability Rule[J]. Studies in History and Philosophy of Modern Physics, 2007, 38(2): 311-332.

版。其次，在概率问题上，很难使相对态解释与概率描述相一致，无法恰当地给出正确的量子统计预言。目前流行的决策论解释，其核心是为了解释玻恩分布与概率的认识论之间的关系问题，更多的是一种哲学的解释，而非形式体系上的解释。

第 10 章　实在世界的迷途

对形式体系进行解释的过程，某种程度上就是人们对一个实在论图景不断更新的过程。可以说大多数的物理学家都是实在论者，也都希望从理论上可以对微观和宏观不同的现象给出统一的描述，尽管在实际中还没有一个令人信服的统一理论，但是他们都相信至少在原则上这种统一应当是合理的，也是必须的。因为从本质上看，宏观物体可以从物理上被分解为微观粒子，所以对微观现象的描述同样适用于宏观领域。那么什么样的形式最终构成了对微观现象的基本描述？我们又应该怎样解释我们的实在世界？

10.1　实在论与工具论

从科学的发展历程看，各个阶段和各个时期都充满着各种争论，通常新思想的提出都会对人们根深蒂固的传统观念产生冲击。在旧观念的守卫者和新思想的革命者之间不可避免的会产生冲突。比如进化论的提出，引发了无神论和有神论激烈的矛盾，不过从本质上看这种冲突往往不在于科学理论本身，而完全是新旧观念的论争。但是，关于量子力学的争议要比这复杂得多，从表面上看玻尔和爱因斯坦的争论似乎也是新旧观念之争，但实际上从本质看，争论的核心还是对于理论形式本身的完备性和意义之争。从实践层面看，确实量子论是成功的，但从其理论内部来看，却处处都充满了矛盾和不一致。就好像一座外表华丽而庄严的大厦，建在一片松散的土地上，从远处看整个大厦巍峨壮丽，但是在近处细细审视却发现其结构充满着裂缝，周围竖着各种丑陋的支架以防其倒塌。即便是量子力学最初的发现者中，对于量子论的基本含义都没达成一致，且争议巨大。在教科书中，全部都是一种实用主义的立场，其关注的焦点在于怎样用最简便的形式解出方程，而对于理论进一步的实在解释往往绝口不提或者一笔带过，甚至于连玻尔及其追随者发展的正统解释都很少出现。在实用主义的眼中，量子力学在预言和实践中的成功，已经为其合理性做了充分的说明，对其进一步的解释都属于哲学的范畴，完全不值得认真对待。但是另一方面，在实在论者的眼中，量子力学成功的背后，其形式体系内部描述存在着很多矛盾和断裂，看起来就像一个未着衣衫的君王。

量子力学的主要矛盾主要集中于测量问题的理解上，这也是量子哲学和量子力学解释处理的核心问题。物理学史上对于一些概念的理解也曾引发过一些讨论，但是不论是深度还是广度，很少有能和测量问题相比的。对测量问题的数学描述不是一个统一的形式，而是被分割为两个部分。在不测量的时候，系统按照薛定谔方程线性统一地演化，方程的解不是唯一确定的，而是一个叠加状态，这些解共同构成一个态矢空间。而一旦经过测量，系统则会按照另一种形式演化，波函数随机坍缩到一个确定的状态，整个过程是非线性、非决定论的，且动力学上是不可逆、不对称的。

　　如果坍缩是一个客观的物理学过程，那么其作用机制是什么呢？正统解释对此并没有给出明确的定义，GRW 理论认为是粒子的自发坍缩行为，由于被测粒子与测量系统存在大量纠缠，由于一些热力学的涨落，在整体上表现出坍缩行为。量子力学作为一个概率性的理论，本质上无法做出决定性的预言，那么从叠加态到确定态的跃变是一个原始的、基本的物理过程，无法进一步解释和还原吗？即便如此还有一些问题是逃避不了的，比如坍缩过程是怎么发生的？发生在什么时间点，在什么样的空间尺度下发生的？为什么宏观世界不存在？等等。正统解释对测量问题的解答的基本方案是投影假设加玻恩规则。投影假设假设系统的最终状态是宏观尺度介入后微观系统才改变，对测量的大致过程给出了定性描述，而玻恩规则则对宏观测量的结果给出了概率预言。整个测量过程就像一个黑箱，测量之前需要制备完美的测量环境，测量之后得到确定的宏观结果，而至于在测量相互作用过程中究竟发生了什么，我们却不得而知。我们得到的只是一个输入和输出的模型，以及输出结果的概率分布。

　　在正统解释的描述中，投影假设作为一个定性描述，可能不是完全必要的，但是玻恩规则是必须的，对于描述和预言实验结果是极为重要的。微观状态下的叠加态无法直接扩展到宏观，因此需要在一个给定的基矢上，分解为一组归一化之后的本征矢，然后将每个基矢前的系数振幅的平方定义为宏观上得到相应测量结果的概率。尽管有了玻恩规则这个预测工具，正统解释并没有说明分解的优选基由什么决定？测量仪器与微观系统产生了怎样的相互作用？在哪个时间点上测量真正地发生？当然，在一个工具论者看来，这些关于细节的说明都是不必要的，关键在于准确地预言实验结果，而这一点用玻恩规则已经实现。但是，在一个实在论者看来，仅仅可以预测实验结果还远远不够，我们还需要对量子概率产生的作用机制、测量相互作用发生的具体过程有一个清晰完整的说明。工具论者知其然不知所以然的态度对实在论者而言就是一种无原则的退让，不利于人类知识的发展。

10.2　波函数实在——实体还是工具？

　　经典物理学中，粒子和波是性质完全不同的两种客体。一个用牛顿的动力学方程来描述，另一个由麦克斯韦方程组来描述。粒子的物理特性由质量、动量、位置坐标等来进行描述，在某个时刻粒子拥有明确的位置和动量。而波动的实体是场，场是一种看不见摸不到的实体，由频率、振幅等物理量进行描述。场可以以光速传播并将其影响扩展到很大的空间范围中。这两种物质客体几乎是不可能还原为一的。但是，在量子力学中，"粒子和波的严格界限，在原子和亚原子层面上失去了意义"[①]。

　　1923 年，德布罗意详细地考察了波和粒子的关系，经过长期的思考之后，他想到了一个大胆的观念：应该将爱因斯坦在 1905 年的发现推广到所有的物质粒子，特别是电子。波动描述不应仅限于微观领域，所有的宏观物质都具有波动性，即物质波。1929 年，德布罗意因这个发现而获得了当年的诺贝尔物理学奖。

---

　　① S. 勃朗特，H. 塔曼. 量子力学图解[M]. 陆浩清，苏清茂，译. 北京：中国宇航出版社，1990.

　　1926 年，薛定谔提出了用来描述微观粒子运动的波动方程——薛定谔方程，第一次提出波函数的概念，并将波函数理解为实在意义上的实体，哥本哈根学派则对波函数的实体性表示质疑。在玻尔看来，波函数并不是一种实体，它仅仅表示一种几率波，意味着某种倾向或者潜能。玻恩在《论碰撞过程中的量子力学》一文中提出"量子力学中的波函数和经典意义上的波动是不同的，它并不实在，不过是关于粒子几率分布的数学描述罢了"。在他看来，波函数只是一种用来计算测量结果概率的数学工具，没有实在性。而在薛定谔看来，波函数是具有实在性的，只是波函数不像经典物理中的场方程那样，存在于三维的空间中。"ψ 函数本身不可能，也不可以直接以三维空间的语言来解释，它是在一个位型空间中，而不是真实空间的函数，尽管量子力学的形式体系超前于其解释，但是在薛定谔本人看来，波函数具有实在性，它不是在现实的三维空间中，而是在位型空间里"[①]。

　　对于微观粒子的奇怪行为，人们之所以感到不安，其实很大程度上源于一种天然的"心理缺陷"。我们在试图理解一种新的事物的时候，因为无法直观的去感知，便只能用一些我们熟悉的东西来类比，但是这种类比的思维在量子力学中出现了严重的困难。我们对波动性和粒子性的认识，还停留在之前经典物理的理解，人们想当然地认为在宏观中两者的性质，在微观领域也应该一样，才没办法理解波粒二相性。因此，我们长时间习惯了的朴素的实在性认识必须在新的理论结构中进行重新建构。

　　量子论中关于波函数实在的理解，一般认为波函数作为数学符号具有结构实在性。"波函数作为刻画量子状态的数学结构，不仅仅是一个数学符号，它作为几率符，具有结构实在性。如果我们承认量子理论的数学结构及物理描述的客观实在性，我们就应该承认量子理论的数学结构所表征的物理量的结构实在性[②]"。在这里承认波函数的结构实在，但还是不够的，彻底的实在论还必须有坚实的本体论作为基础。奎因曾经指出，任何理论和学说必须在本体论层面上有所指称。"我们应该在本体论的意义上去接受一个理论"[③]。

　　那么，波函数在本体论上应该理解为一种怎样的实体呢？在这一点上，埃弗雷特大胆地进行假设，将波函数看作物理实体，而且是最基本的实体。

　　"在这个理论中（相对态解释），可以将态函数本身看作基本的实体（fundament entities）甚至可以将整个宇宙也看作一个态函数。整个宇宙中只有一个严格服从薛定谔方程演化的宇宙波函数存在"[④]。在埃弗雷特看来，用波函数描述的量子态才是宇宙中最基本的实体，构成物质的原子，虽然占据空间但并不是最基本的。任何事物，包括宇宙本身都可以用态函数来进行描述。之前薛定谔也认为应该给波函数赋予实在性的地位，"就目前看来，只要态函数在量子力学中应该扮演的角色，应该是代表真实时空中的事物，而不是仅仅看作预测实验结果的概率方程，当有人进行观测时就突然地改变[⑤]"。接着，埃弗雷特又进一步提出，态矢量不仅可以描述物质世界，精神和心灵的状态也可以用态矢量表示。埃弗雷特对传统解释中为解决测量难题而引入主观心灵，混淆主客关系的做法非常的不满。在他

　　①　吴国玲. 波函数的实在性分析[J]. 哲学研究，2012：114.

　　②　李宏芳. 量子理论对于物理实在的结构表征[J]. 武汉理工大学学报，2010：879.

　　③　奎因. 从逻辑的观点看[M]. 陈启伟，等，译. 上海：上海译文出版社，1987.

　　④　Hugh Everett. The Theory of Universal Wave Function[M]//R. Neill Graham，Bryce Seligman Dewitt(Eds). The Many-worlds Interpretation of Quantum Mechanics. Princeton University Press，1973：9.

　　⑤　Schrodinger. Might Perhaps Energy be A Merely Statistical Concept Nuovo Cimento. 1958：169.

看来，任何物理系统包括被测系统和观察者都必须用物理学的语言进行描述，而不是述诸神秘的心理作用。通过态矢量的描述，将观测者的心理作用也还原为了物理过程，这样，宇宙波函数便彻底完整地描述，从测量前到测量过程，再到测量后的整个物理过程。

埃弗雷特认为量子力学的基本方程——薛定谔方程，构成了对实在的根本描述，可以应用于整个宇宙。如不限制地应用薛定谔方程，那么薛定谔方程所描述的量子态就代表了一种深层次的实在。埃弗雷特的解释似乎为实在论者提供了一个可供选择的方案。在埃弗雷特看来，微观和宏观是没有分别的，正统解释则将仪器本身看作一种介入和"干扰"，在解释中也将仪器排除于形式体系之外。但是，假如将仪器本身甚至观测者都包含到量子力学的形式描述之中，那么整个测量过程便不存在介入和"干扰"问题，整个测量系统（被测系统＋测量仪器＋观测者）作为一个整体都用波函数来描述。那么，整个过程都是一个量子过程，不需要特殊的宏观描述，整体的宇宙波函数按照薛定谔方程统一地，决定性地演化，量子论又重新成为一个决定论式的理论，随机性的概率假设不再作为一个先天的预设而出现。但是，埃弗雷特的解释也面临着诸多问题。

波函数在量子力学中具有极其重要的地位。在量子力学创立之初，海森堡基于量子化假设提出了量子力学的矩阵形式，而薛定谔基于波动力学假设提出了量子力学的波动力学假设，用薛定谔方程来描述，后来证明两种形式是等价的。由于微观粒子本质上具有波粒二相性，集合了两种完全不同的性质于一身。在薛定谔方程中，波函数描述电子的运动性质，在量子力学的形式中被广泛地使用。而在量子力学解释中，波函数被赋予了完全不同的含义。在哥本哈根解释中，波函数并没有独立的实在地位，仅仅是一个数学工具，可以有效地描述微观粒子的运动，对测量结果的统计分布进行概率描述。甚至对整个量子论，哥本哈根学派都持一种实用主义的立场，他们看中的是一个实用的物理学描述，并不关心是否有真实的量子世界。在玻姆的解释中，存在一种用波函数描述的量子场，决定着粒子的运动和分布。与经典的电磁场不同，量子场是一种无源场，其存在依赖于粒子的存在形式[1]。在经典力学中，粒子和场完全是两种不同的实体，而在玻姆的解释中，粒子和场总是纠缠在一起，粒子的运动需要场来"引导"，他们总是相伴出现。这里波函数描述的量子场，虽然没有独立的实体地位，但是具有某种依附于物质的实体地位。在多世界解释中，将波函数看作最基本的实体，从本体论意义上赋予波函数根本性的实在地位，所有的物质包括物质实体和精神实体都可以用波函数来表示。微观的量子力学描述的是世界最根本的规律，薛定谔方程又是量子力学的根本方程，那么薛定谔方程必定能适用于整个宇宙，而方程中的波函数也就应当看作最基本的实体。用波函数取代了经典力学中粒子和场的本体存在，为多世界解释的本体论责难给出了解释。

但是，在量子力学的其他数学形式中，波函数并无任何基本性的地位。如在马德隆（Madelung）[2]和哈尔（Hall）[3]等人的数学形式中，基本的运动方程不是用波函数 ψ 来描述的，而是用概率密度 P 和动量势 S 来描述，而且波函数可以用 P 和 S 替代。最近，普

① 成素梅. 在宏观和微观之间——量子测量的解释语境与实在论[M]. 广州：中山大学出版社，2006：76.
② E. Madelung. Quantentheorie in Hydrodynamischer Form[J]. Zeitschrift für Physik，1927，40：322.
③ Michael J. Hall，Marcel Reginatto. Schrodinger Equation from an Exact Uncertainty Principle[J]. Journal of Physics A General Physics，2002，35(14)：3289-3303.

瓦里埃（Pdirier）①等人发现，甚至动量势 S 也是不必要的。在他的数学形式中，用欧拉—拉格朗日方程就可以描述连续运动物体的轨道，在量子化学中给出了非常精确的计算。波函数没有任何动力学特征，不过可以通过整合所有轨道得到还原②。

对于波函数的实在性，吴国林教授曾给出了哲学上的论证③。他站在科学实在论的立场从可观察标准、因果效应标准和语义标准三个方面给出了论证，并认为波函数具有实体作为本体论承诺，是实体与结构的统一。波函数在现有的量子形式体系中具有很重要的作用，其结构上的实在地位是不容怀疑的。但是，从上文的分析可以看出，波函数作为一个数学符号，其形式是可以被其他的符号和形式取代的，并不是如埃弗雷特的支持者所说的在形式上具有根本唯一的地位。因此，在多世界解释中将其理解为本体论上最根本的实体是有问题的。

从科学的发展来看，多世界解释还只是局限在量子体系中，认为量子力学是根本的完备的理论。如今，理论物理学的发展已经开辟出了广泛的研究领域，远远超出了薛定谔方程描述的波函数的范畴。物理学的规范场论、弦论、宇宙学等理论的发展，使得物理学的研究越来越抽象，从规范不变原理很自然地推出了粒子和场的相互作用。因此，要做出最终实体实在的说明变得非常困难。斯坦福大学的赵午教授④认为波函数和其他的数学符号一样，都是科学家为了说明现象，"发明"出的概念，并"发明"了相应的概率解释。目前看来，这种发明以极高的精度成功地对现象做出了解释和预言，但是是否能将其解释为实体的实在还是很深奥的问题。

著名学者曹天予主张用结构实在论来理解科学理论的实在特征⑤。他主张首先对于不可观测的实体，我们可以通过相关的数学结构来对其进行认识；其次，实在具有建构特征，人们无法直接认识作为如康德自在之物的实在，人们对实在的认识都是基于科学理论的。而科学理论始于人们对世界的探究，有很强的主观性和开放性，科学实在是在特定历史建构出来的，具有历史特性。最后，由于科学实在是基于理论结构的，那么不同理论实在之间是不可还原的，还原只能在某个结构内部进行。霍金在其新作《大设计》一书中提出了模型实在论，与埃弗雷特的观点几乎完全相同，和结构实在论类似，他也主张人们对于实在的认识一定是基于理论模型的，理论本身也是不断变化的。也许客观实在是存在的，但是我们永远无法认识它的全貌。我们所能认识的实在不过是个相对的概念，它必须是基于理论的（包括数学结构和解释模型），而理论也是不断进化和发展的。在一个动态的发展过程中，不断更新我们关于实在的认识，最终通过不断地逼近去认识实在的本来面目。

---

①　B. Poirier. Bohmian Mechnics without Pilot Waves[J]. Chemical Physics，2010，4：4-14.
②　乔笑斐，张培富. 从"平行世界"到"交叉世界"[J]. 南京晓庄学院学报，2015，2：67.
③　吴国林. 波函数的实在性分析[J]. 哲学研究，2012，7：113-126.
④　成素梅. 如何理解微观粒子的实在性问题——访斯坦福大学赵午教授[J]. 哲学动态，2009，2：79-85.
⑤　王巍. 结构实在论评析[J]. 自然辩证法研究，2006，11：34-38.

10.3　波函数实在性的争论

在埃弗雷特的解释中，赋予了波函数以最基本的实在地位，可以对包括微观和宏观在内的一切事物给出描述，那么对于埃弗雷特的这种解答方案，实在论者如何看待呢？一种观点是对此持否定和怀疑的态度，认为波函数作为一个数学描述，本质而言是人类的一种符号语言，仅仅代表了我们的知识和一种可描述的信息，而不是微观系统本身。另外，赋予波函数以一种根本性的地位，已经不是一个科学的描述，而是更像一个形而上学式的论断。埃弗雷特试图将仪器和观测者都纳入量子描述，不过是将两者分别用两个符号代替，写到波函数的表达式中，并没有对波函数提供实质性的修正，而且也没有新的解出现。将仪器和观测者模型化不光没有出现新的解，反而使问题更加复杂。特别是在对埃弗雷特解释的进一步解读中出现的，认为多重世界本体在测量后分裂的多世界解释和认为是心灵本体在测量后分裂的多心灵解释，这些讨论已经脱离了科学的语境，完全成为哲学的争论。反实在论则对于有关心灵、意识、信息等问题的讨论非常喜闻乐见，因为在他们看来客观世界确实存在，但是是无法被人类认知的，由于人类的局限，永远也无法得到客观实在的知识。在人类知识的形成过程中，人类认识的特殊地位是不可忽略的。在实在论者看来，不论是宏观还是微观现象都是一个客观的存在，不会受限于人类的观测方式和认识能力，也许当下的理论确实是不完备的，但是不论如何，一个关于微观粒子作用的完备的时空描述是必须的，观测的难度不会限制对微观粒子的深入认识。这样看来，假如埃弗雷特的方案不可行，那么可能需要一种全新的描述，其中波函数没有特殊的地位，甚至于说根本不出现波函数。不过这样的话等于说基本否定了现有的量子力学形式，需要给出一个全新的替代性理论。就目前看来，这种方案似乎也不太可行。

另一种实在论的观点则基本肯定埃弗雷特的方案。一种较为极端的观点坚持"量子态实在论"，认为世界就如埃弗雷特所描述的那样，可以将所有事物的状态都描述为一种量子态。量子态是世界最基本的物理实在，整个世界都按照薛定谔方程统一地演化。在华莱士的突现世界理论中，试图将波函数看作类似经典电磁波的实体，然后推导出世界存在的本质，而不仅仅是位形空间中的一个数学符号。他假设量子态是构成世界最基本的实体，是和经典引力场和电磁场一样的客观存在，整个世界都是从量子态中突现出来的。波函数是最基本的本体，世界从波函数突现或生成，世界呈现的现象仅仅是一种表象，其根源是波函数作为一种实在的作用场在起根本性作用。这样，量子态是一种最基本的实体（和电磁场和引力场类似），便作为一个先验假设出现在论证中。

当然，大部分人坚持一种相对温和的观点，他们也承认波函数在量子力学描述中的重要作用，但是没有上升到本体论的层面。典型的代表为玻姆的隐变量解释，他认为当下的量子形式是不完备的，需要引入一些新的变量（隐变量）来对薛定谔方程进行补充。粒子的位置并不是随机分布的，而是在波函数的支配下决定性地运动。坍缩过程的出现是由于在微观中受波函数支配的某些变量，在经历了大量相互作用之后与波函数的关联性逐渐消失，最后在宏观中表现出了坍缩。

当前还有一种非常流行的观点认为，引入隐变量也是不必要的。坍缩不是什么隐变量作用的结果，而是波函数在演化过程中出现的一种客观的动力学过程——退相干。退相干并没有排除多世界解释中的分支，这也为多世界解释提供了一个强有力的证据。在退相干的视角下，我们直接观测到的结果确实只是世界的一个分支，世界存在很多分支，它们并没有消失，只不过这里描述的仅仅是动力学意义上的分支结构，而非像本体论的多世界解释那样的空间上的分支结构。退相干的提出，确实改变了人们对多世界解释的看法，因为按照退相干的解释，世界确实是按照分支动力学演化的，埃弗雷特的相对态解释从结构实在论的视角看，确实是合理的，因为分支结构并没有消失。单从动力学演化的角度看，存在多个分支结构意义下的世界，和经典力学中的描述是一致的。另外，退相干对于测量问题的重要意义就在于，说明了环境退相干作用会自发地产生优选基，而不需要引入观测者这个概念，从而将测量过程解释为一个客观的自然过程[①]。退相干在测量过程中起着重要的作用，对于评价不同的量子力学解释具有重要意义。退相干理论的基本观点是，量子系统，特别是宏观的测量仪器，无法脱离周围的环境。在测量时，被测系统会与仪器、环境发生纠缠，得到系统与环境的纠缠态，在退相干的作用下，导致约化密度矩阵，干涉项消失。最后约化密度矩阵的对角元给出了相应的概率分布。实际上退相干和坍缩理论以及隐变量解释有相似的地方。可以认为是叠加态在一个优选的退相干基上坍缩，坍缩的概率由玻恩规则给出；同时也可以将退相干优选基看作一个隐变量。不过目前，我们对于环境的优选退相干效应只是一个大致粗略的认识，缺乏明确的定义。

10.4　多世界解释的实在性特征

哥本哈根学派在解释测量问题时，在对量子理论进行实在性描述时表现出了完全不同于经典实在的特征，并最终放弃了实在论，走向了实证论。而多世界解释则重新回到了实在论，尽管其中诸多细节上还存在争议。

10.4.1　构建客体的相对独立性

哥本哈根解释在考察测量问题时认为：首先，在测量前，未经测量的系统处于一种完全不确定的状态，是所有可能状态的叠加，无论说确定的处于哪一个状态都是不正确的；其次，在测量时，测量行为本身迫使系统的状态发生了改变，系统被迫从几个叠加状态中选出一个，而选出的概率可以用薛定谔方程，通过玻恩规则进行统计描述和概率性的预测；最后，测量后，当这个被选出来的状态呈现在我们眼前时，其他的原先叠加的状态都凭空地消失了。这样，在哥本哈根解释看来，由于我们获得的关于量子力学的描述全部来自于测量过程，微观系统的物理性质在不测量的时候便不具有完全的实在性，只有当微观客体和测量仪器共同作用之后，才真正的具有了实在性。这样看来，单纯地说一个独立的客体具有什么样的性质便失去了意义，我们永远也不可能对微观客体做出全面的描述，得

---

① 赵丹. 退相干理论的意义分析[J]. 哲学研究，2009，11：83-88.

到的仅仅是和宏观测量装置作用之后所呈现出来的实在的一个侧面。这样，微观客体的独立性便被从根本意义上否决了。

多世界解释这个名词并不是埃弗雷特提出来的，埃弗雷特最早提出来的是量子力学的相对态解释，多世界解释是德维特和他的学生内尔·格雷汉姆（R. Neill Graham）于1973年在整理关于相对态解释的论文时提出来的，严格来说，多世界解释只是相对态的一种解读，另外还有包括多心灵、多纤维等多种解释，由于多世界解释这个名词使用的最为广泛，习惯上便用多世界解释来进行统称。相对态是埃弗雷特相对态解释中的一个核心概念，也是相对态解释的基本原则。宇宙波函数在矢量基上进行线性地演化，根据相对态原则，系统 A 的本征矢对应于一个本征值 a，那么就可以说系统拥有性质 $A=a$，而这种对应原则并不是绝对的，是相对于其他分支上的系统而言的，单个结果不具有绝对意义。这一点和相对论中的观点非常类似，在相对论中物体是运动还是静止要看选定的参照系，不是绝对的。对相对态解释而言，我们最后得到的单个测量结果仅仅是事实的一个侧面。测量可能得到 A 和 B 两个结果，测量后态函数沿着两个方向扩展，一个得到结果 A，另一个得到结果 B，如果我们恰好得到的是 A，那么单纯地说得到了结果 A 的描述是不完整的，完整的描述是相对于另一个系统我们得到了结果 A，两个系统合起来才是对实在的正确描述。就这样：

一方面，由于有了相对态原则，要得到对测量的完备描述，不用再像哥本哈根解释那样区分两类演化，需要一个突然的非因果的转变。"从这个理论来看，所有叠加态的元素都是'真实'的，没有哪个结果比别的更加'真实'。完全没有必要将测量后得到的一个要素赋予实在性质，而将其他要素莫名其妙地舍弃。我们或许可以更加宽容，允许所有可能的分支共存，这并不会引起任何问题，因为所有的分支都单独的服从薛定谔方程决定性地演化，彼此不会再产生任何影响"[①]。这样，用相对态的解释结构替换哥本哈根的解释，便消除了测量难题的内在矛盾。

另一方面，将所有的"叠加态变成相对态，一个态必须相对余下的态进行规定[②]"这样，埃弗雷特认为他成功地构建了一个客观描述的理论。这里的客观并不是指预测并得到每次观察的观测值，而是他提供了包括形式体系和解释体系在内的一套完整的结构。相对态的结构，宇宙波函数的假设，再加上同构理论，埃弗雷特的解释体系融合为一个有机的整体，从而构建了一个完备而且自洽的理论。

进一步的，埃弗雷特建议：可以尝试将包括微观和宏观在内的所有客体都理解为相对关系。"假设存在大量的相互作用的粒子，随着时间的推移，每个粒子的位置振幅都逐渐传播出去，而且越来越远，最后均匀地分布到了整个宇宙中。同时，由于粒子之间存在相互作用，相互作用相对强烈的粒子就合并成固体物质，而每个粒子的位置振幅已经遍及整个宇宙，所以只要一个粒子的状态在观测后演化到一个确定的分支上，那么和它关联的所有粒子便和它一起在这个分支继续演化"。将所有的物理状态都理解为相对态有助于我们理解宇宙波函数的完备性，但这种扩展不是必须的，这里埃弗雷特也只是给出一种可能的

① Hugh Everett. "Relative State" Formulation of Quantum Mechanics[J]. Review of Modern Physics，1957，29：454.

② Hugh Everett. The Theory of the Universal Wave Function[M]//R. Neill Graham，Bryce Seligman DeWitt (Eds.). The Many-worlds Interpretation of Quantum Mechanics. Princeton：Princeton University Press，1973：118.

理解。至于究竟我们真实的宇宙和哪个分支相关，在埃弗雷特看来并不是必须的，因为这个问题的解释无法从相对态的形式得出，上面的理解仅仅是一种可能的尝试。在 1957 年给诺波特·维纳（Norbert Wiener）的信中，埃弗雷特说道："你质疑一个事实或一组事实被意识到究竟意味着什么？在这个问题上传统的解释遇到了很大的困难，而在新解释中这个困难被消解了。因为在新理论中，像 A 被真实的观测到这样的表述是没有意义的，而且也是不必要的。"①

就这样，埃弗雷特在相对态的解释中构建了客体在相对意义下的独立性，而不是像哥本哈根解释那样，将测量看作主体，微观系统的物理性质在不测量的时候便不具有完全的实在性，只有当微观客体和测量仪器共同作用之后，才真正地具有了实在性。

10.4.2 排除主观性对客观描述的影响

在经典物理学中，主观性是完全独立于实验系统的，人在实验中只扮演观察者的角色，科学是以一种完全客观的方法去描述世界的，观测者和实验仪器作为研究手段是不会影响到客体实在本身的。但是，在量子力学中，观测者的测量行为，直接改变了微观物理的状态，从叠加态到最终态，看起来是测量行为才造成了叠加态的坍缩，没有测量微观粒子依然还处于叠加状态，观察者在这里成了实验的参与者，不得不纳入到测量的描述中。

"根本就不存在客观的量子世界，顶多是关于量子特征的描述，物理学家试图发现自然，解释自然的企图是错误的，物理学家能做的仅仅是关于自然我们能够说明什么"②。科学的任务不再是通过现象去把握真实世界的本质，而是不得不屈服于我们的经验，屈服于由于人的参与所呈现出的那个侧面。我们讨论的不再是纯粹独立的粒子行为了，量子力学的数学形式处理的不再是粒子本身，而是我们关于它们所能认识的部分。不能再去谈论粒子的客观属性，以及它们是否存在，在量子力学中人不再是作为中立的观察者而存在，"在生活的戏剧中，我们既是演员也是观众③"。这样就将实验方法和对象混合为一个整体，通过实验方法的介入，研究对象发生了重构。就如玻尔所言："在这个意义上，实在本身的存在，既不能归结为本体，也不能归结为观察的力量。"④关于量子力学的全面描述，只有在整体的意义上才能进行。

在经典物理中，人们通过理论来认识和描述客观存在的实体，这些描述是对物自体的客观反映，其中不涉及人类意识的作用。当然，在实验测量的过程中必然会存在主体和被认识客体的相互作用，以及人需要通过思维的作用对实验结果进行分析和推理，但是主观意识是绝不会作为要素考虑进实验的。在观察时人的作用仅限于，实录下仪器显示的数值并客观地描述实验现象。因此，在经典物理学的实验过程中人为的影响是需要作为人为误差排除出实验过程的，最终达到科学的客观性描述。但是，在量子力学中，首先在技术上

① Osnaghi. The Origin of the Everettian Heresy[J]. Studies in History and Philosophy of Modern Physics，2009，40(5).

② Richard Healey. Comments on Kochen's Specification of Measurement Interactions[J]. PSA：Proceeding of the Biennial Meeting of Philosophy of Science Association，1978(2)：277-294.

③ W. 海森堡. 物理学和哲学[M]. 范岱年，译. 北京：商务印书馆，1981：24.

④ 索卡尔. 超越界限：走向量子引力的超形式的解释学. 索卡尔事件与科学大战[M]. 蔡仲，邢冬梅，译. 南京：南京大学出版社，2002.

观测者的影响是无法忽略和排除的，在经典意义上的对系统进行客观描述已经是不可能了，而且在测量过程中，要求人的作用必须介入才能让粒子从叠加态坍缩到一个态上，人的作用成了测量过程一个必不可少的环节，看起来似乎是人的主观观测在测量过程中起到了决定性作用。

也就是说，如果单个微观粒子或者一个微观系统，在不被观测或者说不和宏观的仪器进行相互作用，那么它就按照薛定谔方程进行决定性地运动，而且是多个可能性的混合状态。只要不观测，就不会有任何事情发生，并保持着它们的叠加特性。此时，粒子的实在性只是一个多种可能性的综合，只是某种潜能而没有真实的实现什么。哥本哈根解释认为只有引入测量，才能使潜在变成现实，把测量提升到极为重要的地位。由于广义的观测行为无时不刻都在进行着，将这种认识扩展到宏观上便会出现，月亮只有人去观察它时才存在这种离奇的论断。就这样，便形成了这样的认识：我们所处世界的存在和稳定性，依赖于人对世界的观测，没有了人的作用，世界便只存在一堆潜在的不确定性，总之，没有人的主观影响世界便不能实在地存在。

就这样，实在论中的主客关系被颠倒，本体论上否认客体不依赖主体的实在论结构，强调客体对主观性的依赖，客体不得不依附于主观才能获得可描述的实在特性。这种本体不明确，主客不分的认识论，严重背离了日常经验和唯物主义的实在观，对传统实在论彻底颠覆，动摇了理论本体在科学中的基础地位。

埃弗雷特首先指出，在量子测量中，波函数从叠加态到现实态的坍缩过程是不存在的，波函数只有一种演化模式，不存在测量难题中的第二类演化。在他的解释中，宇宙波函数在测量后发生了分裂，分裂出来的波函数对应着客体状态的本征态，每个分支中的观测者都获得了一个确定的结果，态函数没有发生坍缩，叠加态的所有分支元素都在各自的分支中决定性地演化。观测者身处在一个分支中，不可能得到所有的结果，但是观测者的经验和观测结果是由宇宙波函数的客观物理状态决定的。由于客观因素的限制，人的主观经验只能看得到真实世界的一些表象。因此，埃弗雷特指出："应该将观察者看作纯粹的物理系统，用量子态来描述。为此，必须首先要将人的主观经验和客观特性联系起来。"[1]为此，埃弗雷特对态函数进行了如下表述：

（1）观测者可以对测量结果进行感知，并能对实验数据进行客观记录，就像一台机器一样。

（2）观察者所记录下的每一个结果都对应着一个分支中的一个态函数，不同的分支中观察者会拥有不同的经验。所有的分支存在的地位是相同的，在我们所处分支得到的结果没有特殊性，所有的分支都拥有相同的实在性，没有哪个比别的更真实。因此，没必要假设一次坍缩之后，仅一个结果具有了实在性，而别的结果莫名其妙地消失了。

（3）不同的分支在正交集上演化，分叉之后完全分离，之后不再发生相互作用。所以，一个分支上的观察者不可能意识到分裂过程，也不可能意识到别的分支存在。理论和经验的符合不能再停留在直接观测的方法，而应在同构的结构中去理解。

在观测后，观测者的记忆会随着系统一起进入一个分支，态函数会将结果分配给每个

① Hugh Everett. The Theory of the Universal Wave Function [M]//R. Neill Graham, Bryce Seligman DeWitt (Eds.). The Many-worlds Interpretation of Quantum Mechanics. Princeton：Princeton University Press，1973：63.

观测者。

　　观察者在整个测量过程中都是用态函数进行描述的，观察者得到的经验不是绝对的，而是相对于其他分支而言，整个过程都是一个相对态的结构。之所以出现波函数坍缩的假象是由于人的记忆是连续性的，人们会在每次测量后和之前的结果进行比较，但是由于处于相对态中，在一个分支中不论多少次测量都不会得到全部的信息，所以无法真正理解真实世界的规律和结构。就这样，在相对态的解释结构中，主观经验可以用态函数进行客观描述，同时随着客体记录客体的状态，客体是主体的，主观仅仅是按照客体的本来状态进行记录，从而使量子力学回归实在的结构。

10.4.3　放弃实证论，回归实在论

　　在哥本哈根解释的结构下，只有在观测之后得到的现象才是真实的，而量子态虽然客观但不是独立的，量子实在只具有潜在意义。本体论上没有对实在进行客观说明而且非常含糊。玻尔认为，量子力学的形式体系可以用经典术语对实验结果做出明确的统计性预言，因此应该把形式体系看作对结果进行预测的工具。为了解决测量难题的内在矛盾，哥本哈根解释将测量的地位抬到了极高的位置。世界的实在性是依赖于测量过程的，没有测量的最终裁定，就没有人们的经验地位，也就没有实在的世界，存在的就只是一些内在不确定的状态。就这样，哥本哈根解释逐渐走向了 20 世纪初的逻辑经验主义，逻辑经验主义认为：只有经验上可以得到证实的命题才是有意义的，关于实在性质的讨论都必须归结于经验之中，而不是述诸于经验之外的实体。在这条道路上，范·弗拉森走的更远，他认为应该把实在论彻底地清除出去，"按照经验主义的要求，就不能接受任何超越可观测现象之外的东西，包括实体和信念，而应该在可把握的经验事实和可观察物的基础上去构建关于真理的描述""可能的轨迹是模型，而不是任何隐藏在现象背后的实在"[1]。丧失了实在论背景，物理学便会陷入危机，科学没有一个连贯的实在对所有现象负责，便会失去其自身的正当性和合理性，本质上和占星术、算命术没有了实质分别，最终造成科学的解释话语权彻底丧失。

　　以玻尔为代表的哥本哈根解释，对认识和解释量子力学的很多问题都是卓有成效的。但是，它结合经典和非经典的假设方式，无法做到完全的连贯性和合理性。"原子论的困难不可能通过放弃旧概念，完全用新概念去替换的方法来规避"[2]。在他看来，量子论只是达到下一个自主理论的铺路石，仅仅是让我们可以做出正确理论预言的工具，只是初步窥探了微观实体的性质和基本动力学原理。"他们的目的不是要构建新的物理理论来解释世界，而是构建一个逻辑机器，依然用经典术语进行说明和解释"[3]。这种用工具主义的方法建立的量子论是不允许实在论解释的，经典的术语诸如：确定的状态、粒子、实体等在量子论中不能被合理地应用，因为这些术语不是普遍的；另外，在量子力学的非经典符号，如算符也不能在经典意义下解释，因为它们只是逻辑计算的要素，只有用法而无意义。

　　另外，玻尔还提出了互补性原理来对量子的二元论特征进行总结。对于互补性原理，

　　① 范·弗拉森. 科学的形象[M]. 郑祥福，译. 上海：上海译文出版社，2002：6.
　　② N. Bohr. Atomic Theory and the Description of Nature[M]. Cambridge，1932：16.
　　③ 费耶阿本德. 实在论、理性主义和科学方法[M]. 朱萍，张发勇，译. 南京：江苏人民出版社，2010：253.

一方面它为当前的量子论提供了一个直观的，可理解的图景，是对量子本性深入的，哲学化的总结；另一方面它也带有很强的原理特性，是最高指导原则，是天然无法反驳的，带有强烈的教条主义哲学的味道，一切未来的理论都必须符合这一原理。"他(指玻尔)不考虑主要根据量子力学当前形式推导的不确定关系，把这些关系直接作为一种基本自然法则，并假设所有其他法则必须与这些关系一致"[1]。玻尔还假设：物质实体的基本性质永远也无法进行理性地理解，永远无法用独特的、明确的模型来理解。既然无法精确地定义，那么只能采取折中的态度，使用不精确定义的互补性来对待每个将要研究的范畴[2]。

这种工具主义，反实在论的态度即使在哥本哈根学派内部都没有达成共识。罗森菲尔德在一次讨论中断言"没有人认为量子论原理绝对有效，……理论的每个特点都是强加给我们的"[3]。海森伯格则拒绝承认哥本哈根解释是实证主义，在《尼尔斯·玻尔和物理学的发展》一书中指出"哥本哈根解释绝不是实证主义。实证论是以观察者的感官经验为基础的，而哥本哈根解释则把用经典概念描述事件和过程视为任何物理解释的基础"。然而这个基础不能进一步分析和解释，依然是某种实证论。哥本哈根解释内在的假定：我们描述自然的目的就是尽可能综合经验的内在联系，经验就像建筑材料，理论是靠这些材料堆砌而成，我们不能凭空地构建理论。而在他们看来经典的概念正是这种材料，"只有借助经典思想，观察结果才会有明确的意义"[4]。在这种实证主义方法的指导下，确实产生了很多有用的结果(如拉登伯格—克拉莫斯弥散公式)，但不能对科学方法做出普遍性的总结。由牛顿、拉格朗日等人发展的经典力学体系，就不能单纯的理解为仅仅是在经验层面总出的关系，而是在严格的数学逻辑体系下推理出来的，经验上的技术应用都是依照理论进行的。从整个科学实践的层面上看，实证论仅仅是一个方向，实在论才是普遍与科学传统相符的。

埃弗雷特的多世界解释放弃了传统解释中的第二类演化，冯·诺依曼所描述的系统从叠加态到现实态的突然转变是不存在的。整个测量过程都是按照薛定谔方程进行线性地、决定性地演化，每一次观测之后，被测系统和观测者的组合态函数从叠加态分裂成各个分支，叠加态的每个要素都单独地实现了，我们之所以只观测到一个结果，是由于叠加态分裂出的每个宇宙态函数都在各自的正交支上演化，之后彼此不再发生关联。从多世界理论的角度看，真正分裂的观察者的宇宙波函数，每个分支对应着系统的一个本征态，这个本征态对应的是在此分支上观测者获得的唯一确定的测量结果。坍缩解释只是人们由于身处于分支的局限状态，没办法看到真实世界的全部，根据经验直观推测的结果。观测者开始重新扮演观众的角色，排除了主观介入对测量结果的影响，另外很多质疑的声音集中批判多重世界的假设在本体论上的巨大浪费，而将世界本身用态函数进行描述，一定程度上克服了对于多世界解释本体论上的浪费的责难，从而构建了多世界解释的本体实在论基础，为量子力学回归实在论创造了条件。另外，如上述分析多世界世界在相对态的解释语境中确立的客体的本体独立地位，使主观经验脱离对客观实在的决定性影响，进而回归了唯物主义的传统实在观念。

① Heisenberg. The Physical Principles of the Quantum Theory[M]. Chicago, 1930: 83.
② 费耶阿本德. 实在论、理性主义和科学方法[M]. 朱萍，张发勇，译. 南京：江苏人民出版社，2010：254.
③ S. Korner. Observation and Interpretation[M]. London, 1951: 52.
④ 玻尔. 原子论和自然的描述[M]. 郁韬，译. 北京：商务印书馆，1964：17.

10.5　实在性解释的意义

10.5.1　实现量子理论完备性描述的内在条件

在传统量子力学解释中，冯·诺依曼的投影假设将测量分裂为两种动力学上完全不同的演化模式。测量前是决定性地连续地演化，测量后则是随机不连续地演化。可是，首先，找不到一个物理系统可以同时用这两种规律进行描述；其次，标准的量子形式体系，对于什么是一次测量，被测系统和测量仪器怎样地相互作用，才算真正地完成一次测量有很大的模糊性；最后，标准解释对于坍缩本身也无法给出充分的描述，而是只给出概率描述。是什么力量导致了坍缩的发生，如果是观察者，那么量子系统又是如何分辨和感知这种作用呢？量子力学的奇特行为似乎不是针对在微观领域，而是针对不可观测系统。这种种问题存在的实质，就在于标准量子力学的形式体系无法为测量者、被测系统以及测量过程提供完备而精确的描述。

任何量子力学的解释都必须对测量难题，也就是波函数的坍缩做出说明。埃弗雷特在他的博士论文中指出了以下几种说明方法[①]：

方法一：限制量子力学的适用范围。哥本哈根解释认为：微观和宏观世界存在天然的界限，在微观世界中应该用量子力学的语言进行描述，而宏观世界应该用经典物理学语言进行描述。在测量过程中，观察者和测量仪器都是宏观物体，量子力学的语言是无法对其进行描述的。在埃弗雷特看来，这种对微观和宏观两个世界的划分，一方面割裂了世界的整体性，另一方面又不对微观和宏观的具体界限划分做出说明，从而无法确定量子力学适用的有效范围，因此不可取。

方法二：假定存在一个最终的观察者对所有坍缩负责。由于正统的解释中没有对什么是一次测量做出确切的定义，如果将物体之间的相互作用本身看作一次测量，而每一次测量又必须需要一个观察者，这样无限追溯下去，必须有一个最终的观察者对所有的观察负责。这种极端的唯我论本身就有很大的问题。更像是由于没法解释而将责任推卸到一些不可描述的事物上，这种推脱不仅无助于解决问题，更重要的是将某种神秘主义引入，对物理学来说这种做法是危险的。

方法三：放弃当前量子力学的完备性描述，添加一些变量进行补充。系综解释否认态函数的完备性，认为对量子系统描述不是针对单个系统而言的，而应该在一个大系统中用系综来描述。也就是说单个的量子测量只是大的系综概率中的一个部分，本身是不具有独立意义的。只要添加一些态函数理论之外的一些参数，就能还原到经典的统计力学，概率的表象只是源于我们对量子本质的无知。埃弗雷特认为这些都是不必要的，因为态函数理论本身就是完备的，不需要额外的假设。

① Hugh Everett. The Theory of the Universal Wave Function[M]//R. Neill Graham, Bryce Seligman DeWitt (Eds.). The Many-worlds Interpretation of Quantum Mechanics. Princeton：Princeton University Press，1973.

　　埃弗雷特在对这些方法批判的基础上提出了自己看法。他认为，应该放弃冯·诺依曼假设中的第二类演化，抛弃投影假设，用量子态来完全的描述包括被测系统和观测者在内的所有系统，从而用线性的决定论的方式对测量进行精确的完备的描述。态函数可以反映真实的物理系统，这个假设是量子力学本身就已经蕴含的假设。这样，在埃弗雷特看来和前三种方法比较，他的方法有以下优点：第一，没有额外的假设，逻辑上具有简单性；第二，态函数可以应用到整个宇宙，不需要微观和宏观的二元分割；第三，消除了两类演化带来的逻辑矛盾；第四，本体论上承认态函数的实体地位，为量子论的实在性描述奠定了基础①。

10.5.2　对量子力学形式进行解释性描述的必然要求

　　关于形式体系和解释的关系，著名量子力学史专家雅默曾说过：形式体系是个复杂的不断摸索的概念演化的产物，可以不夸张地说，形式体系超前于它本身的诠释②。逻辑经验主义者认为：一个物理理论不需要包含解释部分，而是一个数学命题的体系，其目的是尽可能简单、尽可能完备而且尽可能准确地表示一整组实验定律。另一些学者则认为：一个描述系统，在数学上不论多么完备和精确，都不能构成一个真正的物理理论，一个成熟的理论必须具有解释功能。

　　量子力学的形式体系是在两种完全不同的方法和思路上建立起来，一种是由海森堡等人根据普朗克的基本假设，用不连续的量子化的方法建立起来的矩阵力学，另一种是由薛定谔等人根据德布罗意的物质波假设，用连续的波动的方法建立起来的波动力学。后来证明，这两种方法在数学上是等价的。后来冯·诺依曼将量子力学表述成希尔伯特空间中的算符运算，并提出一套公理化的陈述，之后玻恩提出了量子力学的几率描述，量子理论的形式体系基本完善。但是，虽然物理学界普遍接受量子力学的基本形式体系，但是在此基础上对形式体系的解释却产生了重大的分歧。目前，物理哲学界已经出现了包括哥本哈根解释、隐变量解释、统计解释、模态解释等十几种解释理论并存的局面，这些解释在完全不同的语境中提出，想要融合是非常困难的。历史上从来没有出现过对同一套形式体系，解释却如此千差万别的景象。之所以出现这种局面，主要有两个原因：

　　其一，解释的过程实际上是在对对象进行认识的基础上进行的创造性建构的过程，会受到包括文化背景、精神状态、思想模式、知识结构等很多主观因素的影响。就像对于同一件事不同的人对其可能会做出完全不同的反应。

　　其二，一些解释很大程度上的受到科学家个人的实在观、世界观以及方法论等一些个人信念的影响，其表述不可能做到完全客观③。20世纪20年代，爱因斯坦和玻尔关于量子力学实在性进行了一场著名的"世纪之争"。爱因斯坦坚持传统实在观念，认为世界应该是因果决定论的，并对量子力学本质上的概率特性进行了强烈的批判，他认为量子力学的统计特性本质上是由于波动力学无法对量子实在进行完备的描述。"量子力学的形式体系是不容质疑的，但内心的声音告诉我它不是实在的事物。这个理论很成功，但是难以带领

　　① 成素梅. 量子测量的相对态解释及其理解[J]. 自然辩证法研究，2004(3)：24-26.
　　② 雅默. 量子力学的哲学[M]. 秦克诚，译. 北京：商务印书馆，1989：6.
　　③ 成素梅. 论理论与实在的关系[J]. 社会科学，2010，3：97-104.

我们接近上帝的秘密。无论如何，我确定上帝不掷骰子。我对统计性量子论的反感，不是基于他的定量内容，而是基于人们现在认为这样处理物理学基础，在本质上已是最后方式的这种信仰"①。可以看出爱因斯坦对于世界的认识是建立在一套强大的信仰基础上的。而玻尔则发展出互补性原理对粒子的波粒二象性进行解释，并将互补性上升为描述世界的普遍原则。但是，批评者认为，互补性原理带有很浓的哲学意味，并不是真正意义上的法则，因为从这个原理出发不能导出任何定理。

埃弗雷特在他论文最后的附录中阐述了他对理论解释的看法。"每个理论都必须包含解释的部分，而相对态理论自身便生成了它解释的结构"②，而"宇宙波函数理论构建了解释的框架"③。整个解释的结构，是在量子态能对世界进行完备描述的前提下建立起来的，可以把任意一个测量系统看作是更大系统的一部分，一个分叉。波函数既可以描述被测粒子的行为，也可以描述测量系统和测量者的状态，这样所有的测量要素组合在一起构成了宇宙波函数，宇宙波函数整体进行线性地、决定性地演化。不再需要坍缩假设，不需要非决定论概率描述，也不需要限制量子力学的适用范围。波函数理论本身是普遍适用的，不用再突出强调观测者在测量中的决定作用，主观的介入与波函数坍缩无关。这样，宇宙波函数从相对态形式体系中导出，并很好地解释了理论，使形式体系和解释共同构成完备的体系。

10.5.3 理论解释和经验实践相融合的有效尝试

经验，作为检验真理的试金石，在科学中具有重要的地位。在逻辑经验主义那里，经验作为判断真理的唯一标准而受到推崇。逻辑经验主义认为，对于不可观测量，诸如粒子、态函数等术语虽然表征了理论对象的具体内容，但是不属于形式逻辑的词汇，无法真正纳入到数学形式体系中。尽管可能这些非逻辑性的术语对其指代的物理内容有强烈的暗示，但并不能说明什么。不可观测术语是不具有实在意义的，只有还原为可观测术语才能真正具有实在地位。

但是，随着物理学的发展，特别是量子论、场论、弦论等理论的发展，经验的作用逐渐衰落：

首先，从当代物理在各个方面的进展来看，我们所要描述的物理客体逐渐深入到微观领域，越来越难以直接进行观测和直观描述，因此我们的方法也越来越走向数学化、符号化。我们需要研究的现象离经验越来越远，我们不得不放弃直接的描述，走向间接描述。同时，理论本身越来越抽象，而且用实验的方法不论是进行直接证明还是证伪都变得非常困难。

其次，在物理学中要进行实验检验，必须要用到测量系统。人们设计实验要尽量地减少人为的干涉或者将人为的误差降到可接受的范围，从而得到客观数据，然后分析数据得出实验结论。但是在量子测量理论中，这种客观测量的可能性被彻底排除了。首先，根据海森堡的测不准原理，粒子的动量和位置的信息不可能被同时测出，对一个量测得越精

---

① 爱因斯坦. 给贝索的信[M]//爱因斯坦. 爱因斯坦文集：第三卷. 许启英，译. 北京：商务印书馆，2016：478.

② Hugh Everett. The Theory of the Universal Wave Function[M]//R. Neill Graham，Bryce Seligman DeWitt (Eds.). The Many-worlds Interpretation of Quantum Mechanics. Princeton：Princeton University Press，1973：133.

③ Hugh Everett. On the Foundations of Quantum Mechanics[D]. Princeton：Princeton University，1957：142.

确，另一个就越不精确。这样，理论上便无法知晓关于粒子的全部信息，得到的永远只能是部分信息。其次，现代的测量技术要求，如果要测量一个原子的位置，必须使用一个电子打到原子之后反弹回来，从而间接地得知其位置信息，但是在微观层面，这种人为的干扰作用是不可忽视的。测量行为影响了被测粒子的状态，从而无法得到完全客观的描述。最后，根据哥本哈根学派对测量难题的解读，粒子在不进行测量时处于一种叠加状态，而测量一旦进行，粒子的波函数就会坍缩到一个确定的状态。那么这样看来通过实验手段人们已经不可能再得到完全客观的经验，那么我们的经验又如何能可靠呢？

尽管经验的地位在科学中逐渐衰落，但是并不是说经验就没有价值，只是不再作为在逻辑经验主义者那里唯一的检验标准。埃弗雷特在他的方法论附录中补充道："每个理论必须包含解释的部分，而形式体系中包含的要素必须和我们的感官世界（也就是经验）相联系"[①]。形式体系的逻辑必须要与经验世界中感觉到的信息"同构"，这种同构还必须关联到人的主观感受。这里，埃弗雷特独创性地提出了一种经验和理论的一种新的连接方式，不再是以前人们说的经验要直接地反映理论，而是突出一种理性的逻辑相关的方式来反映理论和经验的关系。下面我们对埃弗雷特的同构理论进行详细地论述。

"对我来说，物理学理论是一种逻辑的建构模型，包含自己的符号和规则。模型的一些要素还必须和经验世界相联系。如果这种联系是同构的（isomorphism）我们就能说理论是正确的或为真的。解释部分由一系列关联（associations）的集合构成，这些关联将理论的形式部分的一些要素和经验进行符合（correspondence）。而关于理论，本质上它是一个数学模型再加上模型与经验符合下的同构（isomorphism）[②]"。

在此，理解埃弗雷特提出的同型构建这个词，是非常关键的。同构这个词主要用在代数中。关于它在数学中的意义，维基百科是这样解释的：同构是指数学对象中存在的一些映射关系，它能展现出数学对象之间的属性和操作上的关联。如果两个不同的数学结构之间存在某种映射关系，那么这两个结构可以看作是同构的。一般地，如果不考虑同构的对象在性质和意义上的个别定义，单从结构上说，同构的对象是完全等价的。同构在数学中可以把个别的性质扩展到更广的领域。如果两个不同的对象是同构的，那么一个对象拥有的性质和特征，在另一个同构的对象中一样存在。假如在一个新的领域发现了一个新的结构同构于某个已被人们所熟知的结构（已经被证明并且其方法在实践中是有效的），那么这些已成熟方法也可以用于新领域去解决新数学结构中的难题。

类似地，埃弗雷特是这样解释的：通过同构，我们来描绘模型的一些要素和感觉世界的对应要素。也就是说，他将理论模型和经验对应于数学中两种存在同构关系的数学结构。比如，在模型中符号 A 蕴含着符号 B，A 和 B 存在逻辑上的推理关系，并且 A 是和感觉经验相关联的，那么和 B 相关联的事件就能间接得到经验上的确认，而经验 a 和 b 之间拥有 A 和 B 一样的逻辑关系，如图 10-1 所示。

那么到底怎样才算是是同构？埃弗雷特举例说：最初人们反对哥白尼理论，主要是由于：地球围绕太阳运转作为一种现实发生的物理经验，是和人们的日常经验不一致的。人

①　Hugh Everett. On the Foundations of Quantum Mechanics[D]. Princeton：Princeton University，1957：142.

②　Hugh Everett. The Theory of Universal Wave Function[M]//R. Neill Graham，Bryce Seligman Dewitt(Eds). The Many-worlds Interpretation of Quantum Mechanics. Princeton University Press，1973：132.

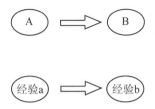

图 10-1　模型中 A 推出 B，而 A 关联的 a 可以确定，
则和 B 关联的经验 b 就可确定，且和经验 a 相关

们感觉到的是太阳和月亮都围绕地球运转，而不是相反。甚至傻子都能通过经验，无任何困难的得出地球是不动的。然而，如果有一个理论能证明，在地球上的人无法感觉到地球的运动和牛顿的惯性在逻辑上是符合的，那么经验就可以和理论统一起来。具体的物理模型可以这样建构：在一个运动的木板上有一个木块，木块在摩擦力的作用下会随木板运动，只要木板的速度不发生变化，那么木块就不会动板上掉下来，同时由于彼此保持静止所以如果木块有感觉的话是不会感觉到木板运动的。这个理论模型可以用牛顿定律进行推导，而人感觉不到地球运动的事实正好和模型是同构关系，故而人的经验得到了合理的解释，那么质疑就能被消解，从而保证经验和理论是不冲突的。因此，重要的不是用日常经验去怀疑理论，而是看理论所预言的经验部分是否和日常经验冲突，如果冲突，就能直接说明理论无法和经验同构，从而被证伪。

在多世界解释中，人们确实无法直接去观测其他世界分支的存在，也感觉不到世界的分裂，但是这些本来在理论本身的框架下就是被否定了的，因为每个分支都是正交的，一旦分裂，宇宙波函数就朝向完全不同的方向演化，而且永远不可能相交，从这点看理论和经验是符合同构关系的。另外，在哥本哈根解释中，为了解释测量难题而将波函数处理为两类演化，将人的观察作用提升到重要地位，最后甚至有了诸如月亮在没人看它时不存在这样荒谬的说法。从一开始，两类演化就不符合理论与经验的同构关系，两类演化的假设在理论自身中本身就是不符合逻辑的，在经验世界中当然就不可能找到和它同构的经验，因此量子力学的形式体系是不完备的，而埃弗雷特相对态解释则试图进行补充。埃弗雷特的导师惠勒多次强调，相对态解释是对正统形式体系的补充而不是反叛[①]。把波函数作为实体，对世界上所有的事物都用宇宙波函数表示，因为波函数和我们的经验是同构的，这样间接地就可以说明经验。

10.6　数学形式与解释——非充分决定性

华莱士等人认为量子态应视为物理实在，如果这样的话不引入其他额外假设，扩展至宏观，甚至整个宇宙都可以用一个量子态来表示，是从量子态中突现出来的，那么宇宙便

①　J. A. Wheeler. Assessment of Everett's Relative State Formulation of Quantum Theory[J]. Review of Modern Physics. 1957，29：463.

不再唯一，存在多个宇宙，正如多世界解释所描述的那样。这样，似乎从基本实在的层面为多世界解释的合理性提供了一个可能的解释。但是反对者指出，多世界解释本质也是一个非常主观性的人为的理解，并不是量子力学的内在性质。如果说从薛定谔方程推出这样的结论，只能说明薛定谔方程是不完备的，必须被修正、补充或放弃。因为如果严肃对待多世界解释对应的物理意义，将会出现更多难题，比如其他的世界在空间和时间上如何存在，它们的物质材料如何构成。如果直接按照德维特的理解，存在无数个客观的世界，那么必然会违背能量守恒；如果不同的测量结果都在不同的世界必然地实现了，那么这种看似决定论式的描述与量子力学概率描述又该怎样协调；德维特指出测量后不同的世界在不同的正交基上演化，不再有任何相互作用，那么就从根本上否定了对理论进行直接验证的可能性，无法经验检验的理论其合理性如何来证明等。

　　从某种意义上讲，关于理论的解释都是建立在理论形式体系的基础之上的，要理解多世界解释的推导逻辑，必须要从根本上澄清德维特和埃弗雷特各自对于形式体系与解释内在关联的认识。埃弗雷特不主张增加任何哲学假设，他认为只需纯波动力学的数学形式就足以产生自身的理论解释[①]。德维特接受了埃弗雷特这一假定，并将其看作一个元定理，作为整个解释的基础。在他看来多世界解释是量子力学的数学形式自然产生的解释。这个观点虽然最初来源于埃弗雷特，但两人对其的理解并不相同。因为从逻辑上看，上述的所谓元定理本身就是矛盾的。纯粹的数学形式推导出的只能是数学定理，无论如何也推导不出唯一的解释。形式体系和解释的关系是非充分决定的，解释本身必然会包含人们的主观理解，是形而上的。解释的形成需要数学形式加上某种解释原则，这种原则通常是预设的、非数学的、无法进一步证明的，取决于人们对于理论更深层次的理解。从相对态解释的发展脉络来看，这种预设的解释原则是很明显的。相对态解释预设波函数可以对包括测量仪器、观测者甚至整个宇宙进行完备的描述；多世界解释预设数学形式等同于实在，多心灵解释预设身心二元论，多历史解释预设世界本体的唯一性，最新的"突现世界解释"（the emergent-world interpretation）预设量子态是最基本的实体[②]。其中，相对态、多世界、突现世界，三种解释中分别体现了对于上述元定理的三种截然不同的理解，其中埃弗雷特对相对态的理解上文已给出详细论述，此处不再赘言。

　　在多世界解释中，德维特几乎全部接受了埃弗雷特关于相对态解释的数学推理，包括其理论的基本假设以及结论，但是德维特无法忍受埃弗雷特关于理论对应的实在解释的闪烁其词。于是，他对相对态解释进行了一个彻底的本体论解释，将多个实在世界的存在作为其理论的核心特征，认为每一次测量后世界都进行了一次分裂，并将理论重新命名为"多世界解释"。在多世界解释的框架下，德维特重新对"薛定谔的猫"的理想实验进行了解读。在冯·诺依曼的解释中，突出了观测者对实验结果的决定性作用。在人没有打开盒子时，宏观状态下的猫和微观状态下的放射源纠缠在一起，波函数没有坍缩，于是猫处于既死又活的叠加状态。但是在打开盒子的一瞬间，波函数会立即坍缩到一个确定的状态，要么放射出一个粒子激发毒气，猫死；要么不放射，猫活。我们要么看到死猫，要么看到活

　　① Bryce Seligman DeWitt. Quantum Mechanics and Reality[J]. Physics Today，1970，23：30-35.
　　② 贺天平. 量子力学多世界解释的哲学审视[J]. 中国社会科学，2012，1：48-61.

猫，仅仅有一种状态发生。从直观上看，似乎就是因为观测者那"上帝的一瞥"，使得波函数坍缩，使放射源"被迫"在放射和不放射粒子之间做出"选择"。原子是如何感知人的观测的呢？似乎是人的观测行为改变了原子的状态，导致了不同的观测结果。然而，人的观测行为是一种主观的动作，系统受到了主观因素的影响，猫的死活并不取决于盖子被打开前系统内原子的客观状态，而是打开盖子的瞬间与打开盖子这一主观动作。在多世界解释的框架下，这个主观决定客观的悖论便消失了。因为在观测后，宇宙波函数分裂，对应的世界也分裂为两个，其中一个世界中猫死，另一个世界中猫活。人的观测只是客观地记录自己所处世界中猫的客观状态。但是，虽然多世界解释避免了波函数的坍缩，但是却带来一个更加严重的问题，就因为观测者的"一瞥"整个世界瞬间分裂为两个。世界分裂的机制是什么呢？德维特没有回答。我们为什么感觉不到另一个世界的存在呢？德维特认为两个世界分裂之后各自演化，不会再互相影响。就这点来看，很难讲多世界解释要优于正统解释，很多学者对于多世界解释优于其他解释的论证，在笔者看来是很牵强的。另外，多世界还有很多致命的问题，如优选基问题、概率问题等，前文已详细论述。总之，德维特所持的是一种极端的数学实在论，认为所有的数学形式都是与实在世界一一对应的，他将埃弗雷特所说的数学形式可以自然生成自己的解释，简单地理解为数学等同于实在。

　　而在最新突现世界理论中，华莱士试图将波函数看作类似经典电磁波的实体，然后推导出世界存在的本质，而不仅仅是位形空间中的一个数学符号。他假设量子态是构成世界最基本的实体，是和经典引力场和电磁场一样的客观存在，整个世界是从量子态中突现出来的。在对波函数进行实在解释时华莱士与德维特有很大的不同，他并不坚持一定要将波函数解释为分支世界，或者说他并不是从某种形而上学出发，断定波函数的不同状态会分裂产生不同的实在世界，而是试图从量子力学波函数出发导出真实的世界存在，量子力学是描述量子态的动力学基础。如果说德维特的论证是自上而下的，华莱士的论证便是自下而上的，他并不试图对世界做出任何断言，而是从波函数作为最基本本体出发，世界从波函数突现或生成，世界呈现的现象仅仅是一种表象，其根源是波函数作为一种实在的作用场在起根本性作用。这样，量子态是一种最基本的实体(和电磁场和引力场类似)，便作为一个先验假设出现在论证中[1]。埃弗雷特、德维特以及华莱士三人，对于相对态形式体系中量子态的理解完全不同。埃弗雷特将其理解为理论模型中的一个数学规则；德维特将其理解为真实的实在世界；华莱士将其理解为世界深层次的本体形式。如此看来，单纯一句形式体系生成自己的解释，似乎并不能引导我们做出唯一可信的解释，尽管形式体系本身是解释的必要基础，是不可或缺的，但并不是充分条件。解释本身除了需要依据客观的数学形式，更重要的是依赖于人们对于理论的深层次的理解，如果仅从表象的数学形式中洞察背后的实在性，往往会走上歧途。当然通过"深层理解"做出的假设也一样存在问题，其本质上取决于一个人对实在的预设观念，必然会带有很强的主观性。在解释世界的过程中，尽管有科学的形式体系作为依据，但是个人的形而上学的观念往往会发生更重要的作用。

---

① David Wallace. The Emergent Multiverse：Quantum Theory According to the Everett Interpretation[M]. Oxford：Oxford University Press，2011：69.

　　埃弗雷特的解释中，赋予了波函数以最基本的实在地位，可以对包括微观和宏观在内的一切事物给出描述，但是这个假设存在很大争议。从结构实在的角度理解似乎要比从本体实在的角度理解更加合理。从上文分析可以看出，对于同一个形式体系，在不同的解释框架下，在不同的实在观念指导下，发展出了截然不同的解释图景，不可能得出唯一的解释。

第 11 章　经验主义的无助与困惑

按照一般的规律，获得一个可靠理论的途径有两个：一是由大量的经验数据归纳得出；二是由理论推出可观测的证据，这些证据可以被实验证实。如开普勒三大定律的发现就是以大量的经验数据为基础归纳得出；而相对论则推出了一系列可观测的证据，并被实验确认。但是，相对态解释在这两个方面都不符合。德维特的多世界解释假设多重宇宙的存在，引起了很大的关注，很快扩展到了物理学其他领域，特别是弦论和宇宙学中，都推出了平行宇宙的存在。虽然在本书中，将相对态解释的整个体系和德维特的多世界解释进行了区分，但是在国内外大量的文本中是不区分的，在多世界解释中经验检验问题非常突出。

所以说相对态解释的验证问题就可以分为两个方面，首先是相对态解释作为量子力学的一种解释的验证问题，其焦点是验证相对态解释能否更好地解释量子力学的现象；其次是多重宇宙作为一个不可观测实体的验证问题，其焦点是平行宇宙是否存在。对平行宇宙的是否存在的讨论，实际上已经超出了本书的主题。但是，目前流行的关于平行宇宙的讨论，从根本上讲都是起源于德维特的多世界解释的本体论解读，而且关于非经验性理论的验证问题已经是当下科学界很流行的话题，特别是对弦论科学性的争论上。下面我们将暂时脱离量子力学的语境，沿着前文埃弗雷特对自己理论的辩护方式，从一般科学哲学的角度对理论的验证和评价问题给出一个全面的论述。

11.1　多世界解释体系的"检验难题"

首先，量子力学的形式和算法是从经验证据中归纳得出的，但相对态解释并非由经验证据归纳所得。相对态解释是为了调和量子力学测量难题而对量子力学的深入分析与解读。换句话说，相对态解释并非完全独立于量子力学，是具有形而上学分析的量子力学。量子力学的证据与相对态解释的证据具有一定程度的重合性。显然，除量子力学本身的证据外，相对态解释还需对其可能产生的分支推论给出合理的解释，以保证自身的合理性。相对态解释区别于其他量子解释最重要的特征就是认为波函数连续演化，叠加态普遍存在，不仅限于微观领域，在宏观世界中也存在，坍缩没有发生。目前实验已经观测到 C_{60} 分子的叠加态，但是在分子尺度下还不能推广到宏观层面。其次，无论依据多世界解释还是多心灵解释来说明分支的合理性，都是既无法证伪也无法证实的。因为在观测者实施观测之后，世界产生的分支在相互垂直的正交基上演化，一旦分裂之后，其中任一分支都不再受到其他任何分支的影响，各个分支之间彼此独立的演化，不会有任何相互作用。根据多世界理论，当我们作为观测者，身处在某个世界时，与其他任何世界都是相互独立的，并不可能观测到其他的世界。而且由于所有世界是平行演化，相互之间不会产生影响，就不会有任何由相互作用生成的可观测效应。那么，难道相对态解释就只能是依附于量子力学的，既不可证伪也不可证实的理论吗？对此，可以从两个方面来解决[①]：

一是对相对态解释从其他方面进行辩护。相对态解释虽然不可证伪，但是它和其他的量子解释相比有极大的优越性。首先，相对态解释完全基于量子理论本身给出解释，没有任何额外的假设。相比而言，哥本哈根解释承认微观和宏观存在天然的界限，刻意回避量子力学带来的矛盾；玻姆的隐变量理论试图引入量子矢来给出一种因果决定论的解释；魏格纳将意识的作用引入量子力学，认为是意识导致了波函数的坍缩。其次，相对态解释构建了一个完全客观的理论，排除了意识的主观作用对测量的影响，所有的分支都客观地实现了。最后，由量子力学引出的"测量难题"以及"薛定谔的猫"的悖论，相对态解释都在自己的框架下给出了合理的解释。

二是对相对态解释进行修正。德维特进一步将埃弗雷特的相对态解释为多世界解释，目的在于对埃弗雷特的相对态解释给出一个彻底的本体论的说明。但是，后来很多埃弗雷特的支持者认为多世界的本体论说明并不是埃弗雷特的本意。于是艾伯特和洛伊提出了多心灵解释，认为分裂的是人的心灵，而不是世界本体，基于身心二元论给出了解释。盖尔曼和哈托在退相干解释的基础上，吸收退相干的相关理论，结合一致历史解释基本结构，提出了他们的多历史解释，试图用最新的退相干理论来补充多世界解释的不足。但是，正如前文所分析的，这些解释在解决了一些问题的同时，又引入了更多的问题。对一个理论的检验和评价，还需要从一般科学哲学的视角下才能给出更全面合理的分析。下面将从一般科学哲学的角度来尝试给出一个更全面的评价网络。

11.2　科学理论的验证问题

实际上理论缺乏经验检验的问题不仅仅是相对态解释的问题，这个现象在当前的科学发展中普遍存在。2014年12月南非开普敦大学的数学教授乔治·埃里斯（George Ellis）和法国巴黎天体物理研究所兼美国霍普金斯大学物理系教授乔·西尔克（Joe Silk）联名在《自然》杂志上发表《捍卫物理学的完整》[②]一文。文中指出：近年来，物理学内部发生了令人担忧的转向，有些物理学家面对理论无法得到实验检验的现状，提出可以淡化甚至放弃传统科学中的证伪标准。他们激烈地反驳了这种观点，并针对当前流行的弦论和多世界（平行宇宙）理论进行了详细地分析和批判。

平行宇宙作为一个解释性的假设，本身不是一个完整的理论，但是却渗透到了物理学的各个领域。著名科普作家格林的新著《隐藏的现实》[③]一书中，罗列了多达9种平行宇宙的不同版本，涉及宇宙学、量子力学、弦论、计算机等领域。平行宇宙的提出从一开始就来自一种解释的语境，而非实证。量子力学多世界解释认为，从叠加态到现实态之间应该

①　乔笑斐，张国锋. 量子力学多世界解释的验证性问题探究[N]. 中国社会科学报，2015：4.
②　George Ellis, Joe Silk. Defend the Integrity of Physics[J]. Nature, 2014, 516(12)：321-323.
③　格林. 隐藏的现实：平行宇宙是什么[M]. 李剑龙，权伟龙，田苗，译. 北京：人民邮电出版社，2013：79.

是一个线性的、连续的过程，而不是非线性的突然坍缩，不同的分支代表的不同世界都客观地实现了。在宇宙学中，科学家发现生命的出现需要非常苛刻的条件——自然界的常数、基本粒子的质量以及相互作用力的大小，哪怕有一点改变整个物质的结构就会完全崩溃，于是结合暴涨宇宙和大爆炸模型，科学家们认为大爆炸会重复出现，会不断有婴儿宇宙形成。另外，在弦论中额外维的结构形式决定了泡泡宇宙的物理特征，而现有的计算表明维度的卷曲拥有多达 10^{500} 种不同的方式，理论上讲每种组合都可以对应一个宇宙。因此说弦论和平行宇宙理论，某种程度上是密切相关的。多义奇是多世界解释的主要支持者之一，他指出：如果我们想要合理地解释所观察到的事物及其行为，首先需要承认还存在有大量我们未观察到的物体，且它们有可能具有与我们已知物体类似的性质。同样，相信多世界解释及承认平行宇宙的存在对于全面理解真实世界至关重要[1]。真实的世界远远大于我们感官所能感知的范围，如果完全把世界等同于我们可经验世界是一种狭隘的世界观。思想应该超越经验的局限去认识宇宙的性质，而平行宇宙则为我们认识宇宙本质提供了新的视野。

弦论的情形与平行宇宙理论类似。弦论作为一个大统一理论，得到了以霍金为代表的一大批科学家的支持。弦论统一了四种基本力，调和了相对论和量子力学的矛盾，还为当前物理学中诸多难题给出了解答。但是弦论不得不假设空间是 10 维（膜理论中空间是 11 维的），而现实中我们只能感知到四维的时空，其他的维度哪里去了呢？弦论假设其他空间都卷缩在一起，无法观测。另外弦论还认为，物质的最小单位不是点状的粒子，而是一段段极小的类似细线的弦，弦通过不同的振动模式组合成不同的粒子。但是，整个弦论都是建立在几何原理的基础上，完全脱离经验。而且从第一次弦论革命 1984 年至今，弦论蓬勃发展了 30 多年，竟然没有得到任何实质性的实验验证。事实上，对弦论的批判一直没有间断过。费曼（Richard Feynmann）从一开始就质疑弦论的科学性，"在超弦理论中没有任何理由能说明为什么卷曲的不是十维中的八维，那当然不符合我们的经验。不过，即使它可能与经验不符也无关紧要，因为它什么结果也没有"[2]。因对粒子标准模型的杰出贡献而获诺贝尔奖的格拉肖（Sheldon Glashow）也认为"超弦物理学家没能证明他们的理论确实有效，他们不能证明标准模型是弦论的逻辑结果。关键是，他们给不出一丁点实验预言"[3]。2007 年沃特（Peter Woit）的《错上加错：弦论的失败与统一物理学的挑战》[4]、2008 年斯莫林（Lee Smolin）的《物理学的困惑：弦论的发展，科学的失败，将来的发展》[5]相继出版，两书系统而全面地对弦论提出了质疑，整个科学界对弦论的怀疑一时间达到了顶峰。

尽管如此，弦论的支持者认为，弦论是物理学中正在蓬勃发展的一场伟大的革命，

① 多义奇. 真实世界的脉络[M]. 梁焰，黄雄，译. 桂林：广西师范大学出版社，2002：44.

② Davies Paul, Brown, Julian. Superstrings: A Theory of Everything[M]. Cambridge: Cambridge University Press, 1988: 194.

③ Sheldon L. Glashow, Ben Bova. Interactions: A Journey Through the Mind of a Particle Physicist[M]. New York: Warner Books Press, 1988: 25.

④ Peter Woit. Not Even Wrong: The Failure of String Theory and the Continuing Challenge to Unify the Laws of Physics[M]. London: Basic Books Press, 2007.

⑤ Lee Smolin. The Trouble with Physics: The Rise of String Theory, the Fall of a Science, and What Comes Next[M]. London: Penguin Books Press, 2008.

"其部分成果就已经使人们对空间、时间、物质的本质有了惊人的洞察力①"。约翰·施瓦兹(John Schwarz)甚至认为弦论已经为统一量子力学和广义相对论提供了完备的数学结构。面对弦论缺乏实验检验的质疑，弦论界的"教父"威腾(Edward Witten)则认为弦论已经得到了检验，尽管不是直接的经验检验。"这个理论预言了引力，虽然只是事后的预测，也就是说实验先于理论。但是，引力是弦论的必然结果这一事实，在我看来是史上最伟大的洞见之一②"。另外，几乎所有的弦论家都强调弦论本身内在的美，在他们看来如此优美的理论，怎么会错呢？

由此可以看出，围绕经验检验争论的焦点就在于：怎样的证据构成了对理论的根本支持。反对者坚持强证伪主义的认识论。他们认为，在科学中，一个理论必须做出完全不同于以前理论的预言，并得到验证，才能令人信服。如果实验结果与理论预言一致，理论得到检验；不一致，理论就被证伪，而且重复已知的结论构不成一次检验。而平行宇宙和弦论的支持者则认为，结合目前理论发展自身的特征，应该坚持一种更加多元的检验原则，事后的预言、对实在本质的洞察、形式体系的美学特征等，只要对理论的置信度构成支持的，都可以算作理论的检验。但是，反对者并不理会这种"诡辩"，坚持科学的检验必须经过严格的实验。但是鉴于目前理论的特征，理论深入到了越来越抽象的领域，而理论的结构又是完全建立在数学的基础上，经验原则本身已经无法对理论做出限制。弦论以及宇宙学中很多理论在无经验支持的情况下大踏步前进，严格的证伪主义由于其标准的单一性，在当下理论的现实情况下失效，于是"检验难题"出现了。笔者认为，破解"检验难题"的关键，就是必须结合当下理论的发展，提出一个新的检验原理，对单一的经验原则进行适当的补充，破除强证伪主义的执拗，给出一个全面、动态的检验理论的网络。

11.3　"检验难题"出现的原因

在进一步讨论之前，有必要重申一下本书中"检验"一词的含义。一般狭义的定义是在波普尔哲学的语境下定义的，特指用实验来验证理论的预言，如果符合则认为理论得到了一次证实(非确证)或经过了一次检验，否则被证伪。此处证实与检验同义。而在实际使用中，检验一词往往拥有更广泛的含义，只要由理论导出的结果或理论本身的某种特征，带入到一个可靠的原则下(这个原则可能是经验原则、逻辑规则、已知的事实，甚至简单性、美学等)，如果符合该原则的基本内容，则一般可认为理论经过了一定程度的检验。

科学理论中"检验难题"的出现大致有三大方面的原因③：

第一，当前科学所处理问题的难度和广度是史无前例的，代表着人类统一科学的终极野心，实验上直接检验较为困难。弦的尺度(10^{-35}m)是人类已知的最小尺度，远远超出了人们可经验的范围。要观测到弦的尺度，在一维结构上区别弦和点的不同，需要的能量要

① Brian Greene. The Elegant Universe：Superstring, Hidden Dimensions, and the Quest for the Ultimate Theory[M]. New York：Vintage Books Press, 1999：18.

② 约翰·霍根. 科学的终结[M]. 孙雍君，等译. 呼和浩特：远方出版社，1997：101.

③ 乔笑斐. 弦论中的"检验难题"及其解决路径分析[J]. 自然辩证法通讯，2017(1)：58-63.

比当前最大的粒子加速器 LHC 能量高千万亿倍。在现有的技术条件下，需要造银河系那么大的加速器，每秒消耗的能量够全世界使用一千年①。另外，弦论要统一四种基本力，调和量子论和广义相对论，同时还要对计算中遇到的大量难题给出解答，客观上加大了对弦论进行检验的难度。而且当下世界各国对于大型科研项目的投入趋于谨慎，1993 年美国对已经投入超过 10 亿美元的超导超级对撞机项目，进行了强制终止。因此，不论从弦论自身的特点还是现实的因素来看，要对弦论进行直接检验是非常困难的。

第二，受实证主义科学哲学的影响，反对者们强调事实必须与理论相符，排除一切非经验的形而上学假设，在经验的最高法庭上裁决一切理论。这种观点不论在哲学上还是在历史实践中都是站不住脚的。首先，观察渗透着理论，经验观察无法独立地对理论进行检验。实验的进行必须预先设计好整个实验进程，预先排除掉所有干扰因素，在非常极端的条件下进行。数据的产生、验证和解释都需要理论的帮助，辅助性假设渗透在理论检验的各个阶段。另外，科学中的很多理论一开始并没有被实验检验，过了很长时间才得到了检验，甚至有些理论至今都没有经过检验，但是一直存在。如原子的概念最初受到了以马赫为首的实证主义者的强烈批判，后来被证明真实存在。磁单极子被狄拉克的电磁学理论预言之后，至今没有找到，人们却相信其存在。当反常出现时，人们没有想着去放弃理论，而是要么去寻找反常错误的证据，要么对理论进行修正。

第三，反对者坚持的"预言——检验"模式，太过单一，忽视了科学实践中关于理论检验的大量细节。

首先，假设检验必须是经验的，那么还会有如下问题：

（1）实验检验是不是必须要占据理论发展的各个阶段。一些理论在发展初期，可能仅仅就是解决了某一个（一些）关键性的难题，其自身并不一定具有完整的理论结构，也无法做出新颖的预言。虽然当下无法检验，但将来可能会得到检验。因此，依据当下的经验，根本就无法对理论进行选择和排除。

（2）一个经过验证的成功理论的分支理论，是否也可以算作经过了检验。因对量子力学有着不同的理解，人们发展出来了各种各样的解释。多世界解释的支持者泰格马克认为，假如一个理论 T 是建立在一个经验成功的理论基础上的，那么尽管 T 没经过经验检验也是值得相信的②，并据此认为量子论作为多世界解释的基础，其成功间接验证了多世界解释。

（3）如果一个理论所给出的经验预言不是明确唯一的，而是一个模糊的范围。比如，一些宇宙学的理论预言的宇宙学常数在一个范围之内，实际验证的结果只要在此范围之内，便可认为检验了理论吗？这样的理论是否可以说经过了一次检验。

（4）经验检验是否必须是新颖的预言，重复已知的经验事实难道就不算检验吗？如弦论自然地导出了引力，而其他的统一理论几乎全部无法与引力相容。虽然引力的存在是已知的事实，但是弦论作为当前唯一预言了引力的理论，难道不能算作一个新奇的事实吗？

（5）事实的检验固然最好，原则上的可检验性难道不算吗？事实上，弦论家并没有像

① 格林. 隐藏的现实：平行宇宙是什么[M]. 李剑龙，权伟龙，田苗，译. 北京：人民邮电出版社，2013：107.

② Max Tegmark. The Mathematical Universe[J]. Foundations of Physics，2008，38：124.

很多伪科学那样试图逃避检验，而是将弦论和量子理论、宇宙学相结合，积极地求解疑难，寻求验证。格林在《宇宙的琴弦》一书中指出了关于多项弦论可能的实验验证[①]，只是由于实验条件的限制，很多都没有办法实现。

其次，一些非经验的检验，在科学中也起着无法忽视的作用：

(1)理想实验(思想实验)原则上是否也能算作一种可信的检验呢？如伽利略的斜面实验、爱因斯坦的追光实验、薛定谔的猫等。理想实验通过逻辑的推演在极端的条件下去思考可能的结果，虽然没有经验的支持，但是却具有极大的启发作用。

(2)从科学的实际发展来看，通过逻辑归谬法来"证伪"理论的情形，要比经验证伪理论多得多。如果一个理论 T 数学推演出的结果出现逻辑矛盾(如出现无穷大等无意义的结果)，或者得出的结论与已知的公认事实矛盾(如能量守恒定律、光速不变等)，那么 T 理论一开始就会被淘汰。一个理论在形成确定的结构之前，往往不会有任何经验检验，却经过了大量的逻辑检验，最终才能形成一个相对成熟的体系。自广义相对论之后，在理论物理学界，由于探索的对象越来越脱离经验。人们必须用数学的形式去建构理论，并通过数学首先去预言物质的性质，然后再进一步寻求实验的检验。

(3)在理论的评价和检验中，一些非经验的标准往往起到了关键性作用。弦论支持者所讲的，用美学标准去评判一个理论的好坏，在科学中大量存在。美学标准大致包括简单性、一致性(连贯性)、统合性、解释力(深刻，丰富，宽阔的视野)等。对一个"美"的理论，在没有实验证据的情况下，科学家往往会赋予其较高的可信度。在很大程度上，美学标准尽管是一个相对模糊的界定，其中包含很强的主观因素。但是在实际中，不论是对理论的检验，还是对理论的进一步发展，都具有重要的方向性作用。

11.4 "检验"要素的扩展

对一个理论的检验和接受，单纯的事实性检验是不充分的，我们需要考察所有科学检验的要素，构建一个多维动态的检验网络。下文将从横向的(关于理论和检验要素之间的网状结构)和纵向的(关于理论在不同的发展阶段的动态评价)两个向度，对理论的检验过程进行论述。一个理论的检验要素主要包括以下几个方面：

(1)形而上学的检验(哲学检验)[②]：即依照某种哲学的观点，对理论的假设、结构以及概念特征进行的认识论考察，通过一些抽象的、概念化的原则和形而上学的假设来对科学进行评价。科学家很多都坚持实证主义的认识论，比较偏爱那些有经验证据支持的，其模型结构从现象的角度看易于理解的，在传统科学范畴之内进行的研究，如牛顿力学、热力学、标准粒子模型等。而讨厌那些过度依赖数学建构的，假设过多不可见实体而脱离经验的，与传统科学范畴相差较大的理论。与科学相关的哲学观点主要包括：实证主义、经验主义、唯理论、证伪主义、科学实在论等。

① 格林. 宇宙的琴弦[M]. 李泳，译. 长沙：湖南科学技术出版社，2004：211-229.
② 马里奥·邦格. 物理学哲学[M]. 颜锋，刘文霞，宋琳，译. 石家庄：河北科学技术出版社，2010：359.

（2）一致性检验（逻辑检验）：即通过理论自身，以及与其他成熟理论之间的逻辑关系，来考察理论的一致性和精确性。理论内在的评价和检验包括理论自身的精确性、自洽性、简单性、完整性等。理论间的评价和检验包括理论本身要与已知理论相协调而不推出矛盾，理论还要与已知理论相互印证，同时扩展理论研究的边界。

（3）经验检验：即用已知的现象去验证理论的内容，或通过理论自身给出预言，然后引入辅助假设并设计实验去验证预言。如果在误差范围内结果和预言相一致，则可以说理论通过了一次实验检验。但是，需要注意的是，不论实验结果如何，都无法确定地证实和证伪该理论，因为可能是辅助假设或者实验操作出了问题。

（4）解释力检验：即理论所适用领域的大小和包含程度，也就是理论潜在解释现象的普遍性、深刻性、丰富性和视野范围。比如，和开普勒的行星三定律相比，牛顿定律有着更广泛的适用范围。开普勒只描述了太阳系行星的运动规律，而牛顿的引力定律则可以适用于一切有质量的物体。同样，爱因斯坦的相对论被认为比牛顿定律有更强的解释力，因为牛顿定律只适用于宏观低速的运动，而相对论则适用于一切速度的运动。从历史上看，从开普勒定律到牛顿定律再到相对论，一个适用范围更广的理论，会极大地扩展人们的视野，实现整个科学的革命。另外，解释力检验还包括理论解决疑难的程度，如果一个理论对一个由来已久的经典难题给出解答，往往会瞬间获得极高的信任。

上文详细阐述了科学理论检验的各个要素，要解决"检验难题"，就要对各种类型的理论（不论是经验的还是非经验的），都能给出检验和评价。而这些检验要素，对于不同的理论以及理论发展的不同阶段，往往具有不同的含义。大体上，一个理论的检验通常是按照以下顺序进行的：

首先，是哲学的检验。一些独断的哲学往往会极大地阻碍科学的发展，如直觉主义曾经极大地阻碍了心理学的发展。科学哲学的发展，从逻辑实证主义开始，一直通过对科学中遇到的实际问题的考察，来发展自己的哲学理论，总结科学一般的发展规律和评价模式。通过这些科学哲学理论，特别是波普尔的证伪理论，可以排除大量的伪科学。所有的伪科学，要么基于完全主观的神秘主义假设，没有合理的推理基础，要么完全没有能力证明自己。曾经红极一时的日本科普畅销书——《水知道答案》中，作者声称水可以对表达不同感情的词做出反应，"听到"美好的词语，水结晶出美丽的规则的形状，"听到"不好的词语，水的结晶就非常模糊、不规则。稍有科学常识的人立即会意识到，该作者假设水具有人一样的意识，而且能分辨出词的意义，这在哲学中没有任何依据，其"证据"极有可能是杜撰的。同样的，占星术天然假设天上的星体和人的命运具有某种关联，这在哲学中也是站不住脚的。所以说，哲学检验在理论检验的系统中，往往具有优先性。经过长时间总结出的形而上学的结论，可以对大量的伪科学做出区分，根本就不需要考察他们的证据，只从其荒谬的哲学假设就可以将其排除。

接着，是解释力检验。其实在理论的实际发展中，适用范围并不能构成一个有力的支持，从爱因斯坦最早的统一模型开始，至今已经出现了很多统一模型。人们之所以偏爱统一的理论，在于人们先天假设大自然是简单的、可认识的，人们厌恶不可知的事物。严格来说，只有在被经验证实的情况下，适用范围更广的理论才能比适用范围更狭窄的理论，表现出更大的优越性。而在未经证实之前，理论无法因其适用范围的强弱而获得较高的支持。除了适用范围，解释力还包括理论是否对一些看似无关的事物建立了某种关联，是否对一些之前人们认识模糊的事物建立了更加明确的认识，从而扩展人类认识的边界。譬如弦论中，将空间、时间、物质这些基本的要素，通过假设物质的最基本单元是线状的弦，然后用几何化的方法，建立起了很强的关联，构建了一个较为完整的数学体系，解决了一直困扰量子引力理论的无穷大问题。对物质世界深刻的认识，对传统疑难的解决，大大提高了弦论的解释力。另一个例子，在宇宙学中的平行宇宙假设中，人们信任它的主要原因就在于，无穷的平行宇宙存在为我们身处宇宙的特殊性提供了一个优雅的解释，而之前人们只能用一个有着很强唯我论色彩的"人择原理"加以解释。因此说，虽然解释力检验客观上无法对理论提供较强的支持，但是却可以极大地满足人们更加深刻地认识世界的主观需求，为进一步探索指明方向。

再接着，是一致性检验。一致性包括理论自身的自洽性和完整性，以及理论之间相互印证两个方面。首先，理论自身的自洽性要求理论的数学形式不能产生矛盾，对于计算中得出的"奇异解"，要给出一般的说明。其次，完全孤立的理论是不可检验的，一个科学的理论描述必然和其他科学理论共享一些抽象的实体和形式描述，而且理论的经验检验也不可能局限于自身的结构而进行。抛开上述这种一般性的描述，在具体检验弦论的一致性时出现了很大的分歧，因为一致性是一个整体性的描述，无法用个别证据去充分说明。比如，弦论的支持者认为：弦论统一了四种基本力；调和了量子论和相对论的矛盾；解释了黑洞熵和黑洞视界的关系。但是，斯莫林指出这些证据本身都是有问题的。在统一基本力时，弦论仅凭一个简单的定律：弦在时空穿越时，扫过的面积最小。在引力问题中，弦论没有一个背景独立的理论，而爱因斯坦的广义相对论是背景独立的。在黑洞问题上，目前的结果仅仅局限于一种非常特殊的黑洞，无法推广到一般的黑洞，结果之所以精确在于这种特殊的黑洞具有的额外的对称性①。进一步的，在卡米尔（Kristian Camilleri）②的文章中指出，弦论虽然解决了一些难题，但是却引入了更多、更加困难的问题。很难在如此多问题存在的情况下，还能说弦论是一个一致性的理论。

最后，是经验检验。之所以将其放在最后，是由于经验检验受到相关理论、辅助假设以及对理论自身特征认识的限制，特别是在理论越来越抽象的现实条件下。而且如果一个理论通过上述检验已经被淘汰，也没有进一步经验检验的必要。尽管对弦论和平行宇宙进行经验检验客观上很困难，但是不能说经验检验没有必要，一个理论的最终确立必须要经过经验的检验。当然，理论上的可检验，与事实上经过了经验检验是完全不同的两码事，我们可以用一个动态的、宽容的眼光接受平行宇宙和弦论目前缺乏经验检验的现状，但是不代表放弃了经验标准。

从上文分析中，可对弦论、相对态解释和正统解释以及对相对态的各种解读给出更加全面地分析和比较。

① 斯莫林. 物理学的困惑［M］. 李泳，译. 长沙：湖南科学技术出版社，2008：177-187.

② Kristian Camilleri, Sophie Ritson. The Role of Heuristic Appraisal in Conflicting Assessments of String Theory［J］. Studies in History and Philosophy of Modern Physics，2015，51：44-56.

表 11-1　弦论检验网络

哲学检验	立场	强还原论
	形而上学预设	世界是统一的
	本体论	弦，多维空间
解释力	适用范围	统一所有力
	破解疑难	解决了黑洞熵和奇点问题
	统合性	吸收了过去理论的关键突破
一致性	自洽性	中等
	其他理论互证	统一相对论和量子力学
	数学上的贡献	巨大
经验检验	已知检验	导出了引力
	新的检验	无

表 11-2　相对态解释和正统解释比较分析

	项目	相对态解释	正统解释
哲学检验	立场	实在论	工具论
	观测者地位	客观物理系统	主观操作导致坍缩
	动力学演化	波函数连续演化的一元论	测量前后二元论
	是否坍缩	否	是
	世界观	决定论	非决定论
	本体论	存疑（多世界/多心灵/多历史）	一个世界
解释力	适用范围	整个宇宙	微观系统
	附加假设	波函数描述的完备性	坍缩、微观宏观二元区分、测量整体性
	概率解释	存疑	存疑
一致性	与相对论关系	一致	不一致
经验检验	概率预言	玻恩规则	玻恩规则
	叠加态存在	C_{60}分子的宏观叠加态	只承认微观世界存在
特殊问题		优选基问题 多世界解释（本体论浪费） 多心灵解释（意识同一性）	测量问题

　　而对于本书提到的其他基于相对态解释的不同解释，除具有全部相对态解释的特征之外，它们之间也存在不同之处。

表 11-3　相对态各个解读的对比分析

	项目	多世界解释	多心灵解释	多历史解释	多纤维解释	交叉世界解释
哲学检验	本体论	世界本体	意识本体	可能历史	纤维结构	世界本体
	立场	新奇的实在论	身心二元论	物理主义	物理主义	新奇的实在论和物理主义
解释力	附加假设	分支代表世界本体	分支代表意识本体	分支代表可能历史集	分支代表可能的纤维结构	世界存在相互作用
一致性	其他理论互证	弱	弱	一般	一般	弱
经验检验	判决实验	量子自杀实验	无	无	无	间接检验
	不同世界是否存在相互作用	否	否	否	否	是

　　本章对相对态解释所面临的经验检验的困境给出了论述，指出在理论的验证问题上，我们无法对相对态解释给出直接的经验检验，这种现象在当下的科学中非常普遍。接着结合平行宇宙理论与弦论面临的经验检验的困境，从一般科学哲学的角度指出：对非经验的理论应从多维的视角给出检验。并分别结合所有的解释给出了分析，但是这只能提供一个较弱的支持，理论的最终确证仍然依赖于经验的确认。

结　语

正统解释的核心矛盾集中于测量问题的理解上。埃弗雷特对正统解释的质疑主要集中在两个方面：首先是对测量过程中两类演化的质疑，测量前后需要两种不同的动力学过程，描述两种完全不同的演化过程；其次是对坍缩假设的质疑，测量后被测系统状态经历了一个非因果的跃变（从叠加态到某一特殊的可观测值），而这个非因果过程，无法给出实在的因果描述，而只能用玻恩规则给出一个概率性的描述。埃弗雷特认为正统解释和玻姆的隐变量解释都没有对这两个问题给出合理的解答。他认为量子的描述是普遍有效性，可用于描述包括宏观现象在内的一切物理过程。纯波动力学可对包括观测者、测量仪器在内的所有的物理系统进行完备的描述，波函数一直连续地演化，不存在坍缩过程。

就这样埃弗雷特认为他自己建立了一个逻辑严密的公理理论，该理论对于我们所经历的世界经验给出了部分解释，且消除了标准的解释中观测者的特殊地位，消除了两类演化，构建了一个逻辑上更加简单的推理。而且他认为他的理论比正统解释更加基本，作为一个元理论可导出正统解释。但是，实际上理论本身并没有埃弗雷特预想的那样完美，在对理论给出明确的经验解释方面，相对态解释面临着很多的困境。对此，埃弗雷特自己给出了大量的辩护，但是他的措辞使得该问题变得更加扑朔迷离。"在这点上我们遇到一个语言困难，测量前我们有一个单个的观测态，测量之后又有多个不同的观测态，所有都发生在叠加态中。……这样，在强调单个物理系统时我们应使用单数，强调不同的叠加态元素时使用了复数"[①]。"最后，我们得到的是一个客观形式上是连续的因果的，而主观经验上是不连续的概率的理论"[②]。他还认为所有的分支都实现了，没有哪个比其他更实在。

后来的以多世界解释为代表的进一步解释，逐渐脱离了相对态解释，转而去试图澄清分支的实在性意义。而分支在相对态解释中则被埃弗雷特认为是次要的特征，没必要过多解读。后来围绕分支问题，产生了两种不同的本体论解读，多世界解释将其理解为本体世界的分裂，多心灵解释将其理解为意识本体的分裂。这两种本体论的解读确实对分支的定义给出了明确的解答，但是这两种解读本身也有很大的问题，而且其讨论缺乏充分的科学基础，更多的是纯粹形而上学的讨论。后来，很多人放弃了这两种极端的解释，试图从物理主义的角度给出解释，围绕波函数的实在论地位进行分析。

另外，埃弗雷特解释除了分支问题，在后来的发展中还出现了优选基问题、概率问题、实在论和经验检验问题。在优选基问题上，埃弗雷特解释只假设态函数的连续演化，无法对分支结构分解的方式给出描述，其问题本质与测量问题是相同的，退相干效应认为环境的作用导致优选作用，但是仍然是个近似的描述。其次，在概率问题上，很难使埃弗雷特的形式与概率描述相一致，无法恰当地给出正确的量子统计预言。目前流行的决策论

---

①　Hugh Everett. The Theory of the Universal Wave Function[M]//R. Neill Graham，Bryce Seligman DeWitt (Eds.). The Many-worlds Interpretation of Quantum Mechanics. Princeton：Princeton University Press，1973：68.

②　Hugh Everett. The Theory of the Universal Wave Function[M]//R. Neill Graham，Bryce Seligman DeWitt (Eds.). The Many-worlds Interpretation of Quantum Mechanics. Princeton：Princeton University Press，1973：9.

证，将此问题看作一个实践问题而非理论问题，更多的是一种哲学的解释，而非形式体系上的解释。再次，在实在论问题上，波函数的实在性地位是整个埃弗雷特解释的核心，但是这一假设也存在诸多问题；最后，在理论的验证问题上，我们无法对埃弗雷特解释给出直接的经验检验，这种现象在当下的科学中非常普遍。文章从一般科学哲学的角度论证了，对非经验的理论应从多维的视角给出检验，但是这只能提供一个较弱的支持。理论的最终确证仍然依赖于经验的确认。

总之，本书对埃弗雷特解释的整个发展的内在线索，以及其中涉及的主要问题给出了详细的梳理和评述。其中绝大部分讨论在国内的文献中都是没有的，对这些全新的议题，笔者在阅读大量外文文献的基础上，尽量忽略一些不必要的细节，选择最为根本性的问题进行了讨论，而且都经过了自己的高度浓缩和提炼。从内容上看，本书最大的创新在于对整个解释的逻辑脉络进行了重新建构，将过去以多世界解释为中心的解释范式，转换为以相对态解释为中心的解释范式，多世界解释只是整个解释体系中的一种解读。其次，本书用了一大半的篇幅，深入挖掘了相对态解释中的大量人们没有关注的细节，还原了作为整个解释体系根本基础的——相对态解释的全貌。最后，本书提炼出了相对态解释的五大核心问题，并分别给出了自己的评述或解决策略。

当然，埃弗雷特解释作为当下量子哲学领域的研究热点，人们主要关注的问题集中在三个方面：一方面是对概率问题的解释上，另一方面是关于波函数的实在性理解，最后是基于多世界解释和多心灵解释在哲学问题上的延伸。本书对这些问题都有所涉及，但是都没有进行全面地分析。埃弗雷特解释并没有停留在仅仅对测量问题的解答上，而是从中延伸出来了更加普遍性的哲学问题，比如上面提到的概率、波函数的实在性地位、平行宇宙等。关于量子概率的问题之前只有波普尔等少数哲学家讨论过，而如今华莱士等人在埃弗雷特解释的基础上，对量子力学中概率的含义给出了更加深刻地分析，其中不乏精妙的论证。关于波函数的实在性问题，虽然薛定谔和玻姆都进行了解释，但是埃弗雷特解释则赋予了波函数最为坚定的实在论解读，为我们理解量子力学的实在性地位，以及科学哲学著名的实在论与反实在论的争论，提供了丰富的研究素材。最后，关于多世界或平行宇宙的讨论，目前已经不是什么新鲜事，已经成为一个普遍的认识。虽然平行宇宙的存在还没有得到科学的证实，但是多世界解释确实大大开阔了人们的视野，使人们意识到原来我们的宇宙也可能不是唯一的，而且平行宇宙的论题也成为当下科学哲学讨论的热点话题。

总之，正是基于埃弗雷特解释出现的更加普遍性问题的延伸，使得埃弗雷特解释持续具有了强大的生命力。某种程度上讲，它关涉的问题已经不仅仅是量子哲学的问题，而是更加一般的哲学问题。对这些问题的进一步研究将大大丰富人们的认知视野，推动科学哲学研究主题的进一步扩展，最终必将推动我国哲学事业的发展。希望本书对埃弗雷特解释的研究，可以为广大哲学研究者进一步研究的开展，提供必要的基础。目前相关的研究在国内才刚刚起步，今后笔者还会沿着这个思路进一步研究，做出更多有意义的成果。

参考文献

[1]Adrian Kent. Against Many-worlds Interpretations[J]. International Journal of Modern Physics，1990，A5：1745-1762.

[2]Adrian Kent. One World Versus Many：the Inadequacy of Everettian Accounts of Evolution，Probability，and Scientific Confirmation[M]//Simon Saunders，Jeffrey Alan Barrett，Adrian Kent，et al. Many Worlds? Everett，Quantum Theory，and Reality. Oxford：Oxford University Press，2010.

[3]Alexi Assmus. The Americanization of Molecular Physics[J]. Historical Studies in the Physical and Biological Sciences，1992，23(1)：1-34.

[4]Asher Peres. Quantum Theory：Concepts and Methods[M]. Dordrecht：Kluwer Academic Publishers，1993.

[5]Barry Loewer. Comment on Lockwood[J]. British Journal for the Philosophy of Science，1996，47(2)：229-232.

[6]Brett Maynard Bevers. Everett's Many-worlds Proposal[J]. Studies in History and Philosophy of Science Part B：Studies in History and Philosophy of Modern Physics，2011，42(1)：3-12.

[7]Brian Greene. The Elegant Universe：Superstring，Hidden Dimensions，and the Quest for the Ultimate Theory[M]. New York：Vintage Books Press，1999.

[8]Bryce Seligman DeWitt. Quantum Mechanics and Reality[J]. Physics Today，1970，23(9)：155-165.

[9]Bryce Seligman DeWitt. The Everett-Wheeler Interpretation of Quantum Mechanics[M]//Bryce Seligman DeWitt，John Archibald Wheeler(Eds.)，Battelle Rencontres. Lectures in Mathematics and Physics. New York：W. A. Benjamin Inc，1967.

[10]Carlo Rovelli. Relational Quantum Mechanics[J]. International Journal of Theoretical Physics，1996，35(8)：1637-1678.

[11]Catherine Chevalley. Mythe et Philosophie：La Construction de "Niels Bohr" Dans La Doxographie[J]. Physis，Rivista Internazionale di Storia Della Scienza，1997，34(3)：569-603.

[12]Catherine Chevalley. Niels Bohr's and the Atlantis of Kantianism[M]//J. Faye，H. Folse(Eds.)，Niels Bohr，et al. Boston Studies in the Philosophy of Science. Dordrecht：Kluwer Academic Publishers，1994.

[13]Catherine Chevalley. Why do We Find Bohr Obscure[M]//D. Greenberger，W. L. Reiter，A. Zeilinger (Eds.). Epistemological and Experimental Perspectives on Quantum Mechanics. Dordrecht：Springer，1990.

[14]Christopher A. Fuchs，Asher Peres. Quantum Theory Needs no "Interpretation"[J].

Physics Today，2000，53：70-71.

[15]Daniel C. Dennett. ConsciousnessExplained[M]. London：Penguin，1991.

[16]Daniel C. Dennett. Kinds of Minds：Towards an Understanding of Consciousness[M]. London：Phoenix，1996.

[17]Daniel C. Dennett. Quantum Theory as a Universal Physical Theory[J]. International Journal of Theoretical Physics，1985，24(1)：1-41.

[18]Daniel C. Dennett. Real Patterns[J]. Journal of Philosophy，1991，87：27-51.

[19]David Albert，Barry Loewer. Interpreting the Many Worlds Interpretation[J]. Synthese，1988，77(2)：195-213.

[20]David Albert. How to Take a Photograph of Another Everett world[M]// D. M. Greenberger(Eds.). New Techniques and Ideas in Quantum Measurement Theory. New York：New York Academy of Sciences，1986.

[21]David Albert. Quantum Mechanics and Experience[M]. Harvard：University Press，1994.

[22]David Arnett. Supernovae and Nucleosynthesis：An Investigation of the History of Matter，from the Big Bang to the Present[M]. Princeton：Princeton University Press，1996.

[23]David Bohm，Basil J. Hiley. The Undivided Universe：an Ontological Interpretation of Quantum Theory[M]. London：Routledge and Kegan Paul，1993.

[24]David Bohm. A Suggested Interpretation of the Quantum Theory in Terms of "Hidden" Variables-I and II[J]. Physical Review，1952，85(2)：166-179，180-193.

[25]David Bohm. Quantum Theory[M]. New York：Prentice-Hall，1951.

[26]David Deutsch，Artur Ekert，Rossella Lupacchini. Machines，Logic and Quantum Physics[DB/OL]. [2019-12-8]. http://www. arxiv. org/abs/math. HO/9911150.

[27]David Deutsch，Patrick Hayden. Information Flow in Entangled Quantum Systems[DB/OL]. [2019-12-8]. http://www. arxiv. org/abs/quant-ph/9906007.

[28]David Deutsch. Quantum Theory as Universal Physical Theory[J]. International Journal of Theoretical Physics，1985，24(1)：1-41.

[29]David Deutsch. Quantum Theory of Probability and Decision[J]. Proceeding of the Royal Society of London，1999，A455：3129-3137.

[30]David Deutsch. The Fabric of Reality：the Science of Parallel Universes—and Its Implications[M]. London：Penguin Books Press，1997.

[31]David Lewis. How Bohm's Theory Solves the Measurement Problem[J]. Philosophy of Science，2007，74：749-760.

[32]David Lewis. How Many Lives Has Schrodinger's Cat[J]. Australasian Journal of Philosophy，2004，81：3-22.

[33]David Papineau. A Fair Deal for Everettians[M]//Simon Saunders，Jeffrey Alan Barrett，Adrian Kent，et al. Many Worlds？ Everett，Quantum Theory，and Reality. Oxford：Oxford University Press，2010.

［34］David Papineau. David Lewis and Schrodinger'sCat［J］. Australasian Journal of the Philosophy，2004，82(1)：153-169.

［35］David Papineau. Many Minds are No WorseThan One［J］. British Journal for the Philosophy of Science，1996，47：233-241.

［36］David Papineau. Why Youdon't Want to Get in the Box with Schrodinger's Cat［J］. Analysis，2003，63：51-58.

［37］David Wallace. Decoherence and Its Role in the Modern Measurement Problem［J］. Philosophical Transactions of the Royal Society，2012，370：4576-4593.

［38］David Wallace. Everett and Structure［J］. Studies in History and Philosophy of Modern Physics，2003，34：87-105.

［39］David Wallace. Quantum Probability from Subjective Likehood：Improving on Deutsch's Proof of the Probability Rule［J］. Studies in History and Philosophy of Modern Physics，2007，38(2)：311-332.

［40］David Wallace. The Emergent Multiverse：Quantum Theory According to the Everett Interpretation［J］. Contemporary Physics，2016，57：234-237.

［41］David Wallace. The Emergent Multiverse［M］. Oxford：Oxford University Press，2012.

［42］David Wallace. The Everett Interpretation［J］. The Oxford Handbook of Philosophy of Physics，2012，33(4)：637-661.

［43］David Wallace. Worlds in the Everett Interpretation［J］. Studies in History and Philosophy of Modern Physics，2002，33：637-661.

［44］Davies Paul，Brown，Julian. Superstrings：A Theory of Everything［M］. Cambridge：Cambridge University Press，1988.

［45］Dean Rickles（Eds）. The Ashgate Companion to Contemporary Philosophy of Physics［M］. England：Ashgate Publishing，2008.

［46］Derek Parfit. Reasons and Persons［M］. Oxford：Oxford University Press，1984.

［47］Euan Squires. Many Views of One World［J］. European Journal of Physics，1987，8：171-173.

［48］E. Madelung. Quantentheorie in Hydrodynamischer Form［J］. Zeitschrift für Physik，1927，40.

［49］Elias Okon，Daniel Sudarsky. The Consistent Histories Formalism and the Measurement Problem［J］. Studies in History and Philosophy of Modern Physics，2015，52：217-222.

［50］Ernest Nagel. The Structure of Science：Problems in the Logic of Scientific Explanation［M］. New York：Harcourt，Brace & World Inc，1961.

［51］Erwin Schrödinger. Quantisierung als Eigenwertproblem（Erste Mitteilung）［J］. Annalen der Physik，1926，79：361-376.

［52］Erwin Schrödinger. The Interpretation of Quantum Mechanics：Dublin Seminars

(1949—1955) and Other Unpublished Essays[M]. Connecticut: Ox Bow Press, 1995.

[53] Eugene Shikhovtsev. Biographical Sketch of Hugh Everett. III. [DB/OL]. [2019-12-8]. http://space.mit.edu/home/tegmark/everett/.

[54] Eugene Wigner. Interpretation of Quantum Mechanics[M]//John Archibald Wheeler, Wojciech Hubert Zurek(Eds.). Quantum Theory and Measurement. Princeton: Princeton University Press, 1983: 260-314.

[55]George Ellis, Joe Silk. Defend theIntegrity of Physics[J]. Nature, 2014, 516(12): 321-323.

[56]Guido Bacciagaluppi. Remarks on Space-time and Locality in Everett's Interpretation[M]//Butter eld, T. Placek(Eds.). Non-locality and Modality, Nato Science Series II. Mathematics, Physics and Chemistry. Berlin: Springer, 2002.

[57]H. D. Zeh. On the Interpretation of Measurement in Quantum Theory[J]. Foundations of Physics, 1970, 1(1): 69-76.

[58]H. D. Zeh. Toward a Quantum Theory of Observation[J]. Foundations of Physics, 1973, 3(1), 109-116.

[59]Harvey R. Brown, David Wallace. Solving the Measurement Problem: deBroglie-Bohm Loses Out to Everett[DB/OL]. [2019-12-8]. Forthcoming in Foundations of Physics, 2004: Available Online at http://arxiv.org/abs/quant-ph/0403094.

[60]Harvey R. Brown. Reply to Valentini: "de Broglie-Bohm theory: Many worlds in denial?". In Many Worlds? Everett, Quantum Theory, and Reality[M]. Oxford: Oxford University Press, 2010.

[61]Hawthorne J. A Metaphysician Looks at the Everett Interpretation[J]. Foundations of Physics, 2010: 144-153.

[62]Helge Kragh. Quantum Generations-A history of Physics in the Twentieth Century[M]. Princeton: Princeton University Press, 1999.

[63] Hilary Greaves, W. Myrvold. Everett and Evidence[M]// Simon Saunders, Jeffrey Alan Barrett, Adrian Kent, et al. Many Worlds? Everett, Quantum Theory and Reality. Oxford: Oxford University Press, 2010.

[64]Hilary Greaves. On the Everettian Epistemic Problem[J]. Studies in History and Philosophy of Modern Physics, 2007, 38(1): 120-152.

[65]Hilary Greaves. Probability in the Everett Interpretation[J]. Philosophy Compass, 2007, 38: 120-152.

[66]Hilary Greaves. Understanding Deutsch's Probability in a Deterministic Multiverse[J]. Studies in History and Philosophy of Modern Physics, 2004, 35: 423-56.

[67]Hilary Putnam. Quantum Mechanics and the Observer[J]. Erkenntnis, 1981, 16: 193-219.

[68]Hilary Putnam. Realism with a Human Face[M]. Cambridge: Mass, Harvard University Press, 1990.

[69]Hugh Everett. Letter to Bryce DeWitt, May. 31st, In Correspondence, DeW-

itt-Wheeler-Everett letters file. UCISpace Everett archive.

[70] Hugh Everett. Letter to Max Jammer, Sep. 19th, In Correspondence, HE3-JAW-Jammer File. UCISpace Everett Archive.

[71] Hugh Everett. The Existence and Meaning of Classical Objects. Undated 4 page Manuscript. In Thesis Drafts, Early Drafts file. UCISpace Everett Archive.

[72] Hugh Everett. Nature and Purpose of Physical Theory. Undated 6 Page Typescript with Handwritten Notes. In Thesis Drafts, Footnotes File as "Appendix II." UCISpace Everett Archive.

[73] Hugh Everett. Outline of the New Theory. Undated 14 Page Manuscript. In Thesis Drafts, Random Notes File. UCISpace Everett Archive.

[74] Hugh Everett. Probability in Wave Mechanics. Undated Nine Page Typescript Addressed to John Wheeler with Wheeler's Marginal Notes. In Thesis Drafts, Mini-papers File. UCISpace Everett Archive.

[75] Hugh Everett. Quantitative Measure of Correlation. Undated Three Page Typescript Addressed to John Wheeler with Handwritten Notes. In Thesis Drafts, Mini-papers File. UCISpace Everett Archive.

[76] Hugh Everett. "Relative State" Formulation of Quantum Mechanics[J]. Reviews of Modern Physics, 1957, 29: 454-462.

[77] Hugh Everett. Letter to Norbert Wiener, May. 31st. In Correspondence, Wiener-HE3 Correspondence File. UCISpace Everett Archive.

[78] Hugh Everett. Letter to Phillip G. Frank, May. 31st. In Correspondence, HE3 to P. Frank File. UCISpace Everett Archive.

[79] Hugh Everett. Objective vs Subjective Probability. In Thesis Drafts, Mini-papers File. UCISpace Everett Archive.

[80] Hugh Everett. On the Foundations of Quantum Mechanics[D]. Princeton: Princeton University, 1957.

[81] Hugh Everett. Probability in Wave Mechanics. In Thesis Drafts, Mini-papers File. UCISpace Everett Archive.

[82] Hugh Everett. Quantitative Measure of Correlation. In Thesis Drafts, Mini-papers File. UCISpace Everett Archive.

[83] Hugh Everett. The Amoeba Metaphor[DB/OL]. [2019-12-8]. http://www.stealthskater.com/Documents/MWI_02.pdf.

[84] Hugh Everett. The Theory of the Universal Wave Function[M]//R. Neill Graham, Bryce Seligman DeWitt(Eds.). The Many-worlds Interpretation of Quantum Mechanics. Princeton: Princeton University Press, 1973.

[85] Hugh Everett. WaveMechanics without Probability. In Thesis Drafts, Mini-papers File. UCISpace Everett Archive.

[86] Jagdish Mehra, Helmut Rechenberg. The Historical Development of Quantum Theory[M]. NewYork: Springer, 2001.

[87]Jan Faye. Copenhagen Interpretation of Quantum Mechanics[DB/OL]. [2019-12-8]. http://plato. stanford. edu/archives/sum2002/entries/qm-copenhagen/ S.

[88]Jan Faye. Niels Bohr, His Heritage and Legacy: An Anti-realist View of Quantum Mechanics[M]. Dordrecht: Kluwer Academic Press, 1991.

[89]Jeffrey Alan Barret. The Quantum Mechanics of Minds and Worlds[M]. Oxford: Oxford University Press, 1999.

[90]Jeffrey Alan Barrett. A Structural Interpretation of Pure Wave Mechanics[J]. Humana. Mente, 2010, 13: 225-235.

[91]Jeffrey Alan Barrett. Everett's Pure Wave Mechanics and the Notion of Worlds[J]. European Journal for Philosophy of Science, 2011, 2: 277-302.

[92]Jeffrey Alan Barrett. On the Faithful Interpretation of Pure Wave Mechanics. Unpublished, 2010.

[93]Jeffrey Alan Barrett. The Quantum Mechanics of Minds and Worlds[M]. New York: Oxford University Press, 1999.

[94]Jenann Ismael. How to Combine Chance and Determinism: Thinking about the Future in an Everett Universe[J]. Philosophy of Science, 2003, 70: 776-790.

[95] Jeremy Butterfield. Some Worlds of Quantum Theory [M]//R. Russell, J. Polkinghorne, et al. Quantum Mechanics. Scientific Perspectives on Divine Action. Vatican City: Vatican Observatory Publications, 2002, 5: 111-140.

[96]John Archibald Wheeler. A Septet of Sibvlis[J]. American Scientist, 1956, 44: 360-377.

[97]John Archibald Wheeler. Assessment of Everett's Quantum Mechanics[J]. Review of Modern Physics, 1957, 29: 463-5.

[98]John Archibald Wheeler. Include the Observer in the Wave Function[M]// J. Lopes(Eds.). Quantum Mechanics, a Half Century Later. New York: Springer-Verlag, 1977.

[99]John Bell. Against "Measurement"[J]. Physics World, 1990, 8: 33-40.

[100]John Bell. Bertlmann's Socks and the Nature of Reality[J]. Journal de Physique, 1981, 42: 139-158.

[101]John Bell. Speakable and Unspeakable in Quantum Mechanics[M]. New York: Cambridge University Press, 2004.

[102]John von Neumann. Mathematical Foundation of Quantun Machnics[M]. Princeton: Princeton University Press, 1955.

[103]John Von Neumann. Mathematische Grundlagen der Quanten-mechanik[M]. Berlin: Springer, 1932.

[104] Julian Barbour. The End of Time [M]. London: Weidenfeld and Nicholson, 1999.

[105]Kenneth. F. Schaffner. Approaches to Reduction[J]. Philosophy of Science, 1967, 34(2): 137-147.

[106]Kristian Camilleri, Sophie Ritson. The Role of Heuristic Appraisal in Conflicting Assessments of String Theory[J]. Studies in History and Philosophy of Modern Physics, 2015, 51: 44-56.

[107]Lawrence Sklar. Types of Inter-theoretic Reduction[J]. British Society for the Philosophy of Science, 1967, 18(2): 109-124.

[108] Lee Smolin. The Life of the Cosmos[M]. New York: Oxford University Press, 1997.

[109]Lee Smolin. The Trouble with Physics: The Rise of String Theory, the Fall of a Science, and What Comes Next[M]. London: Penguin Books Press, 2008.

[110] Lon Becker. That von Neumann did not Believe in a Physical Collapse[J]. British Journal for the Philosophy of Science, 2004, 55(1): 121-135.

[111]M. Beller. Jocular Commemorations: The Copenhagen Spirit[J]. Osiris, 1999, 14: 252-273.

[112]M. Beller. Quantum Dialogue: The Making of a Revolution[M]. Chicago: University of Chicago Press, 1999.

[113]M. J. Donald. A Mathematical Characterisation of the Physical Structure of observers[J]. Foundations of Physics, 1995, 25: 529-571.

[114]M. J. Donald. A Priori Probability and Localized Observers[J]. Foundations of Physics, 1992, 22: 1111-1172.

[115]M. J. Donald. Neural Unpredictability, the Interpretation of Quantum Theory, and the Mind-body Problem [DB/OL]. [2019-12-8]. http://arxiv. org/abs/quant-ph/0208033.

[116]M. J. Donald. On Many-minds Interpretations of Quantum Theory[DB/OL]. [2019-12-8]. http://www. arxiv. org/abs/quant-ph/9703008.

[117]M. J. Donald. Progress in a Many-minds Interpretation of Quantum Theory[DB/OL]. [2019-12-8]. http://www. arxiv. org/abs/quant-ph/9904001.

[118]M. J. Donald. Quantum Theory and the Brain[J]. Proceedings of the Royal Society of London, 1990, A 427: 43-93.

[119]Max Born. The Interpretation of Quantum Mechanics[J]. British Journal for the Philosophy of Science, 1953, 4: 95-106.

[120]Max Tegmark, John Archibald Wheeler. 100 Years of the Quantum[J]. Scientific American, 2001, 2: 68-75.

[121] Max Tegmark. The Interpretation of Quantum Mechanics: ManyWorlds or Many words? Fortschrift Fur Physik[DB/OL]. [2019-12-8]. http://arxiv. org/abs/quant-ph/9709032.

[122] Max Tegmark. The Mathematical Universe [J]. Foundations of Physics, 2008, 38.

[123]Maximilian Schlosshauer(Eds). Elegance and Enigma: the Quantum Interviews[M]. Berlin: Springer-Verlag, 2011.

[124]Michael J. Hall, Marcel Reginatto. Schrodinger Equation from an Exact Uncertainty Principle[J]. Journal of Physics A General Physics, 2002, 35(14): 3289-3303.

[125] Michael J. W. Hall, Dirk-Andre Deckert, Howard M. Wiseman. Quantum Phenomena Modeled by Interactions between Many Classical Worlds[J]. Physical Review, 2014, 10.

[126]Michael Lockwood. "Many minds" Interpretations of Quantum Mechanics[J]. British Journal for the Philosophy of Science, 1996, 47(2): 159-188.

[127]Michael Lockwood. Mind, Brain, and the Quantum: the Compound "I"[M]. Cambridge: Blackwell, 1989.

[128] Murray Gell-Mann, James B. Hartle. Alternative Decohering Histories in Quantum Mechanics[M]//K. Phua, Y. Yamaguchi(Eds.). Proceedings of the 25th International Conference on High Energy Physics. Singapore: World Scientific, 1990.

[129] Murray Gell-Mann, James B. Hartle. Quantum Mechanics in the Light of Quantum Cosmology[M]//Wojciech Hubert Zurek(Eds.). Complexity, Entropy and the Physics of Information. Reading, Addison-Wesley, 1990.

[130]N. Mermin. What is Quantum Mechanics Trying to Tell us[J]. American Journal of Physics, 1998, 66(9): 753-767.

[131]Niels Bohr. Causality and Complementarity[J]. Philosophy of Science, 1937, 4: 289-298(Reprinted in Niels Bohr, Causality and Complementarity: Supplementary Papers. J. Faye & H. Folse. Wooldbridge(Eds.), the Philosophical Writings of Niels Bohr, 1998, 4: 83-91).

[132]Niels Bohr. Causality and Complementarity: Supplementary Papers. J. Faye, & H. Folse(Eds.), the Philosophical Writings of Niels Bohr[M]. Wooldbridge(CT): Ox Bow Press, 1998.

[133]Niels Bohr. Discussion with Einstein on Epistemological Problems in Atomic Physics[M]//P. A. Schilpp(Eds.). Albert Einstein-Philosopher-Scientist. Evanston: The Library of the Living Philosophers, 1949.

[134]Niels Bohr. Essays 1958—1962 on Atomic Physics and Human Knowledge[M]. New York: Interscience Publishers, 1963.

[135]Niels Bohr. On the Notions of Causality and Complementarity[J]. Dialectica, 1948, 2: 312-319.

[136]Niels Bohr. The Causality Problem in Atomic Physics[J]. New Theories of Physics, 1939: 11-45.

[137]Norbert Wiener, Armand Siegel. A New Form for the Statistical Postulate of Quantum Mechanics[J]. Physical Review, 1953, 91(6): 1551-1560.

[138]Norbert Wiener. Letter to John A. Wheeler and Hugh Everett III, 1957, 9. In Correspondence, Wiener-HE3 Correspondence File. UCISpace Everett Archive.

[139]Paul Davies. Other Worlds: A Portrait of Nature in Rebellion: Space, Superspace and the Quantum Universe[M]. London: J. M. Dent, 1980.

[140]Paul Tappenden. Saunders and Wallace on Everett and Lewis[J]. British Journal for the Philosophy of Science, 2008, 59: 307-314.

[141]Penrose, R. The Emperor's New Mind: Concerning Computers, Brains and the Laws of Physics[M]. Oxford: Oxford University Press, 1989.

[142]Peter Byrne. The Many Worlds of Hugh Everett[J]. Scientific American, 2007, 11: 98-105.

[143]Peter Lewis. How Many Lives Has Schrodinger's Cat[J]. Australasian Journal of the Philosophy, 2004, 82: 3-22.

[144]Peter Lewis. What is It Like to be Schrodinger's Cat[J]. Analysis, 2000, 60: 22-29.

[145]Peter Woit. Not Even Wrong: The Failure of String Theory and the Continuing Challenge to Unify the Laws of Physics[M]. London: Basic Books Press, 2007.

[146]Price, H. Probability in the Everett Picture[M]//Simon Saunders, Jeffrey Alan Barrett, Adrian Kent, et al. Many Worlds? Everett, Quantum Theory and Reality. Oxford: Oxford University Press, 2010.

[147]R. Geroch. The Everett Interpretation[J]. Noûs, 2010, 18(4): 617-633.

[148]R. Healey. HowMany Worlds[J]. Noûs, 1984, 18: 591-616.

[149]Robert B. Griffiths. Consistent Histories and the Interpretation of Quantum Mechanics[J]. Journal of Statistical Physics, 1984, 36: 219-272.

[150]Robert B. Griffiths. Consistent Quanum Theory[M]. Cambridge: Cambridge University Press, 2002.

[151]Sheldon L. Glashow, Ben Bova. Interactions: A Journey Through the Mind of a Particle Physicist[M]. New York: Warner Books Press, 1988.

[152]Simon Saunders, David Wallace. Branching and Uncertainty[J]. British Journal for the Philosophy of Science, 200, 59: 293-305.

[153]Simon Saunders, David Wallace. Saunders and WallaceReply[J]. British Journal for the Philosophy of Science, 2008, 59: 293-305.

[154]Simon Saunders, Jeffrey Alan Barrett, Adrian Kent, et al. Many Worlds? Everett, Quantum Theory, and Reality[M]. Oxford: Oxford University Press, 2010.

[155]Simon Saunders. Chance in the Everett Interpretation[M]//Simon Saunders, Jeffrey Alan Barrett, Adrian Kent, et al. Many Worlds? Everett, Quantum Theory, and Reality. Oxford: Oxford University Press, 2010.

[156]Simon Saunders. Decoherence, Relative States, and Evolutionary Adaptation[J]. Foundations of Physics, 1993, 23(12): 1553-1585.

[157]Simon Saunders. Derivation of the Born Rule from Operational Assumptions[J]. Proceedings of the Royal Society of A, 2003, 460: 1771-1788.

[158]Simon Saunders. Naturalizing Metaphysics[J]. The Monist, 1997, 80(1): 44-69.

[159]Simon Saunders. Physics and Leibniz's Principles[M]//K. Brading, E. Castel-

lani(Eds.). Symmetries in Physics：Philosophical Reactions，Cambridge：Cambridge University Press，2003.

［160］Simon Saunders. Time Quantum Mechanics and Probability［J］. Synthese，1998，114：373-404.

［161］Simon Saunders. Time，Decoherence and Quantum Mechanics［J］. Synthese，1995：102：235-266.

［162］Stefano Osnaghi，Fábio Freitasb，Olival Freire Jr. The Origin of the Everettian Heresy［J］. Studies in History and Philosophy of Modern Physics，2009，40（2）：97-123.

［163］Stephen G. Brush. The Chimerical Cat：Philosophy of Quantum Mechanics in Historical Perspective［J］. Social Studies of Science，1980，10(4)：393-447.

［164］Tim Maudlin. Can the World be Only Wave Function［M］//Simon Saunders，Jeffrey Alan Barrett，Adrian Kent，et al. Many Worlds? Everett，Quantum Theory，and Reality. Oxford：Oxford University Press，2010.

［165］Tim Maudlin. Quantum Non-Locality and Relativity：Metaphysical Intimations of Modern Physics［M］. 2nd ed. Oxford：Blackwell，2002.

［166］Valia Allori，Sheldon Goldstein，Roderich Tumulka，et al. Many-worlds and Schrodinger's First Quantum Theory［J］. Forthcoming in British Journal for the Philosophy of Science，2009.

［167］W. V. O. Quine. Semantic Ascent［M］//R. Rorty(Eds.). The Linguistic Turn：Essays in Philosophical Method. Chicago：The University of Chicago Press，1992.

［168］Wojciech Hubert Zurek. Decoherence and the Transition From Quantum to Classical［J］. Physics Today，1991，10：36-44.

［169］Wojciech Hubert Zurek. Decoherence Einselection and the Quantum Origins of the Classical［J］. Reviews of Modern Physics，2003，75：715-775.

［170］Yoav Ben-Dov. Everett's Theory and the "Many-worlds" Interpretation［J］. American Journal of Physics，1990，58(9)：829-832.

［171］阿莱斯泰尔. 量子物理学学：幻想还是真实［M］. 康涛，译. 苏州：江苏人民出版社，2000.

［172］爱因斯坦. 爱因斯坦文集［M］. 许良英，等译. 北京：商务印书馆，1983.

［173］安军，郭贵春. 科学隐喻的本质［J］. 科学技术与辩证法，2005，6：42-47.

［174］波普尔. 科学发现的逻辑［M］. 查汝强，译. 沈阳：沈阳出版社，1999.

［175］玻恩. 我这一代的物理学［M］. 侯德彭，蒋贻安，译. 北京：商务印书馆，1964.

［176］玻尔. 原子物理学和人类知识［M］. 郁韬，译. 北京：商务印书馆，1964.

［177］玻尔. 原子论和自然的描述［M］. 郁韬，译. 北京：商务印书馆，1964.

［178］成素梅，关洪. 论量子实在的客观性［J］. 自然辩证法研究，1993(8)：22-29.

［179］成素梅. 从测量解释理论到测量哲学的兴起［J］. 河池学院学报，2007，27(1)：1-5.

［180］成素梅. 量子测量的相对态解释及其理解［J］. 自然辩证法研究，2004（3）：24-34.

［181］成素梅. 量子力学的哲学基础［J］. 学习与探索，2015（6）：1-6.

［182］成素梅. 量子力学与整体性实在观——论自在实在向科学实在的整体性转化［J］. 晋阳学刊，1990（6）：34-41.

［183］成素梅. 论量子实在观［J］. 江西社会科学，2010（7）：18-22.

［184］成素梅. 如何理解微观粒子的实在性问题——访斯坦福大学赵午教授［J］. 哲学动态，2009，2：79-85.

［185］成素梅. 在宏观与微观之间——量子测量的解释语境与实在论［M］. 广州：中山大学出版社，2006.

［186］戴维·林德利. 命运之神应置何方——透析量子力学［M］. 董红飘，译. 长春：吉林人民出版社，1998.

［187］戴维斯·布朗. 原子中的幽灵［M］. 易心洁，译. 长沙：湖南科学技术出版社，1992.

［188］多义奇. 真实世界的脉络［M］. 梁焰，黄雄，译. 桂林：广西师范大学出版社，2002.

［189］董光璧. 科学历史的沉思［M］. 石家庄：河北教育出版社，2001.

［190］高山. 量子［M］. 北京：清华大学出版，2003.

［191］格林. 隐藏的现实：平行宇宙是什么［M］. 李剑龙，权伟龙，田苗，译. 北京：人民邮电出版社，2013.

［192］格林. 宇宙的琴弦［M］. 李泳，译. 长沙：湖南科学技术出版社，2004.

［193］关洪. 消干效应和量子力学新解释的意义［J］. 物理，2002，3：179-184.

［194］关洪. 一代神话——哥本哈根学派［M］. 武汉：武汉出版社，2002.

［195］郭贵春，贺天平. 测量理论的演变及其意义［J］. 山西大学学报（哲学社会科学版），2002，25（2）：10-17.

［196］郭贵春，贺天平. 量子世界的"测量难题"［J］. 江西社会科学，2005（2）：32-38.

［197］郭贵春. 科学实在论教程［M］. 北京：高等教育出版社，2001.

［198］海森堡. 物理学和哲学［M］. 范岱年，译. 北京：商务印书馆，1984.

［199］海森堡. 量子论的物理原理［M］. 王正行，等译. 北京：科学出版社，1983.

［200］贺天平，刘伟伟. 整体性："多世界解释"的本体论内核［J］. 学习与探索，2015（4）：8-13.

［201］贺天平，乔笑斐. 从"平行世界"到"交叉世界"［N］. 中国社会科学报，2015（2）.

［202］贺天平，卫江. 量子力学多世界解释的决定论意蕴［J］. 科学技术哲学研究，2013（1）：21-26.

［203］贺天平，乔笑斐. 埃弗雷特——量子力学多世界解释的缔造者［J］. 山西大学学报，2014（1）：115-122.

［204］贺天平. 多世界解释：量子力学诠释中的一支奇葩［N］. 中国社会科学报，2016（11）.

[205]贺天平. 量子力学多世界解释的哲学审视[J]. 中国社会科学，2012(1)，48-61.

[206]贺天平. 量子力学诠释的哲学观照[J]. 学习与探索，2010(6)：7-12.

[207]洪定国. 论量子力学在实在论与反实在论之争中的中性地位[J]. 自然辩证法通讯，1993(2)：1-7.

[208]加来道雄. 平行宇宙[M]. 伍义生，包新周，译. 重庆：重庆出版社，2008.

[209]雷昂·罗森菲尔德. 量子革命[M]. 戈革，译. 北京：商务印书馆，1991.

[210]李宏芳，贺天平. 量子测量理论的认识论发展及新趋向——从多心解释到退相干解释与量子统计的结盟[J]. 科学技术与辩证法，2008(4).

[211]李宏芳. 量子理论对于哲学的挑战[J]. 学习与探索，2010(6)：13-17.

[212]李宏芳. 退相干、定域性与非充分决定论的因果关系[J]. 武汉理工大学学报（社会科学版），2009，22(5)：114-117.

[213]罗杰·彭罗斯. 通往实在之路[M]. 王文浩，译. 长沙：湖南科学技术出版社，2008.

[214]罗姆哈瑞. 科学哲学导论[M]. 邱仁宗，译. 沈阳：辽宁教育出版社，1998.

[215]马兰. 多元视域的量子力学解释比较研究[D]. 武汉：华中科技大学，2009.

[216]马里奥·邦格. 物理学哲学[M]. 颜锋，刘文霞，宋琳，译. 石家庄：河北科学技术出版社，2010.

[217]乔灵爱，成素梅. 论量子测量解释中的实在观[J]. 自然辩证法研究，2005，21(5)：17-20.

[218]乔笑斐. 弦论中的"检验难题"及其解决路径分析[J]. 自然辩证法通讯，2017(1)：58-63.

[219]乔笑斐. 量子力学多世界解释的实在性探析[D]. 太原：山西大学，2014.

[220]乔笑斐，张国锋. 量子力学多世界解释的验证性问题探究[N]. 中国社会科学报，2015(4).

[221]乔笑斐，张培富. 从"平行世界"到"交叉世界"[J]. 南京晓庄学院学报，2015，2：65-68.

[222]乔笑斐，张培富. 量子多世界理论的范式转换[J]. 自然辩证法研究，2016，5：101-106.

[223]乔笑斐，张培富. 量子力学多世界解释探源[J]. 哲学动态，2016(10)：106-110.

[224]沈健. 量子测量的还原困惑及其消解[J]. 自然辩证法通讯，2007(2)：38-43.

[225]斯莫林. 物理学的困惑[M]. 李泳，译. 长沙：湖南科学技术出版社，2008.

[226]孙昌璞. 量子测量问题的研究及应用[J]. 物理，2000，29(8)：456-467.

[227]孙昌璞. 量子理论若干基本问题研究的新进展[J]. 物理学进展，2001(3)：317-360.

[228]托马斯·库恩. 科学革命的结构[M]. 金吾伦，胡新和，译. 北京：北京大学出版社，2003.

[229]王巍. 结构实在论评析[J]. 自然辩证法研究，2006，11：34-38.

[230]吴国林，孙显耀. 物理学哲学导论[M]. 北京：人民出版社，2007.

[231]吴国林. 波函数的实在性分析[J]. 哲学研究，2012(7)：113-120.

[232]希拉里·普特南. 实在论的多副面孔[M]. 冯艳，译. 北京：中国人民大学出版社，2005.

[233]雅默. 量子力学的哲学[M]. 秦克诚，译. 北京：商务印书馆，1989.

[234]约翰·霍根. 科学的终结[M]. 孙雍君，等译. 呼和浩特：远方出版社，1997.

[235]张丽. 当代英国物理学哲学研究现状及其简要分析[J]. 自然辩证法研究，2008(12)：19-22.

[236]张丽. 量子测量中的多世界解释理论研究[D]. 北京：中共中央党校，2011.

[237]张丽. 量子测量中的多世界解释理论研究评述[J]. 哲学动态，2010，7：85-90.

[238]张云洁. 量子测量与量子计算[J]. 计算机科学，2006(10)：216-220.

[239]赵丹，郭贵春. 退相干理论的意义分析[J]. 哲学研究，2009，11：83-88.

[240]赵丹. 关于多世界解释的几点哲学思考[J]. 南京工业大学学报(社会科学版)，2015(1)：85-89.

[241]赵丹. 量子测量的理论语境[J]. 科学技术哲学研究，2011，28(1)：34-39.

[242]赵丹. 量子测量的语境论解释[D]. 太原：山西大学，2011.

[243]赵丹. 退相干理论视野下的量子力学解释[J]. 科学技术哲学研究，2012(5)：14-19.